高职高专工程安全类规划教材

建筑工程施工安全管理与实务

邹永超　主编
王春宁　主审

中国建材工业出版社

图书在版编目（CIP）数据

建筑工程施工安全管理与实务/邹永超主编．—北京：中国建材工业出版社，2013.8（2018.1 重印）
高职高专工程安全类规划教材
ISBN 978－7－5160－0474－6

Ⅰ.①建…　Ⅱ.①邹…　Ⅲ.①建筑工程－工程施工－安全管理－高等职业教育－教材　Ⅳ.①TU714

中国版本图书馆 CIP 数据核字（2013）第 148577 号

内 容 简 介

本书依据《中华人民共和国安全生产法》和建设工程安全生产管理条例以及国家有关部门颁布的安全生产文明施工、事故处理等方面的法律、法规、规定，系统阐述了建筑工程施工安全管理基础知识及其程序，重点是建筑工程施工安全管理实务。全书共分三个单元：建筑工程施工安全管理基础知识，建筑工程施工安全管理实务和某省建设工程施工现场安全文明施工标准图例。书后附有国家相关法律、法规和条例。

本书可作为高职高专建筑工程技术、建筑工程监理、建筑工程管理等相关专业的教学用书，也可供从事工程建设的技术人员、管理人员参考使用。

建筑工程施工安全管理与实务
邹永超　主编
王春宁　主审

出版发行：中国建材工业出版社
地　　址：北京市西城区车公庄大街 6 号
邮　　编：100044
经　　销：全国各地新华书店
印　　刷：北京雁林吉兆印刷有限公司
开　　本：787mm×1092mm　1/16
印　　张：14.75
字　　数：368 千字
版　　次：2013 年 8 月第 1 版
印　　次：2018 年 1 月第 5 次
定　　价：**38.00 元**

本社网址：www.jccbs.com.cn
本书如出现印装质量问题，由我社发行部负责调换。联系电话：(010)88386906

前言

建筑工程施工安全管理与实务是建筑工程技术、建筑工程监理专业的一门重要专业课。通过对本课程的学习和实训，能够使学生了解我国建筑工程施工安全管理方面相关的法律、法规和条例，掌握建筑工程施工安全管理的基础知识。同时通过建筑工程施工安全管理实务中学生公寓落地式外脚手架、学生公寓塔吊安拆、学生公寓施工现场安全文明施工、学生公寓模板工程、学生公寓施工现场临时用电等五个专项施工方案的实训，使学生掌握安全管理专项方案的编制，能够在施工现场检查和实施安全生产的各项技术措施，并能发现施工中的安全隐患和处理安全事故。

本书分为建筑工程施工安全管理基础知识、建筑工程施工安全管理实务和某省建设工程施工现场安全文明施工标准图例三大部分。单元一的课题1~课题3和单元二由邹永超编写；单元一的课题7和单元三由崔晓明编写；单元一的课题4~课题6和附录由单文（中铁建设集团有限公司（北京分公司））编写，全书由邹永超主编和统稿。感谢王守稷、宋志远、孔韵哲、王威、吴士超、沈义、刘映辉、云亮、宫琳等对本书的出版所作出的工作和努力。

本书由王春宁（黑龙江建筑职业技术学院教授级高级工程师）主审。

本书在编写过程中，考察了我国颁布的大量有关法律、法规、条例和书籍资料，在此向作者及主编单位表示衷心感谢。

由于编者水平有限，书中疏漏、错误、不当之处难免，恳请读者不吝指正。

编者

2013年8月

目　录

单元一　建筑工程施工安全管理基础知识 …… 1

课题 1　建筑工程施工安全管理概述 …… 1

课题 2　建筑工程施工安全管理体系 …… 5

课题 3　施工安全生产责任制 …… 8

课题 4　施工安全管理的安全教育 …… 20

课题 5　施工安全管理的任务与策划 …… 24

课题 6　施工安全管理的实施 …… 29

课题 7　建设工程职业健康安全与环境管理 …… 39

单元二　建筑工程施工安全管理实务 …… 54

一、学习情境教学设计方案 …… 54

二、学生分组设计 …… 64

三、施工安全管理实务学习情境程序（步骤） …… 64

四、学习情境Ⅰ　学生公寓落地式外脚手架安全文明专项施工方案 …… 65

五、学习情境Ⅱ　学生公寓塔吊安拆安全文明专项施工方案 …… 75

六、学习情境Ⅲ　学生公寓施工现场安全文明专项施工方案 …… 85

七、学习情境Ⅳ　学生公寓模板工程安全文明专项施工方案 …… 95

八、学习情境Ⅴ　学生公寓施工现场临时用电专项施工方案 …… 105

单元三　某省建设工程施工现场安全文明施工标准图例 …… 116

一、文明施工 …… 116

二、临时设施 …… 137

三、安全防护 …… 152

四、消防器材 …… 167

五、施工现场临时用电 …… 168

六、扣件式双排钢管脚手架 …… 173

七、模板支撑系统 …… 179

八、起重机械设备 …… 183

附录 …… 189

附录一　中华人民共和国安全生产法 …… 189

附录二　建设工程安全生产管理条例 …… 199

附录三　建筑施工企业安全生产许可证管理规定 …… 209

附录四　建设工程施工现场管理规定 …… 213

附录五　生产安全事故报告和调查处理条例…… 218
附录六　建筑安全生产监督管理规定…… 224
附录七　工程建设重大事故报告和调查程序规定…… 227
参考文献…… 230

单元一　建筑工程施工安全管理基础知识

课题1　建筑工程施工安全管理概述

一、建筑工程施工安全管理的基本概念

安全生产是指在生产过程中，处于避免人身伤害、设备损坏及其他不可接受的损害风险（危险）状态。不可接受的损害风险（危险）是指：超出了法律、法规和规章的要求；超出了方针、目标和企业规定的其他要求；超出了人们普通接受（通常是隐含）的要求。

建筑工程施工安全管理是指建设行政主管部门、建筑安全监督管理机构、工程监理单位、建筑施工企业及有关单位对建筑工程施工过程中的安全工作，进行计划、组织、指挥、控制、监督、调节和改进等一系列致力于满足施工安全的管理活动。

二、建筑工程施工安全管理的特点

1. 安全管理涉及面广、涉及单位多

由于建设工程规模大、生产工艺复杂、工序多，在实施过程中流动作业多，高处作业多，作业位置多变，遇到不确定因素多，所以安全管理工作涉及范围大、控制面广。安全管理不仅是施工单位的责任，还包括建设单位，勘察设计单位、监理单位，这些单位也要为安全管理承担相应的责任与义务。

2. 安全管理动态性

（1）由于建设工程项目的单件性，每项工程的位置、条件不同，所面临的危险因素和防范措施也都会发生改变。

（2）工程项目施工的分散性。因为现场施工是分散于全国不同城镇的各个部位，尽管有各种规章制度、安全措施和安全技术交底等环节，但是在面对具体施工环境时，仍然需要员工自己的判断和处理，有经验的员工还必须适应不断变化的情况。

（3）安全管理的交叉性

建设工程项目是开放系统，受自然环境和社会环境影响很大，安全管理需要把工程系统、环境系统及社会系统有机地结合起来。

（4）安全管理的严谨性

安全状态具有突发性，安全管理方案措施必须严谨，一旦失控，就会造成人员伤亡和财产损失。

三、建设工程安全生产管理的方针

建设工程安全管理的方针是：建设工程安全生产管理，坚持安全第一、预防为主的方针。

安全第一是原则和目标，是把安全放在首位，安全为了生产，生产必须保证安全。也就是要求所有参与工程建设活动的人员，包括管理者和操作人员，以及对工程建设活

动进行安全监督管理、工程设计、工程监理、建筑业企业等人员都必须树立安全观念，不能为了经济的发展牺牲安全，当安全与生产发生矛盾时，必须先解决安全问题。在保证安全的前提下，从事生产活动，也只有这样才能使生产正常进行，促进经济的发展，保证社会的稳定。

预防为主是实现安全第一的最重要的手段。在工程建设活动中，根据工程建设的特点，对不同的生产要素采取相应的管理措施，从而减少甚至消除事故隐患，尽量把事故消灭在萌芽状态，这是安全管理的重要思想。

四、建设工程安全生产管理的原则

1. 管生产必须管安全的原则

管生产必须管安全的原则是指建设工程项目各级领导和全体员工在生产过程中必须坚持在抓生产的同时抓好安全工作，它体现了安全与生产的统一，生产与安全是一个有机的整体，两者不能割裂，更不能对立起来，应将安全置于生产之中。

2. 安全具有否决权的原则

安全具有否决权的原则是指安全生产工作是衡量建设工程项目管理的一项基本内容，它要求在对项目各项指标、评优创新时，首先必须考虑安全指标的完成情况。安全指标没有实现，其他指标完成再好，对于整个建设工程项目而言，仍然不能通过评优争先工作。这就是安全具有一票否决权的含义。

3. 职业安全卫生“三同时”的原则

“三同时”原则是指一切生产性的建设工程项目和技术改造建设项目，必须符合国家的职业安全性方面的法规和标准。职业安全性技术措施应与主体项目同时设计、同时施工、同时投产使用，以确保建设工程项目投产后符合职业安全卫生要求。

4. 事故处理“四不放过”的原则

在事故处理时必须坚持和实施“四不放过”的原则，即事故原因分析不清不放过，事故责任者和群众没有受到教育不放过，没有整改措施和预防措施不到位不放过，事故责任者和责任领导不处理不放过。

五、安全术语

1. 三宝：安全帽、安全带、安全网。

2. 四口：楼梯口、电梯口、预留洞口、通道口。

3. 五临边：基坑周边、框架结构的施工楼层周边、屋面周边、未安装栏杆的楼梯边、未安装栏板的阳台边。

4. 五大伤害；高处坠落、物体打击、触电、机械伤害、坍塌。

5. 三违：违章指挥、违章作业、违反劳动纪律。

6. 三不伤害：不伤害自已、不伤害别人、不被别人伤害。

7. 三定：指在安全检查中，对查出的危险隐患，要采取定人、定时间、定措施整改。（五定：定整改责任人、定整改措施、定整改完成时间、定整改完成人、定整改验收人。）

8. 七关：安全教育关、安全措施关、安全交底关、安全防护关、安全文明关、安全检查关、安全验收关。

9. 高空作业：根据《高处作业分级》（GB/T 3608—2008）的规定，凡在坠落高度基准面高 2m 以上、深 2m 以下（含 2m），有可能坠落的高处进行的工程作业。

10. 起重机械“十个不准吊”

（1）超载和斜拉不准吊；

（2）散装物装得太满或捆扎不牢不准吊；

（3）无指挥、乱指挥和指挥信号不明不准吊；

（4）吊物边缘锋利，无防护措施不准吊；

（5）吊物上站人和堆放零散物件不准吊；

（6）埋入地下的构件不准吊；

（7）安全装置失灵不准吊；

（8）雾天和光线阴暗看不清吊物不准吊；

（9）高压线下面或离高压线过近不准吊；

（10）六级以上强风不准吊。

11. 登高作业“十不登”

（1）患有心脏病、高血压、深度近视等症者不登高；

（2）迷雾、大雪、雷雨或六级以上大风不登高；

（3）没有安全帽、安全带者不登高；

（4）夜间没有充分照明时不登高；

（5）饮酒、精神不振或经医生证明不宜登高者不登高；

（6）脚手架、脚手板、梯子没有防滑措施或不牢固时不登高；

（7）穿了厚底鞋或携带笨重工具者不登高；

（8）高楼顶部没有固定防滑措施时不登高；

（9）设备和构件之间没有安全板、高压电线没有遮拦时不登高；

（10）石棉瓦、油毡屋面上无脚手架时不登高。

12. 特种作业

特种作业是指在施工过程中，容易发生伤亡事故，对操作者本人，尤其对他人和周围设施的安全有重大危害因素的作业。如电工、电气焊工、架子工、吊车司机等。

13. 施工现场的不安全因素

施工现场的不安全因素包括：人的不安全因素，物的不安全状态，管理上的不安全因素。

1）人的不安全因素可分为人的不安全因素和人的不安全行为。个人的不安全因素是指人员的心理、生理、能力中具有不适应工作、作业岗位要求的影响安全因素。个人的不安全因素主要包括：

（1）心理上的不安全因素，是指人在心理上具有影响安全的性格、气质和情绪；

（2）生理上的不安全因素，包括视觉、听觉等感觉器官，体能、年龄、疾病等不适应工作或作业岗位要求的影响因素；

（3）能力上的不安全因素，包括知识能力、应变能力、资格等不适应工作或作业岗位要求的影响因素。

人的不安全行为是指造成事故的人为错误，是人为地使系统发生故障或发生性能不良事件，是违背设计和操作规程的错误行为。不安全行为在施工现场的类型，按《企业职工伤亡事故分类》（GB 6441—1986），可分为13大类。

①操作失误、忽视安全、忽视警告；

②造成安全装置失效；

③使用不安全设备；

④手代替工具操作；

⑤物体存放不当；

⑥冒险进入危险场所；

⑦攀坐不安全位置；

⑧在起吊物下作业、停留；

⑨在机器运转时进行检查、维修、保养等工作；

⑩有分散注意力的行为；

⑪没有正确使用个人防护用品、用具；

⑫不安全装束；

⑬对易燃易爆等危险物品处理错误。

人的不安全行为产生的主要原因是：系统、组织的原因；思想责任性原因；工作的原因。其中工作的原因产生不安全行为的影响因素又包括：工作知识的不足或工作方法不适当；技能不熟练或经验不足；作业速度不适当；工作不当，但又不听或不注意管理提示。

分析事故原因，绝大多数事故不是因为技术解决不了造成的，而是违章所致。由于没有安全技术措施，缺少安全技术措施，不做安全技术交底，还有安全生产责任制不落实，违章指挥、违章作业造成的，所以必须重视和防止产生人的不安全因素。

2）物的不安全状态

物的不安全状态是指能导致事故发生的物质条件，包括机械设备等物质或环境存在的不安全因素。

物的不安全状态的内容：

（1）物（包括机械、设备、工具、物质等）本身存在的缺陷；

（2）防护保险方面的缺陷；

（3）物的放置方法的缺陷；

（4）作业环境场所的缺陷；

（5）外部和自然界的不安全状态；

（6）作业方法导致的物的不安全状态；

（7）保护器具信号、标志和个体防护用品的缺陷。

物的不安全状态的类型：

（1）防护等装置缺乏或有缺陷；

（2）设备、设施、工具的附件有缺陷；

（3）个人防护用品用具缺少或有缺陷；

（4）施工生产场地环境不良。

3）管理上的不安全因素

管理上的不安全因素，通常也称管理上的缺陷，也是事故潜在的不安全因素，作业间接的原因具有以下 5 方面：

（1）技术上的缺陷；

（2）教育上的缺陷；

（3）心理上的缺陷；

（4）管理工作上的缺陷；

（5）教育社会和历史上的原因造成的缺陷。

课题2　建筑工程施工安全管理体系

一、安全管理体制

完善安全管理体制，建立健全安全管理制度、安全管理机构和安全生产责任是安全管理的重要内容，也是实现安全生产目标管理的组织保证。

在国务院领导下，成立了国家安全生产委员会，成员由国家劳动安全监察管理总局，各部委和全国总工会领导组成。共同担负起研究、统筹、协调、指导关系全局的重大安全生产问题，把各部委总局的力量调动和组织起来，用于劳动保护、安全生产工作。各省、直辖市、自治区也相应成立安全生产委员会；同时从1985年起我国实行国家监察、行政管理、群众（工会组织）监督和企业负责、劳动者遵章守法相结合的管理体制。

1. 国家监察

由国家劳动安全监察管理总局按照国务院要求实施国家劳动安全监察。国家监察是一种执法监察，主要是监察国家法规、政策的执行情况，预防和纠正违反法规、政策的偏差。它不干预企事业内部执行法规、政策的方法、措施和步骤等具体事务，它不能代替行业管理部门日常管理和安全检查。

2. 行政管理

各级企业行政主管部门或行业管理部门根据“管生产必须管安全”的原则。管理本行业的安全生产工作，建立安全管理机构、配备安全技术干部，组织贯彻执行国家安全生产方针、政策、法规，制定行业的规章制度和规范标准；对本行业安全生产工作进行计划；组织和监督检查、考核；帮助企业解决安全生产方面的实际问题；支持、指导企业搞好安全生产。

3. 群众（工会组织）监督

保护职工的安全健康是工会的职责。工会对危害职工安全健康的现象有抵制、纠正以至控告的权利，这是一种自下而上的群众监督。这种监督是与国家安全监察和行政管理相辅相成的，应密切配合、相互合作、互通情况，共同搞好安全生产工作。

4. 企业负责

企业必须坚决执行国家的法律、法规和方针政策，按要求做好安全生产工作，要自觉接受国家监察、行业管理、群众监督，并结合本企业情况，努力克服安全生产中的薄弱环节，积极认真地解决安全生产中的各种安全问题，企业法定代表人是安全生产的第一责任者。

5. 劳动者遵章守法

从许多事故发生的原因看，大都与职工的违章行为有直接关系。因此劳动者在生产过程中应自觉遵守安全生产规章制度和劳动纪律，严格执行安全技术操作规程，不违章操作。劳动者遵章守纪也是减少安全事故、实现安全生产的重要保证。

二、安全生产管理体系

安全管理体系是项目管理体系中的一个子系统，即通过策划（Plan）、实施（Do）、检查（Check）、处理（Action）四个环节构成一个动态循环上升的系统化的管理模式（简称PDCA 循环模式）。它指导建筑业企业系统地实现安全管理的既定目标。

1. 施工安全管理的组织保证体系

建筑业的施工安全管理必须做到安全管理工作层层有人负责，且责任明确，做到齐抓共管，实行全员安全目标管理。建筑业企业层安全组织管理保证体系可分为：

（1）以企业经理（法定代理人）为首的各级生产指挥，安全管理保证体系，企业法定代表人是安全生产的第一责任者。

（2）以党委书记为首的各党委部门把思想政治工作贯穿于安全生产中是安全思想工作的保证体系。

（3）以工会主席为首的发挥工会组织“教育、协助、监督”职能的群众监督保证体系。

（4）以团委书记为首的青年职工安全生产保证体系。

（5）以总工程师、总经济师、总会计师为首的安全技术、安全技术措施计划、安全技术费用计划的保证体系。

（6）以企业安全部门为主的专业安全管理、检查保证体系。

（7）以工程项目经理、主管生产和技术的副项目经理、专职安全管理人员，分包单位负责人以及项目的人事、财务、机械、工会等负责人，一般5~7人组成安全生产领导小组的施工项目组织保证体系。

2. 施工安全管理的制度保证体系

施工安全管理的制度保证体系是为贯彻执行安全生产、法律、法规、强制性标准、工程施工组织设计和安全技术措施，确保施工安全而提供制度支持的安全管理保证体系。

制度保证体系的制度项目组成见表1-1。

表1-1　制度保证体系的制度项目组成

序号	类别	制度名称
1	岗位管理	安全生产组织制度（组织保证体系的人员设置构成）
2		安全生产责任制度
3		安全生产教育培训制度
4		安全生产岗位认证制度
5		安全生产值班制度
6		特种作业人员管理制度
7		外协单位和外协人员安全管理制度
8		专兼职安全管理制度
9		安全生产奖惩制度
10	措施制度	电气作业环境和条件管理制度
11		安全施工技术措施的编制和审批制度
12		安全施工技术措施实施的管理制度
13		安全技术措施的总结和评价制度

续表

序号	类别	制度名称
14	资源管理	安全作业环境和安全施工措施费用编制、审核、办理及使用管理制度
15		劳动保护用品的购入、发放和管理制度
16		特种劳动保护用品使用管理制度
17		应急救援设备和物资管理制度
18		机械、设备、工具和设施的供应、维修、报废管理制度
19	日常管理	安全生产检查制度
20		安全生产验收制度
21		安全生产交接班制度
22		安全隐患处理和安全整改工作的备案制度
23		异常情况、事故征兆、突发事态报告、处理和备案管理制度
24		安全事故报告、处理、分析、处理和备案制度
25		安全生产信息资料收集和归档管理制度

3. 施工安全管理的资源保证体系

施工项目的安全生产必须有充足的资源做保障。安全资源的投入应包括：人力资源、物资、设备资源和资金的投入。安全管理人力资源的投入应包括：专兼职安全管理人员的设置和高素质的技术人员、操作工人的配置；以及安全教育培训的投入。安全管理物资资源的投入应包括：现场材料的把关、料具现场的管理、劳动防护用品的投入。资金的投入应包括：工程费用中的机械装备费、措施费（如脚手架费、环境保护费、安全文明施工费、临时设施费等）、管理费和劳动保险支出等。

4. 施工安全管理的技术保证体系

施工安全是为了达到工程施工的作业环境和条件安全、施工技术安全、施工状态安全、施工行为安全以及施工安全管理到位的安全目的。施工安全管理的技术保证，就是为上述5个方面的安全要求提供安全技术的保证，确保在施工过程中准确判断安全的可靠性，为避免出现危险状况，事先做出限制和控制规定，对施工安全保险和排险给予规定以及对一切施工生产提供安全保证。

施工安全管理技术保证由专项工程、专项技术、专项管理、专项治理4种类别构成，每种类别又有若干项目，每个项目都包括安全可靠性技术、安全限控技术、安全保险与排险技术和安全保护技术4种技术，建立如图1－1所示的安全技术保证体系。

5. 施工安全管理的信息保证体系

施工安全工作中的信息主要有文件信息、标准信息、管理信息、技术信息、安全施工状况信息及事故信息等，这些信息对于搞好施工安全管理工作具有重要的指导和参考作用。因此，施工企业应把这些信息作为施工安全管理的基础资料保存，建立起施工安全管理的信息保证体系，以便为施工安全管理工作提供有力的施工安全管理信息支持。

施工安全管理信息保证体系是由信息工作条件、信息收集、信息处理和信息服务4部分工作内容组成。施工安全管理信息保证体系如图1－2所示。

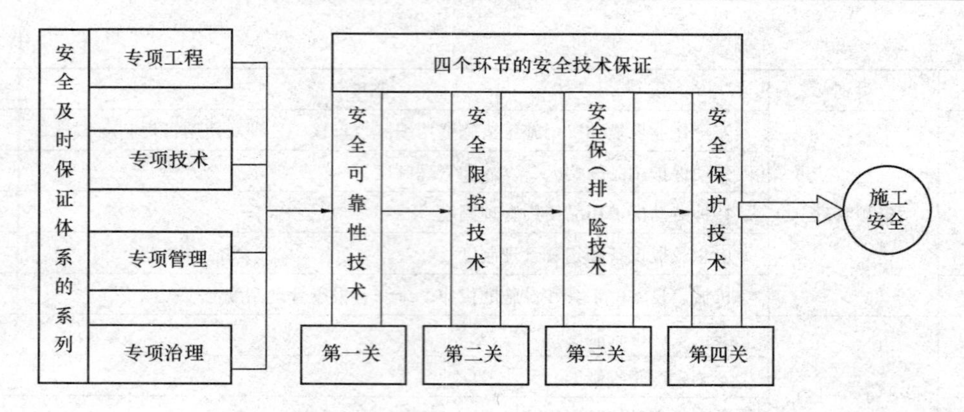

图 1－1　施工安全技术保证体系

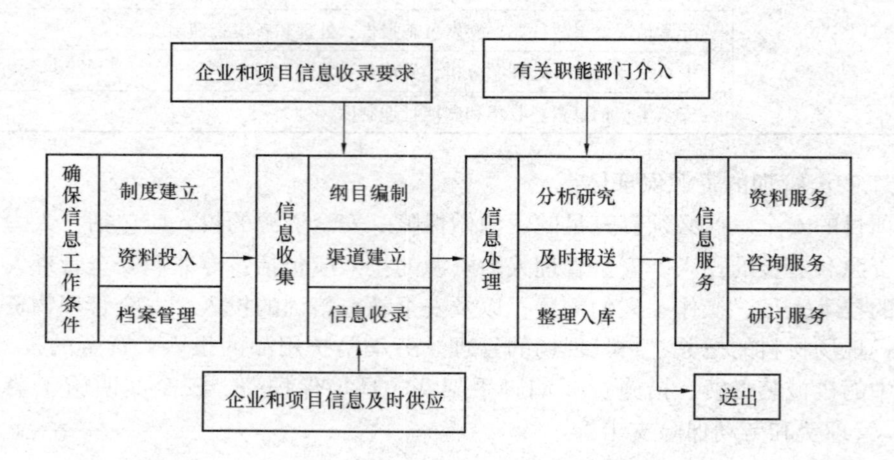

图 1－2　施工安全信息保证体系

课题 3　施工安全生产责任制

一、建筑业各级部门及管理人员的安全生产责任制

安全生产责任制是各项管理制度的核心，是企业岗位责任制的重要组成部分，是企业施工安全管理中最基本的制度，是保障安全生产的重要组织措施。建筑业应以文件的形式颁布企业安全生产责任制。

安全生产责任制的制定应依据《中华人民共和国建筑法》《中华人民共和国安全生产法》、国务院第 393 号令《建设工程安全生产管理条例》以及《国务院关于特大安全事故行政责任追究的规定》制定企业各级各部门及管理人员的安全生产责任制。

1. 企业法人代表（经理）安全生产责任制

（1）认真贯彻执行国家和省、市有关安全生产的方针政策和法规、规范，掌握本企业安全生产动态、定期研究安全工作，对本企业安全生产负全面领导责任。企业法人代表是企业安全生产的第一责任人。

（2）领导编制和实施本企业中长期整体规划及年度、特殊时期安全工作实施计划。建立健全和完善本企业的各项安全生产管理制度及奖惩办法。

（3）建立健全安全生产的保证体系，保证安全技术措施经费及奖惩办法落到实处。

（4）领导并支持安全管理人员或部门监督检查工作。

（5）在事故调查组的指导下，领导、组织本企业有关部门或人员，做好特大、重大伤亡事故调查处理的具体工作，监督防范措施的制定和落实，预防事故重复发生。

2. 企业总工程师（技术负责人）安全生产责任制

（1）贯彻执行国家和上级的安全生产方针、政策，协助法定代表人做好安全方面的技术领导工作，对本企业安全生产的技术工作负总的领导责任。

（2）领导制定年度和季节性施工计划时，要确定指导性的安全技术方案。

（3）组织编制和审批施工组织设计、特殊复杂工程项目或专业性工程项目施工方案时，应严格审查是否具有安全技术措施及其可行性，并提出决定性意见。

（4）领导安全技术攻关活动，确定劳动保护研究项目，组织签定验收。

（5）对本企业使用的新材料、新技术、新工艺从技术上负责，组织编制或审定相应的操作规程，重大项目应组织安全技术交底工作。

（6）参加特大、重大伤亡事故的调查，从技术上分析事故原因制定防范措施。

3. 企业安全生产负责人安全生产责任制

（1）对企业安全生产工作负直接领导责任，协助法定代表人认真贯彻执行安全生产方针、政策、法规，落实本企业各项安全生产管理制度。

（2）组织实施本企业中长期、年度、特殊时期安全工作规划、目标及实施计划，组织落实安全生产责任制。

（3）参与编制和审核施工组织设计、特殊复杂工程项目或专业性工程项目施工方案。审批本企业工程施工中的安全技术管理措施，制定施工安全技术措施经费的使用计划。

（4）领导组织本企业的安全生产宣传工作，确定安全生产考核指标。领导、组织分包队、工长的培训、考核与审查工作。

（5）领导组织本企业定期或不定期的安全生产检查，及时解决施工中的不安全生产问题。

（6）认真听取采纳安全生产的合理化建议，保证本企业安全生产保证体系的正常运转。

（7）在事故调查组的指导下，组织特大、重大伤亡事故的调查，分析及处理中的具体工作。

4. 企业安全保卫部安全生产责任制

（1）贯彻执行“安全第一，预防为主”的安全生产方针和国家、政府部门及公司关于安全生产和劳动保护法规及安全生产规章制度。贯彻落实安全生产操作规程，做好安全管理和监督工作，负责施工过程中安全管理，辅导工地完善落实各项安全技术措施。

（2）经常深入施工现场，定期组织进行安全卫生和劳动纪律的检查、监督和宣传工作，掌握安全生产工作状况，并提出建议意见。

（3）杜绝违章指挥和违章作业。发现险情及时处理。有权责令工地和个人暂停施工，迅速报告上级领导处理。

（4）参加事故的调查处理工作。制定仓库危险品和有毒材料的保管和保卫制度，严防不法分子扰乱生产秩序，依法打击危及工地安全和生产的违法事件。做好与当地公安机关及街道社区的横向联系，搞好社会治安综合治理工作。

（5）对各工程施工组织设计中的安全生产技术措施进行审查，对不符合安全要求和没有针对性地提出完善意见。

（6）督促分公司、项目经理部完善施工的安全保险设施，对违章作业的单位和个人按制度进行处罚，对安全生产工作有显著成绩的单位和个人按制度给予奖励，组织特殊工种上岗培训和新职工的三级安全教育，定期对安全员进行监督考核和继续教育。

（7）在安全生产工作上，安全保卫部有权执行公司安全生产工作要求和安全生产奖惩制度。

（8）贯彻执行国家及省市有关消防保卫的法规、规定，协助领导做好消防保卫工作。

（9）制定年、季度消防保卫工作计划和消防安全管理制度。并对执行情况进行监督检查，参加施工组织设计、方案的审批，提出具体建议并监督实施。

（10）经常对职工进行消防安全教育，会同有关部门对特种作业人员进行消防安全考核。

（11）组织消防安全检查，督促有关部门对火灾隐患进行整改。

（12）负责调查火灾事故原因，提出处理意见。

（13）参加新建、改建、扩建工程项目的设计审查和竣工验收工作。

5. 企业技术部安全生产责任制

（1）认真学习、贯彻执行国家和上级有关安全技术及安全操作规程规定，保障施工生产中的安全技术措施的制定和实施。

（2）严格按照国家安全技术规范、规程、标准，组织编制施工现场的安全技术措施方案，编制适合本公司实际的安全生产技术规程，确保其有针对性。

（3）检查施工组织设计和施工方案安全技术措施的实施情况，对施工中涉及安全方面的技术性问题，提出解决办法。

（4）对施工现场的特殊设施进行技术鉴定和技术数据的换算，负责安全设施的技术改造和提高。

（5）会同材料设备部、安全保卫部共同审核工程项目的安全施工组织设计，指导工地的安全生产工作。

（6）与安全保卫部一起，编制单位工程建筑面积在10000m^2以上的安全施工组织设计，并与公司总工程师和其他部门一起会商会审。建筑面积在10000m^2以下的单位工程的安全施工组织设计由分公司、项目经理部的技术、安全等职能部门负责编制，经公司总工程师和技术、安全管理等部门会审批准后执行。

（7）对新技术、新材料、新工艺，必须制定相应的安全技术措施和安全操作规程。

（8）对改善劳动条件，减轻重体力劳动，消除噪声等方面的治理进行研究解决。

（9）参加伤亡事故、重大事故及重大安全隐患中的技术性问题调查，分析事故原因，从技术上提出防范措施。

6. 企业材料设备部安全生产责任制

（1）凡购置的各种机电设备、脚手架料具、新型建筑装饰、防水等的料具或直接用于安全防护的料具及设备，必须执行国家、省、市相关规定，必须有产品介绍书或说明资料，严格审查其产品合格证明材料，必要时做抽样试验，回收时必须进行检修。

（2）采购的劳动保护用品，必须符合国家标准及省市有关规定，并向主管部门提供情况，接受对劳动保护用品的质量监督检查。

（3）认真执行《建筑工程施工现场管理基本标准》的规定，按施工现场平面布置图要求，做好材料堆放和物品储备，对物品运输应加强管理，保证安全。

（4）对机电、起重机械设备、锅炉、受压容器及自制机械设施的安全运行负责，按照安全技术规范经常进行检查，并监督各种设备的维修、保养等工作。

（5）对设备的租赁要建立安全管理制度，确保租赁设备完好且安全可靠。

（6）对新引进的机械、锅炉、受压容器及大修、维修，外租回场（厂）后的设备必须严格检查把关，新引进的要有出厂合格证及完整的技术资料，使用前制定安全操作规程，组织专门技术培训，向有关人员交底并进行签定验收。

（7）参加施工组织设计、施工方案的会审，提出涉及机械设备安全的具体意见。同时负责督促下级落实，保证其实施。

（8）对特种作业人员定期培训、考核。

（9）参加因工伤亡及重大安全隐患的调查，从事故的机械设备方面认真分析事故原因，提出处理意见，制定防范措施。

7. 企业财务部安全生产责任制

（1）根据本企业实际情况及企业安全技术措施经费的需要，按计划及时提出安全技术措施经费，劳动保护经费及其他安全生产所需经费，保证专款专用。

（2）按照国家及省市对劳动保护用品的有关标准和规定，负责审查购置劳动保护用品的合法性，保证其符合标准。

（3）协助安全保卫部办理安全奖励及罚款手续。

（4）按照安全生产设施需要，制定安全设施的经费预算。

（5）对审定的安全所需经费，列入年度预算，落实好资金并专项立账使用，督促检查安全经费的使用情况。

（6）负责安全生产奖罚的收付工作，保证奖罚兑现。

二、项目经理部、项目部各职能部门安全生产责任制

1. 项目经理部安全生产责任制

（1）项目经理部是安全生产工作的载体，具体组织和实施施工项目安全生产、文明施工，环境保护工作，对本项目工程的安全生产负全面责任。

（2）贯彻落实各项安全生产的法律、法规、规章、制度，组织实施各项安全管理工作，完成各项考核指标。

（3）建立并完善项目部安全生产责任制和安全考核评价体系，积极开展各项安全活动，监督控制分包队伍执行安全规定，履行安全职责。

（4）发生伤亡事故及时上报，并保护好事故现场，积极抢救伤员，认真配合事故调查组开展伤亡事故的调查和分析，按照“四不放过”原则；落实整改防范措施，对责任人员进行处理。

2. 项目安全部安全生产责任制

（1）项目安全部是项目安全生产的责任部门，是项目安全生产领导小组的办公机构，行使项目安全工作的监督检查职权。

（2）协助项目经理开展各项安全业务活动，监督项目安全生产保证体系的正常运转。

（3）定期向项目安全领导小组汇报安全情况，通报安全信息，及时传达项目安全决策，并监督实施。

（4）组织、指导施工项目分包安全机构和安全人员开展各项业务工作，定期进行施工项目安全性测评。

（5）负责项目全体人员安全教育培训的组织工作。

（6）负责施工项目安全责任目标的考核。

（7）负责现场环境保护、文明施工和与各相关方的沟通工作。

3. 项目工程管理部安全生产责任制

（1）在编制项目总工期控制进度计划、年、季、月计划时，必须树立“安全第一”的思想，综合平衡各生产要素，保证安全工作与生产任务协调一致。

（2）对于改善劳动条件、预防伤亡事故发生的措施项目，要视同生产项目且优先安排；对于施工中重要的安全防护措施、施工设备的安装要纳入正式工序，予以时间保证。

（3）在检查生产计划实施情况的同时，要检查安全措施项目的执行情况。

（4）负责编制施工项目施工现场文明施工计划，并组织具体实施。

（5）负责现场环境保护工作的具体组织和落实。

（6）负责项目大、中、小型机械设备的日常维护、保养和安全管理工作。

4. 项目技术部安全生产责任制

（1）负责编制项目施工组织设计中安全技术措施，编制特殊专项安全技术方案。

（2）参加施工项目安全设备、设施的安全验收，从安全技术角度进行把关。

（3）检查施工组织设计和施工方案的实施情况的同时，检查安全技术措施的实施情况，对施工中涉及的安全技术问题，提出解决方案。

（4）对施工项目使用新技术、新工艺、新材料、新设备制定相应的安全技术措施和安全操作规程，并负责工人的安全技术教育。

5. 项目材料设备部安全生产责任制

（1）重要劳动防护用品的采购和使用必须符合国家标准和有关规定，执行本系统重要劳动防护用品定点使用管理规定。同时会同项目安全部进行验收。

（2）加强对在用具、机具和劳动防护用品的管理，对自有及协助自备的机具和劳动防护用品定期进行检验、签定，对不合格品及时报废、更新，确保使用安全。

（3）负责施工现场材料按施工现场平面布置图指定位置堆放，并负责物品储运的安全。

6. 项目合同经济部

（1）分包单位进场前签订总、分包安全合同或安全管理责任书。

（2）在经济合同中应分清总、分包安全防护费用的划分范围。

（3）在每月工程款结算单中扣除由于双方违约责任进行的索赔和反索赔的费用。

三、项目经理及项目各级管理人员和工人安全生产责任制

1. 工程项目经理

（1）项目经理是施工项目工程安全生产的第一责任人。对项目工程施工过程中的安全负全面责任。

（2）项目经理必须经过专门的安全培训考核，取得项目管理人员安全生产资格证书后

方可上岗。

（3）贯彻落实各项安全生产规章制度，结合施工项目特点及施工性质，制定有针对性的安全生产管理办法和实施细则，并落实实施。

（4）在组织项目施工、聘用管理人员时，要根据工程特点、施工人数、施工专业等情况、按规定配备一定数量和高素质的专职安全员，确定安全管理体系，明确各级人员和分承包方的安全责任和考核指标，并制定考核办法。

（5）健全和完善用工管理手续，录用外协施工队伍必须及时向公司人事劳动部门、安全部门申报，必须事先审核注册、持证等情况，对工人进行三级安全教育后，方准入场上岗。

（6）负责施工组织设计、施工方案、安全技术措施的组织落实工作，组织并督促工程项目做好安全技术交底和安全设施、安全设备验收等制度的落实。

（7）领导组织施工现场每旬一次的定期安全生产检查，发现施工中不安全问题，组织制定整改措施及时解决，对上级提出的安全生产与管理方面的问题，要在限期内定时、定人、定措施予以解决，接到政府部门安全监督指令书和重大安全隐患通知单，应立即停止施工，组织力量进行整改。隐患消除后，必须报上级部门验收合格，才能恢复施工。

（8）在工程项目施工中，采用新技术、新设备、新工艺、新材料，必须编制科学的施工方案，配备安全可靠的劳动保护装置和劳动防护用品，否则不准施工。

（9）发生因工伤亡事故时，必须做好事故现场保护与伤员的抢救工作，按规定及时上报，不得隐瞒、虚报和故意拖延不报，积极组织配合事故的调查，认真制定并落实防范措施，吸取事故教训，防止类似事故再次发生。

2. 工程项目生产副经理

（1）对工程项目的安全生产负直接领导责任，协助项目经理认真贯彻执行国家安全生产方针、政策、法规；落实各项安全生产规范、规程、标准和工程项目经理部的各项安全生产管理制度。

（2）组织实施施工项目总体和施工各阶段安全生产工作计划以及各项安全技术措施、方案的组织实施工作，组织落实工程项目各级人员的安全生产责任制。

（3）组织领导施工项目安全生产的宣传教育工作，并制定工程项目安全培训实施办法，确定安全生产考核指标，制定实施措施和方案，并负责组织实施。负责外协施工队伍各类人员的安全教育，培训和考核审查的组织领导工作。

（4）配合项目经理组织定期安全生产检查，负责施工项目各种形式的安全生产检查的组织、督促工作和安全生产隐患整改“三定”的实施工作，及时解决施工过程中的安全生产问题。

（5）负责施工项目安全生产领导小组的领导工作，认真听取采纳安全生产的合理化建议，支持安全生产管理人员的业务工作，保证工程项目安全生产的正常运转。

（6）施工项目发生伤亡事故时，负责事故现场保护、职工教育、防范措施的落实，并协助做好事故调查分析的具体组织工作。

3. 项目安全总监（安全员）安全生产责任制

（1）在项目生产副经理的直接领导下，履行项目安全生产工作的检查、监督、管理职责。

(2) 宣传贯彻安全生产方针政策、规章制度，落实项目安全组织保证体系的运行。

(3) 督促实施安全施工组织设计、安全技术措施，实现安全管理目标，对施工项目各项安全生产管理制度的贯彻与落实情况进行检查与具体指导。

(4) 组织分承包商安排专、兼职安全人员开展安全检查与监督工作。

(5) 查处违章指挥、违章操作、违反劳动纪律的行为和人员，对重大安全隐患，采取有效的控制管理措施，必要时可采取局部直至全部停产的非常措施。

(6) 督促开展周一安全日活动和项目安全讲评活动。

(7) 负责办理与发放各级管理人员的安全资格证书和操作人员安全上岗证。

(8) 参与事故的调查与处理。

4. 项目技术负责人的安全生产责任制

(1) 对施工项目施工过程中的安全生产负技术责任。

(2) 贯彻落实国家安全生产方针、政策，严格执行安全技术规范、规程、标准，结合工程特点，进行项目整体安全技术交底。

(3) 参加或组织编制安全施工组织设计。在编制审查施工方案时，必须制定、审查安全技术措施，保证其可行性和针对性，并认真监督实施情况，发现安全隐患及时解决。

(4) 在主持制定技术措施计划和季节性施工方案的同时，必须制定相应的安全技术措施并监督执行，及时解决执行中出现的问题。

(5) 应用新材料、新技术、新工艺、新设备时，要及时上报，经批准后方可实施，同时必须组织对上岗人员进行安全技术的培训和教育，认真执行相应的安全技术措施和安全操作工艺要求，预防施工中因化学药品引起的火灾、中毒或在工艺实施中可能造成的事故。

(6) 主持安全防护实施和设备的验收工作。严格控制不符合标准要求的防护设备、设施投入使用，使用中的防护设备、设施，要组织定期检查，发现问题及时处理。

(7) 参加安全生产定期检查，对施工中存在的安全隐患和不安全因素，从技术上提出整改意见和消除办法。

(8) 参加或配合工伤及重大未遂事故的调查，从技术上分析事故发生的原因，提出防范措施和整改意见。

5. 项目工长、施工员安全生产责任制

(1) 施工项目工长、施工员是所管辖区域范围内安全生产的第一责任人，对所管辖范围内的安全生产负直接领导责任。

(2) 认真贯彻落实上级有关规定，监督执行安全技术措施及安全操作规程，针对施工任务特点，向班组（外协施工队伍）进行书面安全技术交底，履行签字手续，并对规程、措施、交底要求的执行情况经常检查，随时纠正违章作业。

(3) 负责组织落实所管辖施工队伍的三级教育，常规安全教育，季节转换及针对施工各阶段特点等进行各种形式的安全教育，负责组织落实所管辖施工队伍特种作业人员的安全培训工作和持证上岗的管理工作。

(4) 经常检查所管辖区域的作业环境、设备和安全防护设施的安全状况，发现问题及时纠正解决。对重点特殊部位施工，必须检查作业人员及各种设备和安全防护实施的技术安全状况是否符合安全标准要求，认真做好书面安全技术交底，落实安全技术措施并监督执行，做到不违章指挥。

（5）负责组织落实所管辖班组（包括外协施工队伍）开展各项安全活动，学习安全操作规程，接受安全管理机构或人员的安全监督检查，及时解决提出的不安全问题。

（6）对施工项目中应用的新材料、新工艺、新技术、新设备严格执行申报、审批制度，发现不安全因素及时停止施工，并上报领导或有关部门。

（7）发生因工伤亡及未遂事故必须停止施工，保护好施工现场并立即上报，对重大事故隐患和重大未遂事故，必须查明发生原因，落实整改措施，经上级有关部门验收合格后方准恢复施工，不得擅自撤除现场的防护设施，强行恢复施工。

6. 外协施工队负责人

（1）外协施工队负责人是本队安全生产的第一责任人，对本单位安全生产负全面领导责任。

（2）认真执行安全生产的各项法律、法规、规定、规章制度及安全操作规程，合理安排组织施工班组人员上岗作业，对本队人员在施工生产中的安全和健康负责。

（3）严格履行各项劳务用工手续，做到证件齐全，特种作业人员持证上岗。做好本队人员的岗位安全培训、教育工作，经常组织学习安全技术操作规程，监督本队人员遵守劳动、安全纪律，做到不违章指挥和制止本队人员违章作业。

（4）必须保持本队人员的相对稳定，人员变更须事先向用工单位有关部门报批，新进场人员必须按规定办理各种手续，并经入场和上岗安全教育后，方准上岗。

（5）组织本队人员开展各项安全生产活动，根据上级的安全交底向本队各施工班组进行详细的书面安全交底，针对当天的施工任务、作业环境等情况，做好班前安全讲话，施工中发现安全问题应及时解决。

（6）定期和不定期组织检查本队施工的作业现场安全生产状况，发现不安全因素及时整改，发现重大事故隐患应立即停止施工，并上报有关领导，严禁冒险蛮干。

（7）发现因工伤亡或重大未遂事故，组织保护好事故现场，做好伤者抢救工作和防范措施，并立即上报，不得隐瞒或拖延不报。

7. 施工项目班组长安全生产责任制

（1）班组长是本班组安全生产的第一责任人，应认真执行安全生产规章制度及安全技术操作规程，合理安排全班组人员的工作，对本班组人员在施工中的安全和健康负直接责任。

（2）经常组织本班组人员开展各项安全生产活动和学习安全技术操作规程，监督班组人员正确使用个人劳动保护品和安全设施、设备，不断提高安全自保能力。

（3）认真落实安全技术交底工作，做好班前书面安全技术交底，并要求每位工人履行签字手续，严格执行安全防护标准，不违章指挥，不冒险蛮干。

（4）经常检查班组作业现场安全生产状况和工人的安全意识、安全行为，发现问题及时解决，并上报有关领导。

（5）发生因工伤亡及未遂事故，保护好事故现场，并立即上报有关领导。

8. 生产工人的安全生产责任制

（1）工人是本职岗位安全生产的第一责任人。在本岗位作业中对自己、对环境、对他人的安全负责。

（2）认真学习并严格执行安全技术操作规程，模范遵守安全生产规章制度。

（3）积极参加各项安全生产活动，认真执行安全技术交底要求，不违章作业，不违反劳动纪律，虚心服从安全生产管理人员的监督、指导。

（4）发扬团结友爱精神，在安全生产方面做到互相帮助、互相监督，维护好一切安全设施、设备，做到正确使用劳动保护用品，不准随意拆改安全设施，对新工人要有传、帮、带的责任。

（5）对不安全作业的要求要敢于提出意见，并有拒绝违章指挥的权利。

（6）发生因工伤亡事故，要保护好事故现场并立即上报。

（7）在作业时要能够做到“眼观六路，耳听八方”，“安全定位、措施得当”。

四、总包、分包的安全责任

1. 总包单位的安全责任

（1）项目经理是项目安全生产的第一责任人，必须认真贯彻国家和省市有关安全法律、法规、规范、标准，严格按安全文明工地标准组织施工生产，确保实现安全控制指标和安全文明工地达标计划。

（2）建立健全安全生产保证体系，根据安全生产组织标准和工程规模设置安全生产机构，按标准配备安全检查人员，并在施工项目中设置安全生产领导小组，定期召开会议，确定本工程项目安全生产工作的重大事项，及时作出决策，组织、监督、检查、实施，并将分包的安全人员纳入总包的统一管理。

（3）在编制、审批施工组织设计或施工方案和季节施工技术措施时，必须同时编制、审批安全技术措施。如果改变原施工方案时，必须重新报批，并经常检查方案措施的执行情况，对于无措施、无交底或针对性不强的，不予审批，不准组织施工。

（4）施工项目经理部的有关负责人、施工管理人员、特种作业人员必须经当地政府安全培训、年审取得安全资格证书、证件的，才有资格上岗。在教育培训考核范围内未取得安全资格的施工管理人员，特种作业人员不准直接组织施工管理和从事特种作业的工作。

（5）总包要强化安全教育，除对全员进行安全技术知识和安全意识（思想）教育外，还要强化分包单位的新人入场的“三级安全教育”，教育覆盖面必须到达100%。经教育培训考试合格后，做到持证上岗，同时还要坚持转场和调换工种的安全教育，并做好登记建档工作。

（6）根据工程进度情况除进行不定期、季节性的安全检查外，工程项目经理部每半个月由项目生产副经理组织一次检查，每周由项目安全保卫部组织各分包单位进行专业（或全面）安全检查，对查出的隐患责成分包或有关人员立即或限期进行消项整改。

（7）项目总承包与分包方应在工程实施前或进场的同时，及时签订含有明确安全目标和安全责任划分的经营管理合同或协议书，当不能按期签订时，必须签订临时安全协议书。

（8）根据工程进展情况和分包进场时间，应分别签订年度或一次性的安全生产责任书或责任状，做到总、分包在安全管理上责任划分明确，有奖有罚。

（9）项目经理部实行“总包方统一管理，分包方各负其责”的施工现场安全管理体制，总包方负责对发包（业主）、分包方和上级各部门或政府部门的综合协调管理工作。施工项目经理部对施工现场的安全管理工作，负全面的领导责任。

（10）项目经理部有权责令分包方不能履行安全生产责任的施工管理人员调离本工程，

重新分配符合总包安全要求的施工管理人员。

2. 分包单位的安全责任

（1）分包单位的项目经理是安全生产管理分包工作的第一责任人。必须认真贯彻执行总包单位执行的有关安全生产的规定、标准和总包的有关安全生产的决定和指标，按总包的要求组织施工。

（2）建立健全分包单位安全保障体系。根据安全生产组织标准设置安全管理机构，配备安全检查人员。配备标准：每50工人要配备一名专职安全人员，不足50工人的要设兼职安全人员。安全人员要接受施工项目安全保卫部门的业务管理。

（3）分包单位在编制分包项目或单项作业的施工方案或季节施工方案或技术措施时，必须同时编制安全、消防技术措施，并经总包及其上级主管部门的审批后方可实施，如改变原方案时必须重新报批。

（4）分包单位必须执行逐级安全技术交底制度和班组长班前安全讲话制度，并跟踪检查管理。

（5）分包单位必须按规定执行安全防护设施、设备的验收管理制度，并履行书面验收手续，并做好登记建档工作，以备检查。

（6）分包单位必须接受总包单位及其上级主管部门的各种安全检查并接受奖罚。在生产例会上应首先检查、汇报安全生产情况。在施工生产过程中切实把握好安全教育、措施、交底、防护、文明、检查、验收这七大关，做到预防为主。

（7）强化安全教育，除对全体施工人员进行经常性的安全教育外，对新进场人员必须进行“三级安全教育”培训，做到持证上岗。同时要坚持转场和调换工种的安全教育。特种作业人员必须经过专业安全技术培训考核，持有效证件上岗。

（8）分包单位必须按总包的要求实行重点劳动防护用品定点厂家产品采购，并落实好使用制度，对个人劳动防护用品实行定期、定量供应制，并严格按规定要求佩戴。

（9）凡因分包单位管理不严而发生的因工伤亡事故，所造成的一切经济损失及后果由分包单位自负。

（10）各分包单位发生因工伤伤亡事故，要立即用最快的方式向总包单位报告，并积极组织抢救伤员，保护好现场。如果因抢救伤员必须移动现场设备、设施时，要做好记录并拍照备案。

（11）对安全管理纰漏多、施工现场管理混乱的分包单位除进行罚款处理外，对问题严重、屡教不改，甚至不服管理的分包单位，应予以解除经济合同。

3. 业主指定分包单位的安全责任

（1）必须具备与分包工程相应的企业资质，并具备《建筑施工企业安全资格认可证》。

（2）建立健全安全生产管理机构，配备安全员，接受总包单位的监督、协调和指导，实现总包单位的安全生产目标。

（3）独立完成安全技术措施方案的编制、审核、审批，对自行施工范围内的安全技术措施、设施进行验收。

（4）对分包范围内的安全生产负责，对所辖职工的身体健康负责。应为职工提供安全的作业环境，自带设备与电动开关的安全装置要齐全，并灵敏可靠。

（5）履行与业主签订的施工分包合同，并且遵守与总包单位签订的《安全管理责任书》

中的所有条款。

（6）自行完成所辖职工的合法用工手续。

（7）自行开展总包单位规定的各项安全活动。

五、交叉施工作业的安全责任

1. 总包和分包的工程项目经理，对工程项目中的交叉施工作业负指导和领导责任。总包对分包，分包对分项承包单位或施工队伍，要加强安全消防管理，科学组织交叉施工，在没有针对性的书面技术交底、方案和可靠防护措施的情况下，禁止上下交叉施工作业，防止和避免发生事故。

（1）经营部门在签订总、分包合同或协议书中应有消防责任划分的内容，明确各方的安全责任。

（2）计划部门在指定施工计划时，将交叉施工问题纳入施工计划，并应优先考虑。

（3）工程管理部门应掌握交叉施工情况，加强各分包之间交叉施工的管理，在确保安全生产的情况下，协调施工作业中的有关问题。

（4）安全保卫部门对各分包单位实行监督检查，要求各分包单位在施工中，必须严格执行总包单位的有关规定标准、措施，协助总包项目经理与分包单位签订安全消防责任状，并提出奖惩意见，同时对违章进行交叉施工工作的分包单位给予经济处罚，直至停工。

2. 总包与分包，分包与分项承包的项目工程负责人，除在签订合同或协议中要明确交叉施工作业各方责任外，还应签订安全消防协议或责任状，划分交叉施工中各方的责任区和各方的安全消防责任，同时还应建立责任区及安全设施的交接和验收手续。

3. 交叉施工作业上部施工单位应为下部施工单位提供可靠的隔离防护措施，确保下部施工作业人员的安全，在隔离防护设施未完善之前，下部施工作业人员不得进行施工。隔离防护设施完善后，经过上、下方责任人和有关人员进行验收合格后，才能施工作业。

4. 施工项目总包或分包的施工管理人员在交叉施工前，对交叉施工的各方作出明确的安全责任交底，各方必须在交底后组织施工作业。在安全责任交底中，应对各方的安全消防责任、安全责任区的划分，安全防护设施的维护等内容做出明确要求，并经常检查执行情况。

5. 交叉施工作业中的隔离防护设施及其他安全防护设施由安全责任方提供，当安全责任方因故无法提供防护设施时，可由非责任方提供，责任方负责日常维护和支付租赁费用。

6. 交叉施工作业中的隔音防护设施及其他安全防护设施的完善和可靠性由责任方负责。由于隔音防护设施或安全防护设施存在缺陷而导致的人身伤害及财产损失，由责任方承担。

7. 在施工项目的施工作业已出现交叉施工作业，安全消防责任区划分不明确时，总包方和分包方应积极主动地进行协调和管理。各分包方之间进行交叉施工，其各方应积极主动配合，在责任区不清、意见不统一时，由总包方的项目负责人或工程管理部门进行协调管理。

8. 在交叉施工作业中防护设施完成验收后，非责任方不经总包、分包或有关责任方同意，不准任意改动。如电梯井门、护栏、安全网、洞口盖板等。因施工作业必须改动时，写出书面报告，需经总、分包和有关责任方同意，才能改动，但必须采取相应的防护措施。工程完成后或下班后必须得恢复原状，否则非责任方（改动方）承担一切后果。

9. 电气焊施工作业时，严禁与油漆、防水、木工等进行交叉作业，在工序安排上应先进行电气焊等明火作业。如果必须交叉作业时先进行油漆、防水、木工作业，施工管理人员在确认排除燃爆可能的情况下，再安排电气焊作业。

10. 凡进入总包单位施工现场的各分包单位或施工队伍，必须严格执行总包所执行的标准、规定、条例、办法，要按标准化安全文明工地组织施工。对于不按总包方要求组织施工，现场管理混乱、隐患严重，影响安全文明工地整体达标的，或给交叉施工作业的其他单位造成不安全问题的分包单位或施工队伍，总包单位有权给予经济处罚或修改合同，直至清出现场。

六、施工安全管理目标责任考核制度、考核办法和责任追究制度

建筑业企业应成立责任制考核领导小组，并制定责任制的具体考核办法，对项目经理及各管理人员进行考核并做好相应考核记录。施工项目经理、安全员由企业考核，项目部各管理人员由项目经理组织有关人员考核。考核时间可为每月一小考，半年一中考，一年一大考，工程项目验收后一总考。

1. 考核办法的制定可参考以下内容：

（1）建立考核组织，成立安全生产责任制考核领导小组；

（2）以文件的形式建立考核制度，确保考核工作认真落实；

（3）严格考核标准、考核时间、考核内容；

（4）考核要与经济利益挂钩，奖罚分明；

（5）考核不走过场，要加强透明度，实行群众监督；

（6）考核应依据《管理人员的安全生产责任制目标考核表》。

2. 项目考核办法

（1）项目开工后企业安全生产责任制考核领导小组应负责对项目各级各部门及管理人员的安全生产责任目标考核。

（2）考核对象：项目经理、项目技术负责人、安全员、管理人员、班组长等。

（3）考核程序：项目经理和安全员由公司考核。其他管理人员由项目经理组织有关人员考核。

（4）考核时间：可依据企业和项目部实际情况进行，每月至少一次。

（5）考核内容：根据不同安全生产责任制，结合工程实际的安全生产状况，同时根据安全管理目标，按考核表中内容进行考核。

（6）考核结果：及时张榜公示，并根据考核结果对优秀者及不合格者给予奖励或处罚。

3. 责任追究制度

（1）对因安全责任制不落实、安全组织制定不健全、安全管理混乱、安全措施经费不到位、安全防护失控、违章指挥、缺乏对分包安全控制力度等主要原因，导致的因工伤亡事故，除对有关责任人按责任状进行经济处罚外，对主要领导责任者给予警告、记过处分，对重要领导责任者给予警告处分。

（2）对因第一条主要原因导致重大伤亡事故发生的，除对有关责任人按照责任状进行经济处罚外，对主要领导责任者，给予记过、记大过、降级、撤职处分，对重要领导责任者，给予警告、记过、记大过处分。

课题4　施工安全管理的安全教育

一、安全教育的对象

我国法律法规规定：生产经营单位应当对从业人员进行安全生产教育和培训，保证从业人员具备必要的安全生产知识，熟悉有关的安全生产规章制度和安全操作规程，掌握本岗位的安全操作技能，未经安全生产教育和培训的不合格的从业人员，不得上岗。

各地方政府和行业管理部门对施工项目各级管理人员、操作工人的安全教育培训都做出了具体规定，要求施工项目安全教育培训率实现100%。安全教育的目的，是提高全员安全素质，安全管理水平和防止安全事故，实现安全生产。

施工项目安全教育培训的对象包括以下五类人员。

1. 工程项目经理、项目生产副经理、项目技术负责人、安全总监，这些施工项目现场主管人员必须经过当地政府或上级主管部门组织的安全生产专项培训，培训时间每年不得少于24小时。经考核合格后，颁发或年审《安全生产资质证书》，持证上岗。

2. 工程项目基层管理人员每年必须接受公司安全生产教育培训。经考试合格后，持证上岗。

3. 分包负责人，分包队伍管理人员，必须接受政府主管部门或总包单位的安全培训。经考试合格后，持证上岗。

4. 特种作业人员必须经过劳动部门专业的安全理论培训和安全技术实际训练。经理论和实际操作的双项考核，合格者持《特种作业操作证》上岗作业。

5. 操作工人、新入场工人必经过三级安全教育，考试合格后持“上岗证”上岗作业。

二、安全教育的内容

安全教育主要包括安全生产思想、安全知识、安全技术技能和法制教育四个方面的内容。

1. 安全生产思想教育

安全生产思想教育的目的是为安全生产奠定思想基础。通常从加强思想认识、方针政策和劳动纪律教育等方面进行。

（1）思想认识和方针政策的教育。一是提高各级管理人员和广大群众职工对安全生产重要意义的认识。从思想、理论上认识安全生产的重要意义，以增强关心人、保护人的责任感，树立牢固的群众观点。二是通过安全生产方针和政策教育，提高各级管理技术人员和广大群众职工的政策水平，使他们正确全面地理解党和国家的安全生产方针、政策，严肃认真地执行安全生产方针、政策和法规。

（2）劳动纪律教育。主要是使广大职工懂得严格执行劳动纪律对实现安全生产的重要性，企业的劳动纪律是劳动者进行共同劳动时必须遵守的法规和秩序。反对违章指挥，反对违章操作，严格执行安全操作规程。遵守劳动纪律是贯彻安全生产方针，减少伤害事故，实现安全生产的重要保证。

2. 安全知识教育

企业所有职工必须具备安全基本知识。因此，全体职工都必须接受安全知识教育和每年规定学时的安全培训。安全基本知识教育的主要内容是：企业的基本生产经营概况，施工生产流程，主要施工方法、施工生产危险区域及其安全防护的基本知识和注意事项，机械设备场内运输的有关安全知识，有关电气设备、动力照明的基本安全知识，高处作业的安全知识，施工中使用的有毒、有害物质的安全防护基本知识，消防制度及灭火器应用的基本知识，个人防护用品的正确使用知识等。

3. 安全技能教育

安全技能教育，就是结合本工种专业特点，实现安全操作，安全防护所必须具备的基本技能知识要求。每个职工都要熟悉本工种、本岗位专业安全技术知识。安全技能知识是比较专业、细致和深入的知识。它包括安全技术、劳动卫生和安全操作规程。国家规定建筑登高架设、起重、焊接、电气、爆破、压力容器、锅炉等特种作业人员必须进行专门的安全技能培训，经考试合格，持证上岗。安全技能教育，既可学到先进知识经验又可使职工找出差距，起到学、赶、帮、超的作用，使职工的安全技能更进一步。

4. 法制教育

法制教育就是采取各种有效形式，对职工进行安全生产法律法规、行政法规和规章制度等方面教育，从而提高全体职工学法、知法、懂法、守法的自觉性；以达到安全生产的目的。

三、安全教育的形式

1. 新工人三级安全教育

三级安全教育是企业必须坚持的安全生产基本教育制度。对新工人（包括新招收的合同工、临时工、学徒工、劳务工及实习生和代培人员）都必须进行公司、项目、班组的三级安全教育，不得少于40学时。

三级安全教育一般由安全、教育和劳资等部门配合组织进行。经教育培训考试合格者，才能准许进入生产岗位，不合格者必须补课、补考，直至考试合格。对新工人的三级教育，要建立档案并设职工安全生产教育卡。新工人工作一个阶段后，还应进行重复性的安全再教育，以加深对安全的感性和理性认识。

三级安全教育的主要内容：

（1）公司进行安全基本知识、法规、法制教育。主要内容是：

①党和国家的安全生产管理方针；

②安全生产法律、法规、标准和法制观念；

③本单位施工生产过程及安全生产规章制度，安全纪律；

④本单位安全生产的形势及历史上发生的重大事故及应吸取的教训；

⑤发生事故后如何抢救伤员、排险、保护现场和及时报告。

（2）项目经理部进行现场规章制度和遵章守纪教育。主要内容是：

①本项目经理部施工安全生产基本知识；

②本项目经理部施工安全生产制度、规定及施工安全注意事项；

③本工种的安全技术操作规程；

④机械设备、电气安全及高空作业安全基本知识；

⑤防火、防雷、防灾、防毒、防爆知识及紧急情况安全处置和安全疏散知识；

⑥防护用品发放标准及防护用具、用品使用的基本知识。

（3）班组安全生产教育由班长主持进行，由班组安全员及指定技术熟练、重视安全生产的老工人讲解。进行本工种岗位安全技术操作及班组安全制度、纪律教育。主要内容包括：

①本班组作业特点及安全技术操作规程；

②班组安全生产活动制度及纪律；

③爱护和正确使用安全装置（设施）及个人劳动防护用品；

④本岗位易发生事故的不安全因素及防范措施；

⑤本岗位的作业环境及使用的机械设备、工具的安全要求。

2. 经常性教育

（1）经常性的普及教育

经常性的普及教育贯穿于施工安全管理工作的全过程，并根据接受对象的不同特点，采取多层次、多渠道和多种方法进行教育，可取得良好的效果。

经常性的普及教育主要内容包括：

①上级的劳动保护、安全生产法规及有关文件、指示；

②各部门、科室和每个职工的安全生产责任制度；

③遵章守纪；

④事故案例教育和安全技术先进经验、革新成果展示教育。

（2）采用新技术、新材料、新设备、新工艺和调换工作岗位时，要对操作人员进行新技术操作和新岗位的安全教育，未经教育不得上岗操作。更新和调换工作岗位的安全教育时间不得少于4学时。教育内容包括：

①新工作岗位安全生产概况、工作性质和职责；

②新的工作岗位必要的安全知识，各种机具、设备及安全防护设施的性能和作用；

③新工作岗位的安全技术操作规程；

④新工作岗位易发生的安全事故及安全隐患的地方；

⑤新工作岗位的个人防护用品的使用和保管。

（3）转场安全教育

转入新施工现场的工人必须进行转场安全教育，培训教育时间不得少于8学时，教育内容包括：

①本工程项目安全生产状况及施工条件；

②施工现场中危险部位的防护措施及典型事故案例；

③本工程项目的安全管理体系、规章和制度。

（4）周一安全活动日

周一安全活动日作为项目经理部经常性安全教育的一部分，每周一开始工作前应对全体在岗工作人员开展至少1小时的安全生产及法制教育活动。活动形式可采用看录像、听报告、分析事故案例、图片展览、急救示范、安全知识竞赛、热点辩论等形式进行。项目经理或项目生产副经理要进行安全讲话。主要内容包括：

①上周安全生产形势及存在问题；

②最新安全生产信息；

③重大和季节性的安全技术措施；

④本周安全生产工作重点、难点和危险点；

⑤本周安全生产工作目标和要求。

（5）班前安全活动交底（班前讲话）

班前讲话是施工安全管理经常安全教育活动之一，各作业班组长于每班工作开始前，必须对本班组全体人员进行不少于15分钟的班前安全技术交底。班组长要将安全活动交底内容记录在专用安全日记本上。各成员要在日记本上签字。

班前安全活动交底的内容包括：

①本班组安全生产须知；

②本班工作中危险点和应采取的对策；

③上一班工作中存在的安全问题和已采取的措施。

在特殊情况下，季节性和危险性较大的作业前，责任工长要参加班前安全讲话，并对工作中应注意的安全事项进行重点交底。

（6）实时安全教育

根据工程项目施工特点进行“五抓紧”的安全教育，即：

①工程突击赶任务，往往不注意安全，要抓紧安全教育；

②工程接近收尾时，容易忽视安全，要抓紧安全教育；

③ 施工条件好时，容易麻痹，要抓紧安全教育；

④季节气候变化时，外界不安全因素多，要抓紧安全教育；

⑤节假日前后，思想不稳定，要抓紧安全教育。

（7）纠正违章教育

企业对于违反安全生产规章制度而导致重大险情或未遂事故的，进行违章教育。教育内容为违反的规章条文、它的意义及其危害、务必使受教育者充分认识自身的过失和应吸取的教训。对于情节严重的违章事件，除教育责任本人外，还应通过适当的形式现身说法扩大教育面。

3. 特种作业人员的安全教育

特种作业是对操作本人，尤其是对他人和周围设施的安全有重大危害因素的作业。直接从事特种作业者，称为特种作业人员。特种作业人员包括：电工、电（气）焊工、架子工、司炉工、爆破工、机械操作工、起重工、塔吊司机及指挥人员、人货两用电梯司机、信号指挥员、场（厂）内厢驾驶员、起重机械拆装作业人员、物料提升机操作员。凡从事特种作业人员必须经过国家规定的有关部门进行安全教育和安全技术培训，并经考试合格取得操作证书者，方准进行特种作业。

有下列疾病或生理缺陷者，不得从事特种作业：

（1）器质性心脏血管病。其中包括风湿性心脏病、先天性心脏病（治愈者除外）、心脏病，心电图异常者；

（2）血压超过160/90mmHg，低于86/56mmHg；

（3）重症神经官能症及脑后伤后遗症；

（4）精神病、癫痫病；

（5）晕厥（近一年有晕厥发作者）；

（6）血红蛋白男性低于90%，女性低于80%；

（7）肢体残废，功能受限者；

（8）慢性骨髓炎；

（9）场（厂）内机动驾驶类：大型车身高不足155cm者，小型车身高不足150cm者；

（10）耳全聋及发音不清者，场（厂）内机动车驾驶，视力不足5m者；

（11）色盲；

（12）双眼裸视力低于0.4，矫正视力不足0.7者；

（13）活动性结核（包括肺外结核）；

（14）支气管哮喘（反复发作者）；

（15）支气管扩张（反复感染、咳血者）。

对特种作业人员的培训，取证及复审等工作应严格执行国家、地方政府的有关规定。对从事特种作业的人员要进行经常性的安全教育，时间为每月一次，每次教育4学时，教育内容包括：

（1）特种作业人员所在岗位的工作特点，可能存在的危险、隐患和安全注意事项；

（2）特种作业岗位的安全技术要领及个人防护用品正确使用方法；

（3）本岗位曾发生的事故案例及经验教训。

课题5　施工安全管理的任务与策划

一、施工安全管理的任务和实施程序

1. 施工安全管理的任务

（1）正确贯彻执行国家和地方的安全生产、劳动保护和环境卫生的法律法规、方针政策和标准规程，使施工现场安全生产工作做到目标明确，组织制度措施落实，保障施工安全。

（2）建立完善施工现场的安全生产管理制度，制定本项目的安全技术操作规程，编制有针对性的安全技术措施。

（3）组织安全教育，提高职工安全生产素质，促进职工掌握安全生产技术知识，遵章守纪地进行施工生产。

（4）运用现代管理知识和科学技术，选择并实施实现安全目标的具体方案，对本项目的安全目标的实现进行控制。

（5）按“四不放过”的原则，对事故进行处理并向政府有关安全管理部门汇报。

2. 施工安全管理实施程序

施工安全管理的实施程序如图1-3所示。

3. 施工安全管理计划

（1）施工项目经理部应确定切实可行的施工安全目标值。即采用科学的目标预测法，根据需要和可能，采用系统分析的方法，确定合适的目标值。

（2）施工项目经理部还应根据项目施工安全目标的要求配置必要的资源和应采取的措施与手段，保证安全目标的实现。专业性较强的施工项目，应编制专项安全施工组织设计。

（3）施工安全管理计划应在施工项目开工前编制，经项目经理批准后实施。

（4）施工安全管理计划的内容包括工程概况、组织结构、控制目标、控制程序、职责权限、规章制度、资源配置、安全措施、检查评价、奖惩制度。

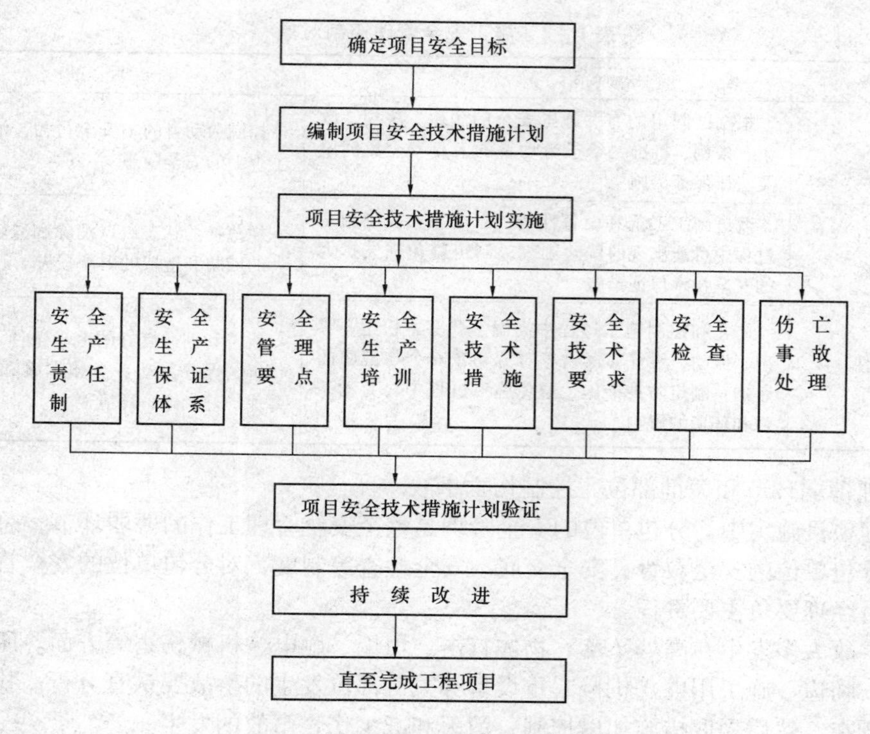

图1－3　施工安全管理的实施程序

（5）施工安全管理计划的制定应根据工程特点、施工方法、施工程序、安全法规和标准的要求，采取可靠的安全技术措施，消除安全隐患，保证施工安全。

（6）对结构复杂、施工难度大、专业性强的施工项目，除制定项目总体安全技术保证计划外，还必须制定单位工程或分部工程和分项工程的安全施工措施。

（7）对高空作业、井下作业、水上水下作业、深基础开挖、爆破作业、脚手架作业、有毒有害作业、特种机械作业等专业性强的施工作业，以及从事电气、压力容器、起重机、金属焊接、场内驾驶等特殊工种的作业，应制定单项安全技术方案和措施，并对管理人员和操作人员的安全作业资格、身体状况进行合格审查。

（8）施工现场平面布置图设计是施工安全管理计划的主要内容之一，设计时应充分考虑安全、防火、防爆、防污染等因素，满足施工安全生产文明施工的要求。

（9）实行总分包的施工项目，分包项目安全管理计划应纳入总包项目安全管理计划。分包单位应服从总承包单位的管理。

4. 施工安全管理控制

施工安全管理控制必须坚持“安全第一，预防为主”的方针。项目经理部应建立安全管理体系、安全生产责任制，进行安全教育培训，做到全员持证上岗，保证施工项目安全目标的实现。

（1）施工安全管理控制对象

施工安全管理控制对象是控制施工过程中的人力、物力和环境，建立一个安全生产体系，确保施工活动的顺利进行。

施工安全管理控制对象见表1－2。

表1-2 施工安全管理控制对象

控制对象	措 施	目 的
劳动者	根据已制定的有关施工安全的法律、法规、政策、条例、标准，给予劳动者的人身安全、健康及法律保证措施	控制劳动者的不安全行为，消除或减少主观上的安全隐患
劳动手段 劳动对象	改进施工工艺和设备性能，以消除和控制施工过程中可能出现的危险因素，制定避免损失扩大的安全技术保证措施	规范物的状态，以消除和减轻其对劳动者的威胁和造成的财产损失
劳动条件 劳动环境	防止和控制施工过程中高温、严寒、粉尘、噪声、振动、毒气、毒物等对劳动者安全与健康的影响，制定防护措施，避免施工过程中对劳动条件和环境的影响	改善和创造良好的劳动条件，防止职业伤害，保护劳动者身体健康和生命安全，并保护好大气、环境卫生

（2）抓薄弱环节和关键部位，控制伤亡事故

在工程项目施工中，分包单位的安全管理是整个安全管理工作的薄弱环节，总包单位要建立健全分包单位的安全教育、安全交底、安全检查等制度，对分包单位的安全管理应层层负责，项目经理要负主要责任。

伤亡事故大多发生在高处坠落、物体打击、坍塌、触电、机械伤害等方面。所有对脚手架、洞口、临边、施工用电、机械起重设备等关键部位发生的事故要认真分析，找出发生事故的关键所在，然后采取措施加以控制，消灭和减少伤亡事故的发生。

（3）施工安全管理的目标控制

施工安全管理的目标控制是施工项目重要的安全管理举措之一。它通过确定安全目标，明确责任，落实措施，实行严格考核和奖惩制度，激励员工积极参与全员、全方位、全过程的安全生产管理。施工项目推行安全管理的目标控制，不仅进一步优化企业安全生产责任，强化施工安全管理，而且体现了“安全生产，人人有责”的原则，使安全管理工作实现全员管理，有利于提高企业全体员工的安全素质。

施工安全管理目标控制的主要内容是：

①确定切实可行的目标体系；

②根据安全目标要求，制定实施办法。做到有具体的保证措施（包括组织、技术措施，明确完成程序和时间、承担具体责任的负责人，并签订承诺书），并力求量化，以便于实施和考核；

③规定具体的考核标准和奖惩办法。考核标准不仅应规定目标值，而且要把目标值分解成若干具体要求，进行考核；

④施工安全管理目标控制还要与安全生产责任制挂钩。层层分解，逐级负责，充分调动各级组织和全体员工的积极性，保证安全生产管理目标的实现。

同时施工安全管理目标控制，还应做到：

“六杜绝”：杜绝因工受伤、死亡事故；杜绝坍塌伤害事故；杜绝物体打击事故；杜绝高处坠落事故；杜绝机械伤害事故；杜绝触电事故。

“三消灭”：消灭违章指挥；消灭违章作业；消灭“惯性事故”。

“二控制”：控制年工伤率，轻伤率应控制在6‰以内，控制年安全事故率。

“一创建”：创建安全文明工地。

二、施工安全管理的策划（规划）

施工安全管理策划，主要是根据工程项目的规模、特点、结构技术含量、环境、施工风险和资源配置等情况，针对施工过程中的不安全因素，采用什么方式和手段进行有效管理。

1. 施工安全管理策划的原则

（1）预防性。施工安全管理策划必须坚持“安全第一、预防为主”的原则，针对工程项目施工的全过程，制定安全预防措施，真正起到施工安全管理的预防和预控作用。

（2）全过程性。施工安全管理策划必须覆盖施工生产的全过程和全部内容，使施工安全技术措施贯穿于施工生产的始终，从而实现整个施工过程的安全。

（3）科学性。施工管理策划的编制，必须遵守国家的法律法规及地方政府的安全管理规定，其策划的内容应体现最先进的生产力和地方政府的安全管理办法，执行国家行业的安全技术标准和安全技术规程，真正做到科学地指导安全生产。

（4）可操作性和针对性。施工安全管理策划的目标和方案应坚持实事求是的原则，其安全目标具有真实性和可操作性，安全施工方案和安全技术措施应具有针对性和可操作性。

（5）动态性。在施工生产全过程中，不安全因素是不同的，并且是动态的，因此对施工安全生产必须实行动态控制的原则。

（6）持续改进。施工安全生产必须坚持持续改进的原则，才能不断提高企业安全管理水平。

（7）实效的最优化。施工安全管理策划应遵循不盲目扩大项目的安全投入，又不能取消和减少安全技术措施经费来降低施工成本，而是在确保安全目标计划实现的前提下，在经费投入、人力投入和物质投入等方面坚持最优化的原则。

2. 施工安全管理目标策划

施工安全管理目标策划是根据企业的整体安全目标并结合施工项目的性质、规模、特点、结构、技术复杂程度等实际情况，确定施工项目安全生产所要达到的目标，并采取一系列安全技术措施去实现目标的活动过程。

施工安全管理目标一般可分为安全目标、管理目标和工作目标。

（1）安全目标

①控制和杜绝因工负伤、死亡事故的发生。一般情况下，死亡为零，轻伤频率控制在6‰以下。

②一般事故频率控制目标，通常控制在6‰以下。

③无重大设备、火害和中毒事故。

④无环境污染和严重扰民事件。

（2）管理目标

①及时消除重大事故隐患，一般隐患整改率要达到不低于95%的目标。

②扬尘、噪声、职业危害作业点合格率应达到100%。

③保证施工现场达到省市级安全文明工地标准。

（3）工作目标

①施工现场实现全员安全教育，特种作业人员全部持证上岗，新工人三级安全教育达到100%。

②定期进行安全检查，隐患整改满足“三定（五定）”要求。

③必须把好安全“七关”要求，即教育关、措施关、交底关、防护关、文明关、检查关、验收关。

④认真开展重大安全活动和施工项目的经常性安全活动。

⑤安全生产达到合格率100%，优良率80%以上。

3. 施工安全管理策划的基本内容

（1）安全策划依据

①国家、地方政府和行政主管部门有关施工安全的法律、法规和规定。

②采用的主要安全技术规范、规程标准和其他依据。

（2）工程概况

①本工程项目所承担的施工任务及范围。

②工程项目的性质、规模、地理位置及特殊要求。

③新建、改建、扩建前的职业安全卫生状况。

④工程项目的主要工艺、原料、半成品、成品、机械设备等存在的主要危害情况概述。

（3）工程项目施工现场自然条件和周边环境

①根据场地的地质报告和自然条件，预测主要危害因素及防范措施。

②施工现场平面布置图中，氧气、乙炔等易燃易爆、有毒物品可能造成的影响及防范措施。

③临时用电变压器的周边环境。

④对周边居民的出行和企事业单位的生产和办公是否有影响。

（4）施工过程中危险因素的分析

①安全防护工作。如脚手架作业防护、基坑开挖防护、临时防护、高空作业防护、模板作业防护、起重及其他施工机械设备的防护等。

②关键特殊工序防护。如洞内作业、潮湿作业、桩基人工挖孔、易燃易爆品、防尘、防触电的防护等。

③特殊工种防护。如电工、电焊工、架子工、燃爆工、机械工、起重工、机械司机等，除一般安全教育外，还要进行专业安全技能的培训和安全防护知识训练，经考试合格后持证上岗。

④临时用电的安全系统防护。如用电总体布置、变压器周边防护和各施工阶段临时用电设计和布置。

⑤保卫消防工作的安全系统管理。如临时消防用水、临时消防管道、消防灭火器材的布置等。

（5）主要安全防范措施

①根据全面分析施工项目的各种危险因素，选用安全可靠的各种装置设备、设施和必要的安全检查、检测设备。

②根据火灾、爆炸等危险场所的类别、等级、范围，选择电气设备的安全距离及防雷、防静电、防止误操作等设施。

③对可能发生的事故做出预案、方案及疏散应急救援措施等。

④危险场所和部位（如高处作业、临边作业等）及危险期间（如冬期、雨期、台风、高温天气等）所采用的防护设备、设施和劳动保护用品及其措施等。

（6）预期效果评价

预期效果评价，主要是通过施工项目安全检查获得。其检查的主要内容有：施工安全组织机构、施工安全管理体系、安全生产责任制、安全教育培训、施工安全目标管理、施工安全管理计划、安全保证措施、安全技术措施、安全技术交底、安全持证上岗、安全设施、安全标注、操作行为、违章管理、安全记录等。

（7）安全措施费

①安全教育及培训的设备、设施等费用。

②主要生产环节专项方法设施费用。

③安全劳动保护用品费用。

④检验、检测设备及设施费用。

⑤事故应急救援措施费用。

课题 6 施工安全管理的实施

一、施工安全管理实施的基本要求

1. 建筑业企业必须取得安全行政主管部门颁发的《安全生产许可证》后，方可承包工程才能组织施工。

2. 总承包单位和各分包单位都应具有《施工企业安全资格审查认可证》。

3. 各类施工管理人员必须具备相应的执业资格才能上岗。

4. 所有新员工必须经三级安全教育，考试合格才能上岗。

5. 特种作业人员必须持有特种作业操作证，并严格按规定定期进行复查。

6. 必须建立健全安全管理保障制度。

7. 对查出的安全隐患要做到“五定”。

8. 必须把好安全生产的“七关”标准。

9. 必须建立安全生产值班制度，并有现场领导带班制度。

10. 施工现场安全设施齐全，并符合国家及地方有关规定。

二、施工安全技术措施

施工安全技术措施是指为防止工伤事故和职业病的危害，从技术上采取的措施。在工程项目施工中，是针对工程特点、规模、结构复杂程度，环境条件、劳动组织、施工方法、施工机械设备、供电设施等制定的确保施工安全的技术措施。

施工安全技术措施包括安全预防措施和安全防护措施的设置，主要有 17 个方面的内容，如防火、防毒、防爆、防汛、防尘、防坍塌、防物体打击、防高处坠落、防机械伤害、防溜车、防交通事故、防寒、防暑、防疫、防环境污染、施工现场文明施工、临时用电等方面的措施。

1. 施工安全技术措施编制要求

（1）及时性

①安全技术措施在施工前必须编制好，并且审核批准后正式下达项目经理部以指导施工。

②在施工过程中，发生设计变更时，必须变更安全技术措施内容，并及时经原编制、审批人员办理变更手续，不得擅自变更。

（2）针对性

①针对施工项目的结构特点，凡在施工过程中可能出现的危险源，必须从技术上采取措施，消除危险，保证施工安全。

②针对不同的施工方法和施工工艺制定相应的安全技术措施。

不同的施工方法要有不同的安全技术措施，安全技术措施要有设计、有安全验算结果、有详图、有文字说明。

不同分部分项工程的施工工艺可能给施工带来的不安全因素，要从技术上采取措施保证其安全实施。按《建设工程安全生产管理条例》规定，土方工程、基坑支护、模板工程、起重吊装工程、脚手架工程及拆除、爆破工程、施工现场临时用电等必须编制专项施工方案，深基坑、地下暗挖工程、高大模板工程的专项施工方案，还应当组织专家进行论证审查。

编制的施工组织设计或施工方案使用了新技术、新工艺、新设备、新材料时，必须编制与其相对应的安全技术措施。

③针对使用的各种机械设备、用电设备可能给施工人员带来的危险，从安全保险装置、限位装置等方面采取安全技术措施。

④针对施工中有毒、有害、易燃、易爆等作业可能给施工人员造成的危害，制定相应的防范措施。

⑤针对施工现场及周围环境中可能给施工人员及周围居民带来的危险，以及材料、设备运输的困难和不安全因素，制定相应的安全技术措施。

⑥针对季节性、气候施工的特点编制施工安全措施，具体有：雨期施工安全措施、冬期施工安全措施、夏季高温施工安全措施等。

（3）具体性、可操作性

①安全技术措施及方案必须明确具体、具有可操作性，能具体指导施工，绝不能一般化和形式化。

②安全技术措施及方案必须有施工总平面布置图，在图中必须对危险的油库、易燃材料库、变电设备、材料及构件的堆放位置、垂直运输设备、搅拌站等的位置，按施工需要和安全堆放的要求明确定位，并提出具体要求。

③制定的施工安全技术措施必须符合国家、省市颁布的施工安全技术法规、规程和标准。

2. 施工安全技术措施的主要内容

施工安全技术措施可分为施工准备阶段安全技术措施和施工阶段安全技术措施，详见表1－3和表1－4。

表1－3　施工准备阶段安全技术措施

装备类型	内　容
技术准备	1. 了解工程设计对安全施工的要求； 2. 调查工程的自然环境（水文、地质、气候、洪水、雷击等）和施工环境（粉尘、噪声、地下设施、管道和电缆的分布、走向等）对施工安全及施工对周围环境安全的影响； 3. 改扩建工程施工与建设单位使用、生产发生交叉，可能造成双方伤害时，双方应签订安全施工协议，搞好施工与生产的协调，明确双方责任，共同遵守安全事项； 4. 在施工组织设计中，编制切实可行、行之有效的安全技术措施，并严格履行审批手续，送安全部门备案

续表

装备类型	内　　容
物资准备	1. 及时供应质量合格的安全防护用品（安全帽、安全带、安全网等），并满足施工需要； 2. 保证特殊工种（电工、焊工、爆破工、起重工等）使用工具、器械质量合格，技术性能良好； 3. 施工机具、设备（起重机、卷扬机、电据、平面刨、电气设备等）、车辆等，须经安全技术性能检侧，鉴定合格，防护装置齐全，翻动装置可靠，方可进厂（场）使用； 4. 施工周转材料（脚手杆、扣件、跳板等）需经认真挑选，不符合安全要求禁止使用
施工现场准备	1. 按施工总平面图要求做好现场施工准备； 2. 现场各种临时设施、库房，特别是炸药库、油库的布置，易燃易爆品存放都必须符合安全规定和消防要求，须经公安消防部门批准； 3. 电气线路、配电设备符合安全要求，有安全用电防护措施； 4. 场内道路通畅，设交通标志，危险地带设危险信号及禁止通行标志、保证行人、车辆通行安全； 5. 现场周围和陡坡，沟坑处设围栏、防护板，现场入口处设“无关人员禁止入内”的警示标志； 6. 塔吊等起重设备安置要与输电线路、永久或临设工程间有足够的安全距离，避免碰撞，以保证搭设脚手架、安全网的施工距离； 7. 现场设消火栓，有足够的有效的灭火器材、设施
施工队伍准备	1. 总包单位及分包单位都应持有《施工企业安全资格审查认可证》方可组织施工； 2. 新工人、特殊工种工人须经岗位技术培训、安全教育后，持合格证上岗； 3. 高、险、难作业工人须经身体检查合格，具有安全生产资格，方可施工作业； 4. 特殊工种作业人员，必须持有《特种作业操作证》方可上岗

表 1－4　施工阶段安全技术措施

工程类型	内　　容
一般工程	1. 单项工程、单位工程均有安全技术措施，分部分项工程有安全技术具体措施，施工前由技术负责人向参加施工的有关人员进行安全技术交底；并应逐级签发和保存“安全交底任务单”； 2. 安全技术应与施工生产技术统一，各项安全技术措施必须在相应的工序施工前落实好。如： （1）根据基坑、基植、地下室开挖深度、土质类别，选择开挖方法，确定边坡的坡度和采取防止塌方的护坡支撑方案； （2）脚手架、吊篮等选用及设计搭设方案和安全防护措施； （3）高处作业的上下安全通道； （4）安全网（平网、立网）的架设要求，范围（保护区城）、架设层次、段落； （5）对施工电梯、井架（龙门架）等垂直运输设备的位置、搭设要求，稳定性、安全装置等要求； （6）施工洞口的防护方法和主体交叉施工作业区的隔离措施； （7）场内运输道路及人行通道的布置； （8）在建工程与周围人行通道及民房的防护隔离措施； 3. 操作者严格遵守相应的操作规程，实行标准化作业； 4. 针对采用的新工艺、新技术、新设备、新结构制定专门的施工安全技术措施； 5. 在明火作业现场（焊接、切割、熬沥青等）有防火、防爆措施； 6. 考虑不同季节的气候对施工生产带来的不安全因素可能造成的各种突发性事故，从防护上、技术上、管理上有预防自然灾害的专门安全技术措施； （1）夏季进行作业，应有防暑降温措施； （2）雨期进行作业，应有防触电、防沉陷坍塌、防台风和防洪排水等措施； （3）冬期进行作业，应有防风、防火、防冻、防滑和防煤气中毒等措施

续表

工程类型	内　容
特殊工程	1. 对于结构复杂、危险性大的特殊工程，应编制单项的安全技术措施，如爆破、大件吊装、沉箱、沉井、烟囱、水塔、特殊架设作业、高层脚手架、井架等； 2. 安全技术措施中应注明设计依据，并附有计算、详图和文字说明
拆除工程	1. 详细调查拆除工程的结构特点、结构强度，电线线路、管道设施等现状；制定可靠的安全技术方案； 2. 拆除建筑物、构筑物之前，在工程周围划定危险警戒区域，设立安全围栏，禁止无关人员进入作业现场； 3. 拆除工作开始前，先切断被拆除建筑物、构筑物的电线、供水、供热、供煤气的通道； 4. 拆除工作应自上而下顺序进行，禁止数层同时拆除，必要时要对底层或下部结构进行加固； 5. 栏杆、楼梯、平台应与主体拆除程度配合进行，不能先行拆除； 6. 拆除作业工人应站在脚手架或稳固的结构部分上操作，拆除承重梁、柱之前应拆除其承重的全部结构，并防止其他部分坍塌； 7. 拆下的材料要及时清理运走。不得在旧楼板上集中堆放，以免超负荷； 8. 拆除建筑物、构筑物内要保留的部分或设备，要事先搭好防护棚； 9. 一般不采用推倒方法拆除建筑物。必须采用推倒方法时，应采取特殊安全措施

3. 施工安全技术措施及方案的审批、变更管理

（1）审批管理

①一般工程施工安全技术措施及方案应经过项目经理部的项目工程师审核，项目经理部总工程师审批，报公司项目管理部、安全监督部门备案。

②重要工程或较大专业工程的施工安全技术措施或方案，由项目部技术负责人审核，公司生产管理部、安全保卫部复核，由公司技术部或公司总工程师委托技术人员审批，并在公司生产管理部、安全保卫部备案。

③大型、特大型工程安全技术措施或方案，由项目经理部技术负责人编制，报公司技术部、生产管理部、安全保卫部审核，由公司总工程师审批。按《建设工程安全生产管理条例》规定，深基坑、地下暗挖工程、高大模板工程、爆破工程等必须进行专家论证审查，经同意方才实施。

④分包单位编制的施工安全技术措施，在完成报批手续后报项目经理部的技术部门备案。

（2）变更管理

①施工过程中若发生设计变更，原定的安全技术措施必须及时变更，否则不准施工。

②施工过程中明确需要修改拟定的安全技术措施时，必须经原编制人同意，并办理修改审批手续。

三、施工安全技术交底

施工安全技术交底是在工程项目施工前，项目经理部的技术管理人员向施工班组和作业人员进行有关工程安全施工和注意事项的详细说明，并由双方签字确认。安全技术交底一般由技术管理人员根据分部分项工程的实际情况、特点和危险因素编写，是操作者的法令性文件。

1. 施工安全技术交底的基本要求

（1）项目经理部必须实行逐级安全技术交底，纵向延伸到班组及全体作业人员。

（2）施工安全技术交底要充分考虑到各分部分项工程的不安全因素，其内容必须具体、明确、针对性强。

（3）施工安全技术交底应优先采用新的安全技术措施。

（4）在施工项目开工前，项目经理部技术负责人应将工程概况、施工方法、安全技术措施等情况，向工地负责人、工长交底，必要时向全体员工进行交底。

（5）在每天安排工作前，工长应向班组长进行安全技术交底。班组长每天也要对工人进行班前讲话或安全技术交底。

（6）对于有两个或两个以上施工队或工种配合施工时，工长要根据工程进度情况定期或不定期地向有关施工队或班组进行交叉作业施工的安全技术交底。

（7）安全技术交底工作必须以书面形式进行，并且要有交底时间、内容及交底人和接受交底人的签字或盖章。安全技术交底要按单位工程放一起存档，以备查验。

2. 施工安全技术交底制度

安全技术交底与工程技术交底一样实行分级交底制度。

（1）大型或特大型工程项目，由公司的总工程师组织有关部门向项目经理部和分包单位进行安全技术交底。

（2）一般工程项目，由项目经理部技术负责人和项目经理向有关施工人员（项目工程部、商务部、物资部、安全保卫部、质量和安全总监及专业责任工程师等）和分包单位技术负责人和项目经理进行安全技术交底。

（3）分包单位技术负责人，要对其管辖的施工人员进行详细的安全技术交底。

（4）项目专业责任工程师，要对其所管辖的专业工长进行专业工程施工安全技术交底，并对专业工长向操作班组长所进行的安全技术交底进行监督、检查。

（5）项目专业责任工程师应对劳务分包方的班组长进行分部分项工程安全技术交底，并监督指导其安全操作。

（6）施工班组长在每天作业前，应将作业要求和安全注意事项向作业人员进行安全技术交底，并将交底的内容和参加交底的人员名单记入班组的施工日志中。

3. 施工安全技术交底的主要内容

（1）建设工程项目、单项工程、单位工程和分部分项工程的概况、特征、施工难度、施工组织，采用新技术、新材料、新工艺、新设备、施工程序和方法，应采取相应安全技术方案或措施等。

（2）确保施工安全的关键部位、危险环节、安全控制点应采取相应的技术、安全和管理措施。

（3）做好“四口”“五临边”的防护设施。

（4）项目管理人员应做好的安全管理事项和作业人员应注意的安全防范事项。

（5）各级管理人员应遵守的安全标准和安全操作规程的规定及注意事项。

（6）遵守安全检查的程序、时间要求等，及时发现和消除的安全隐患。

（7）对于出现异常征兆、事态或发生事故，应采取紧急救援措施。

（8）对于安全技术交底未尽的事项，应按哪些标准、规定和制度执行。

四、安全文明施工措施

根据167号国际劳工公约《施工安全与卫生公约》,《建设工程施工现场管理规定》中的“文明施工管理”和《建设工程项目管理规范》中“项目现场管理”的规定,以及各省市有关建设工程文明施工管理的要求,施工单位应规范施工现场,创造良好生产、生活环境,保障职工的安全与健康,做到遵章守纪、安全生产,同时还应做到文明施工、安全有序、整洁卫生,保护好公众利益。

1. 现场大门和围挡设置

(1)施工现场应在适宜人员和车辆进入处设置大门。大门牢固、美观,大门上应标有企业标志。

(2)施工现场的围挡必须沿工地四周连续设置,不得有缺口。围挡要坚固、平稳、严密、整洁、美观。围挡的高度:市区主要路段不宜低于2.5m;一般路段不低于1.8m。围挡材料应选用砌体、金属板材等硬质材料,禁止使用彩条布、竹笆、安全网等易变形材料。

2. 现场封闭管理

(1)施工现场出入口设专职门卫人员,并且在紧靠大门内侧设治安室,室外悬挂保卫制度、责任人及治安保卫电话,并配备来访人员登记本及值班人员交接班记录。

(2)为加强对出入现场人员的管理,管理人员及施工人员应佩戴工作卡以示证明。

(3)根据工程的规模和特点,出入大门口的形式,各企业各地区可按各自的实际情况确定。

3. 施工现场布置

(1)应在大门口醒目处悬挂“八牌二图”,即工程概况牌、管理人员名单及监督电话牌,施工安全责任牌,安全生产制度牌,文明施工牌,环境保护制度牌,消防保卫制度牌,公示栏、安全日历牌、施工现场平面布置图及施工作业人员着装示意图。

(2)对于文明施工、环境保护和易发生伤亡事故等危险处,应设置明显的、符合国家标准要求的安全警示标志牌,即安全“五标志”,指令标志(佩戴安全帽、系安全带等),禁止标志(禁止通行、严禁抛物等),警告标志(当心落物、小心坠落等),电力安全标志(禁止合闸、当心有电等)和提示标志(安全通道、火警、盗警、急救中心电话等)。

(3)现场大门外,还应有企业及工程简介和企业的有关荣誉奖牌彩印件,以提高施工企业在社会上的形象。

(4)施工现场主要运输道路尽量采用环形方式设置或有车辆调头的位置,保证道路通畅。现场道路有条件的可采用混凝土路面,无条件的可采用其他硬化路面。现场地面也应进行硬化处理、绿化处理,以免现场扬尘,雨后泥泞。

(5)施工现场必须有良好的排水设施,保证排水畅通,并设污水沉淀池,防止污水、泥浆不经处理直接外排,造成堵塞下水道、污染环境。

(6)施工现场内的施工区、办公区和生活区要分开设置,保持安全距离,并设置导向标志牌。在生活区设立“二栏一板”,即:读报栏、宣传栏和黑板报。办公区和生活区应根据实际条件进行绿化。

(7)各类临时设施必须根据施工总平面图布置,而且要整齐、美观。办公和生活用的临时设施宜采用轻体保温或隔热的活动房,既可多次周转使用,降低施工成本,又可达到整洁美观的效果。在建工程不得兼做住宿及办公,施工楼层严禁住人,防止出现交叉安全事故和影响工人休息。

（8）施工现场临时用电线路的布置，必须符合相关规范和安全操作规程的要求，严格按施工组织设计进行敷设，严禁任意拉线接电，并且要具有能够保证夜间施工要求的照明设施。

4. 现场材料、工具堆放

（1）施工现场的材料、构件、工具必须按施工平面图规定的位置堆放，不得侵占场内道路及安全防护等设施。

（2）各种材料、构件工具堆放应按品种、规格整齐堆放，并设置明显标牌。标牌的内容为：名称、规格型号、批量、产地、质量等。

（3）建筑废旧材料应集中堆放于废旧材料堆放场且需挂标牌，堆放场应封闭。

（4）施工作业区的垃圾不得长期堆放，要随时清理，做到每天工完场清，及时运走。

（5）易燃易爆物品不能混放，应分类堆放在专门仓库，堆放点附近不得有火源，并有禁火标志及责任人标志。班组使用的零散易燃易爆物品，必须按有关规定存放。

（6）对于楼梯间、休息平台、阳台临边等地方不得堆放物料。

5. 施工现场安全防护布置

根据国家有关建筑工程安全防护的规定，项目经理部必须做好施工现场安全防护工作。

（1）建筑工程外周边必须使用密目式安全网（2000 目/100cm^2）进行防护。

（2）施工现场中，工作面边沿无防护设施或围护设施高度低于 80cm 时，如（楼板、屋面、阳台等），都要搭设临边防护栏杆。防护栏杆由上、下两道横杆及栏杆柱组成，上杆离地高位 1. 0 ~1. 2m，下杆离地高度为 0. 5 ~0. 6m。同时防护栏杆必须自上而下用密目网封闭或在栏杆下边设置严密固定的高度不低于 18cm 高的挡脚板。

（3）楼梯口应设置防护栏杆。楼梯边 1. 2m 高的定型化、工具化、标准化的防护栏杆，且必须有 18cm 高的挡脚板。

（4）电梯井口除设置固定栅门外，还应在电梯井内每隔两层（不大于 10m）设置一道安全平网。平网内无杂物，网与井壁间隙不大于 10cm。

（5）通道口设防护棚，防护棚应为不小于 5cm 厚的木板或两道相距 50cm 的竹笆，两侧应沿栏杆架用密目式安全网封闭。出入口处防护长度应视建筑物高度而定，应符合坠落半径的尺寸要求。

（6）对于较小洞口可临时砌死或用定型盖板盖严；较大的洞口可采用贯穿混凝土板的钢筋或防护网，上面满铺脚手板；边长在 1. 5m 以上的洞口，须挂安全平网，并在四周设防护栏杆或按作业条件设计更合理的防护措施。

（7）垂直方向交叉作业，应设置防护隔离棚或其他设施防护。

（8）高空作业施工，必须有悬挂安全带的悬索或其他设施，并做到垂直悬挂，高挂抵用。同时高空作业应有操作平台和上下的梯子或其他形式的通道。

6. 施工现场防火布置

（1）施工现场应根据工程实际情况，制定消防制度或消防措施，并记录落实效果。

（2）按照不同作业条件，合理配备消防器材，如电气设备附近应设置干粉类不导电的灭火器；对于设置的泡沫灭火器应有换药日期和防晒措施。消防器材设置的位置和数量等均应符合有关消防规定。

（3）当建筑施工高度超过 30m 时，为防止单纯依靠消防器材灭火不能满足要求，应配备有足够的消防水源和自救的用水量，主管直径应在2吋以上，有足够扬程的高压水泵，保证水压和每层设有消防水源接口。

（4）在容易发生火灾的区域施工及储存、使用易燃易爆器材时，必须采取特殊的消防安全措施。

（5）现场动火必须经有关部门批准，审批时应写明要求和注意事项。动火时，应按规定设监护人员。五级风及以上禁止使用明火。

（6）坚决执行现场防火“五不走”的规定，即交接班不交待不走、用火设备火源不灭不走、用电设备不拉闸不走、可燃物不清干净不走、发现险情不报告不走。

7. 施工现场临时用电布置

（1）施工现场临时用电配电线路

①施工现场临时用电必须采用TN－S系统（个别省市采用“TT”系统，如上海市、天津市等），并要求配备五芯电缆。同时采用三级配电、二级保护。

② 应按要求架设临时用电线路的电杆、横担、瓷夹、瓷瓶等，或用直埋电缆。

③对靠近施工现场的外电线路，应按规定设置木质、塑料等绝缘性的保护防护设施。

（2）配电箱、开关箱

①按三级配电要求，配备总配电箱、分配电箱、开关箱三类标准电箱。开关箱应符合“一机、一箱、一闸、一漏”要求。同时三类电箱中的各类电器应是合格品。

②两级保护是指将电网的干线与分支线路作为第一级，线路末端为第二级。第一级漏电保护区域较大，停电后影响也大，漏电保护器灵敏度不要求太高，其漏电动作电流和动作时间应大于后面的第二级保护。因此要求总配电箱和开关箱中两级漏电保护器的额定漏电动作电流和额定漏电动作时间应合理配合，使之具有分级分段保护功能。

（3）接地与接零保护系统。

保护接地和保护接零是防止电气设备意外带电造成触电事故的基本技术措施。

① 工作接地。将变压器中性点直接接地，阻值应不少于4Ω。有了这种接地可以稳定系统电压，防止高压侧电源直接窜入低压侧，造成低压系统的电气设备被摧毁，产生不能正常工作的情况。

② 保护接地。将电气设备外壳与大地连接称为保护接地，阻值应少于4Ω。有这种接地可以保护人体接触设备漏电时的安全，防止发生触电事故。

③ 保护接零。将电气设备外壳与电网零线连接称为保护接零。保护接零是将设备的碰壳故障改变为单相短路故障，保护接零与保护切断相配合，由于单相短路电流很大，所以能迅速切断保险或自动开关，使设备与电源脱离，达到避免发生触电事故的目的。

④ 重复接地。所谓重复接地，就是在保护零线上再做的接地就称为重复接地，其阻值应不少于10Ω。重复接地可以起到保护零线断线后的补充保护作用，也可降低漏电设备的对地电压和缩短故障持续时间。在一个施工现场中，重复接地不能少于三处（始端、中间、末端）。一般情况下，在设备比较集中地方如搅拌机棚、钢筋作业区等应做一组重复接地，在高大设备处如塔吊、外用电梯、物料提升机等也要做重复接地。

（4）现场照明

① 照明灯具的金属外壳必须保护接零。单相回路的照明开关箱内必须装设漏电保护器。

② 照明装置在一般情况下其电源电压为220V，但在下列情况下应使用安全电源的电

压：室外灯具距地面低于3m，室内灯具距地面低于2.4m时应采用36V；使用行灯其电源的电压不超过36V；隧道、人防工程电源的电压不大于36V；在潮湿和易触及带电体场所电源电压不得大于24V；在特别潮湿场所和金属容器内工作照明电源电压不得大于12V。

8. 施工现场生活设施布置

（1）职工生活设施的布置要符合卫生、安全、通风、照明等要求。

（2）厕所墙壁贴白色瓷砖，高度≥1.8m，有条件的设置水冲厕所。厕所不得露天设置，对孔洞要有纱门或纱网封闭，门口挂形象标志。六层以上建筑应隔层设小便设施，并保持清洁卫生无气味，做到专人负责，及时清理，并且要有灭蚊蝇、防其滋生措施。

（3）职工食堂应有良好的通风和洁卫措施，保持卫生整洁，防蝇防鼠。灶台上方必须加设大型换气扇，凡是有洞的地方均要用纱网防护，食堂门底部要加设20cm高的薄钢板，地面硬铺装，内墙面贴高度≥1.8m的白瓷砖，案板台也应全部贴瓷砖。

食堂内要达到有关食品卫生的法律、法规的标准，并办理“卫生许可证”，炊事员要穿戴白色工作服、帽，持“从业人员预防性健康体检合格证”上岗，闲杂人员禁止入内。生、熟食案必须分开并设有纱罩。食堂内要有灭鼠器具。

食堂餐厅要干净卫生，要配茶水桶，碗柜、吃饭座椅、灭蝇灯、洗碗池、泔水桶、生活垃圾箱等设施，并要有责任人和管理制度。泔水桶和生活垃圾要加盖密封，并定时清理。

（4）施工生活区还应设固定的男女淋浴室，墙壁刷白并贴2m高的瓷砖。门口要喷涂形象标志，安装纱门、纱窗。顶部出气孔要用纱网封闭。室内应配更衣柜、更衣椅，安全防水灯等设施。

（5）生活区应设简易化粪池，不得将生活污水直接排放到市区排水管网中。

（6）施工现场应设茶水供应设施，茶水桶要落锁，设专人管理。

（7）职工宿舍要考虑到季节性的要求，冬季应有保暖、防煤气中毒措施，夏季应有消暑、防蚊虫叮咬措施。宿舍净高≥2.5m，保证施工人员的良好睡眠。宿舍内床铺及各种生活用品摆放整齐，通风良好，并符合安全疏散要求。

（8）生活区的周围环境要保持良好的卫生条件，院区平整、道路畅通，场区绿化、生活美化。建立相应卫生责任制度。

9. 施工现场保健、急救设施布置

（1）对于较大工地，应设医务室，有专职医护人员值班。而对一般工地无条件设医务室的，应配备经过培训的合格的急救人员，该人员应能掌握常用的“人工呼吸”“固定绑扎”“止血”等急救措施，并会使用简单的急救器材，并同时配备就近医院及专业医院的电话号码。

（2）一般工地应配备医药保健箱及急救药品（如创可贴、胶带、纱布、藿香正气水、仁丹、碘酒、医用酒精等）和急救器材（如担架、止血带、氧气袋、药箱、镊子、剪刀等），以便在意外情况发生时，能够及时抢救，不扩大险情。

（3）为保障职工身体健康，应在流行病高发季节及平时定期开展卫生防病宣传教育活动，并在适当的位置张贴卫生知识宣传挂图。

10. 施工现场综合治理与社区服务

（1）施工现场应建立治安保卫制度，防范措施得力，责任分解到人，并应与当地派出所签订社会治安综合治理责任书，同时要与有关部门签订流动人口计划生育责任书。

（2）生活区内应设供职工学习和娱乐的场所，也可以作为教育培训学校。

（3）施工现场制定防粉尘、防噪声措施，并在工程开工前15天内向工程所在地人民政府环境保护主管部门申报（施工现场噪声规定不超过55~70dB）。

（4）对夜间施工产生噪声的工序，以及因生产工艺等特殊情况必须在夜间连续施工的工程项目，应经当地政府环境保护行政主管部门批准，办理夜间施工许可证。

（5）施工现场除设有符合规定的装置外，不得在施工现场熔融沥青或焚烧油毡、油漆以及其他会产生有毒、有害的烟尘和恶臭气体的物质。

（6）施工现场应制定因夜间施工的机械噪声、运料、车辆影响周围道路交通，及施工时有砖头瓦块和其他物品高处坠落损坏附近居民房屋，烟尘污染周围环境等方面的不扰民措施，并与社区定期联系听取意见。对合理意见应及时处理，工作应有记录。

五、施工安全检查

1. 施工安全检查的内容

施工安全检查应根据企业生产的特点，制定检查的项目标准，其主要内容是：查思想、查制度、查安全教育培训、查措施，查隐患、查安全防护、查劳保用品使用、查机械设备、查操作行为、查整改、查伤亡事故处理等主要内容。

2. 施工安全检查的方式

施工安全检查通常有主管部门（包括中央、省、市级建设行政主管部门）对下属单位的安全检查，定期安全检查、专业安全检查、经常性安全检查、季节性安全检查、节假日前后安全检查、重点抽查、班组自检、互检、交接检查及复工检查等方式。

3. 施工安全检查的有关要求

（1）施工项目经理部应建立施工检查制度，并根据施工过程的特点和安全管理目标的要求，确定安全检查内容。

（2）项目经理应组织有关人员定期对施工安全管理计划的执行情况进行检查考核和评价。

（3）项目部管理人员要严格执行定期安全检查制度，对施工现场的安全施工状况和业绩进行日常的例行检查，每次检查要认真填写记录。

（4）项目经理部安全检查应配备必要的设备或器具，确定检查负责人和检查人员，并明确检查内容及要求。

（5）各班组日常要开展自检自查和互检互查，做好日常文明施工和环境保护工作。项目经理部应定期进行文明施工、环境保护检查评比工作，并按制度进行奖惩。

（6）项目经理部安全检查应采取随机抽样、现场观察、实地检测相结合的方法，并记录检测结果。对现场管理人员的违章指挥和操作人员的违章作业行为应进行纠正，并按章予以处罚。

（7）施工现场必须保存上级部门安全检查指令书，对检查中发现的不符合规定要求和存在隐患的设施、设备、过程、行为进行整改处置，并做到“五定”。

（8）安全检查人员应对检查结果和整改处置活动进行记录，并通过汇总分析，寻找薄弱环节和重点安全隐患部位，确定危险程度及今后必须采取纠正措施或预防措施。

（9）施工现场的安全检查，必须按《建筑施工安全检查标准》（JGJ 59—2011）及安全检查标准相关的规范、标准及规定执行。

（10）施工现场应设职工监督员，监督施工现场的安全生产、文明施工、环境保护工作。发挥群防群治作用，保证施工现场安全生产、文明施工、环境保护的要求，达到持续改进的效果。

课题7　建设工程职业健康安全与环境管理

建立、实施和保持质量、环境与职业健康安全三项通行的管理体系认证是现代企业管理的一个重要标志。我国加入世界贸易组织（WTO）之后，越来越多的企业更加关注现代化管理，很多企业正在积极地进行质量、环境、职业健康安全管理体系的认证工作。

一、建设工程职业健康安全与环境管理的特点

1. 建设工程职业健康安全与环境管理的特点和目标

建设工程产品及其生产与工业产品不同，它有其特殊性。而正是由于它的特殊性，对建设工程职业健康安全和环境影响尤为重要，建设工程职业健康安全与环境管理的特点主要有：

（1）项目固定，施工流动性大，生产没有固定的、良好的操作环境和空间，使施工作业条件差，不安全因素多，导致施工现场的职业健康安全与环境管理比较复杂。

（2）项目体形庞大，露天作业和高处作业多，致使工程施工要更加注重自然气候条件和高处作业对施工人员的职业健康安全和环境污染因素的影响。

（3）项目的单件性使施工作业形式多样化。工程施工受产品形式、结构类型、地理环境、地区经济条件等影响较大。因此，施工现场的职业健康安全与环境管理的实施不能照搬硬套，必须根据项目形式、结构类型、地理环境、地区经济不同而进行变动调整。

（4）项目生产周期长，消耗的人力、物力和财力多，必然使施工单位考虑降低工程成本的因素多。这会影响职业健康安全与环境管理的费用，所以影响施工现场的健康安全和环境污染现象时有发生。

（5）项目的生产涉及的内部专业多、外部单位广、综合性强，使施工生产的自由性、预见性、可控性及协调性在一定程度上比一般产业困难。这就要求施工方做到各专业之间、单位之间互相配合，要注意施工过程中的材料交接、专业接口部分对职业健康安全与环境管理的协调性。

（6）项目的生产手工作业和湿作业多，机械化水平低，劳动条件差，工作强度大，对施工现场的职业健康安全影响较大，环境污染因素多。

（7）施工作业人员文化素质低并处在动态调整的不稳定状态中，给施工现场的职业健康安全与环境管理带来很多的不利因素。

由于上述特点，使施工过程中事故的潜在不安全因素和人的不安全因素较多，企业的经营管理，特别是施工现场的职业健康安全与环境管理比其他工业企业的管理更为复杂。

2. 建设工程职业健康安全与环境管理目标的内容

确定建设工程职业健康安全与环境管理目标（指标），是组织制定有效管理方案的基础，也是项目经理部目标的重要组成部分。施工企业制定建设工程职业健康安全与环境管理目标主要有以下内容。

（1）控制和杜绝因工负伤、死亡事故的发生（负伤频率在6‰以下，死亡率为零）；

（2）一般事故频率控制目标（通常在6‰以内）；

（3）无重大设备、火灾、中毒事故及扰民事件；

（4）环境污染物控制目标；

（5）能源资源节约目标；

（6）及时消除重大事故隐患，一般隐患整改率达到的目标（不应低于95%）；

（7）扬尘、噪声、职业危害作业点合格率（应为100%）；

（8）施工现场创建安全文明工地目标；

（9）其他需满足的总体目标。

二、建设工程职业健康安全与环境管理体系

1. 职业健康安全管理体系

1）职业健康安全管理体系的概念及作用

（1）职业健康安全管理体系的概念

职业健康安全管理体系是组织全部管理体系中专门管理健康安全工作的部分，它是继ISO 9000系列质量管理体系和ISO 14000系列环境管理体系之后又一个重要的标准化管理体系。组织实施职业健康安全管理体系的目的是辨别组织内部存在的危险源，控制它带来的风险，从而避免或减少事故的发生。

（2）职业健康安全管理体系的作用

①实施职业健康安全管理体系标准，将为企业提高职业健康安全绩效提供一个科学、有效的管理手段。

②有助于推动职业健康安全法规和制度的贯彻执行。职业健康安全管理体系标准要求组织必须对遵守法律、法规做出承诺，并定期进行评审以判断其遵守的情况。

③能使组织的职业健康安全管理由被动强制行为转变为主动自愿行为，从而促进企业职业健康安全管理水平的提高。

④可以促进我国职业健康安全管理标准与国际接轨，有助于消除贸易壁垒。很多国家和国际组织把职业健康安全与贸易挂钩，并以此为借口设置障碍，建立贸易壁垒。职业健康安全管理体系将是我国企业未来国际市场竞争的必备条件。

⑤实施职业健康安全会对企业产生直接和间接的经济效益。通过实施职业健康安全管理体系标准，可以明显提高企业安全生产的管理水平和管理效益。另外，由于改善劳动作业条件，增强了劳动者的身心健康，从而明显提高职工的劳动效率。

⑥有助于提高全民的安全意识。实施职业健康安全管理体系标准，组织必须对员工进行系统的安全培训，这将使全民的安全意识得到很大的提高。

⑦实施职业健康安全管理体系标准，不仅可以强化企业的安全管理，还可以完善企业安全生产的自我约束机制，使企业具有强烈的社会关注力和责任感，对树立现代优秀企业的良好形象具有非常重要的促进作用。

2）《职业健康安全管理体系》（GB/T 28001—2011）标准特点

《职业健康安全管理体系》系列国家标准体系结构如下：

职业健康安全管理体系要求

（1）《职业健康安全管理体系》（GB/T 28001—2011）的实施指南

本标准考虑了与《质量管理体系·要求》（GB/T 19001—2008）、《环境管理体系·要求及使用指南》（GB/T 24001—2004）标准的相容性，以便于满足组织职业整合职业健康安全、环境管理和质量管理体系的要求。

本标准是对GB/T 28001—2001标准的修订。国家质量监督检验检疫总局和国家标准化管理委员会于2011年12月30发布，并于2012年2月1日正式实施。

①管理体系的结构系统采用的是PDCA循环管理模式

GB/T 28001—2011、GB/T 28002—2011标准由“方针—策划—实施与运行—检查和纠正措施—管理评审”五大要素构成，采用了PDCA动态循环、不断上升的螺旋式运行模式，如图1-4所示。

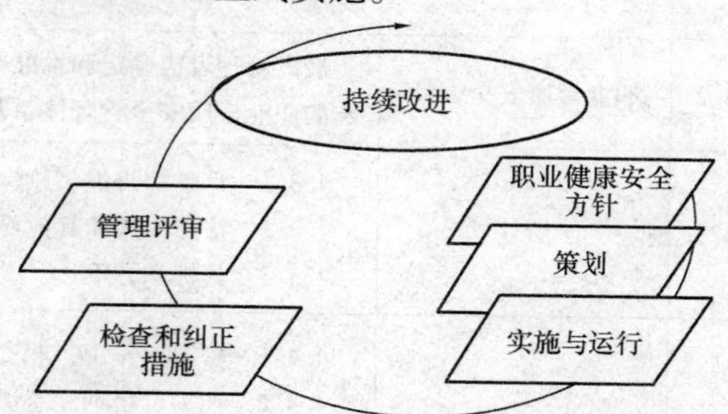

图1-4　职业健康安全管理体系的运行模式

②通过建立GB/T 28001—2011和GB/T 28002—2011体系标准的方式，有利于加强企业健康安全的科学管理。

③ GB /T 28001—2011体系标准的内容全面充实，可操作性强，对企业职业健康安全管理有较强的推动力和促进作用。

④ GB/T 28001—2011和GB/T 28002—2011体系标准重点强调的是以人为本、持续改进的动态管理思想。

⑤遵守法规的要求贯穿于GB/T 28001—2011和GB/T 28002—2011体系标准的始终。

⑥GB/T 28001—2011和GB/T 28002—2011标准适用于各行各业，并作为企业认证的依据。

（2）《职业健康安全管理体系》（GB/T 28001—2011和GB/T 28002—2011）的总体结构及内容如表1-5所示。

表1-5　《职业健康安全管理体系》的总体结构及内容

项次	体系范围的总体结构	基本要求和内容
1	范围	本标准规定了对职业健康安全管理体系的要求。本标准中的所有要求旨在被纳入到任何职业健康安全管理体系中，是针对职业健康安全，而非诸如员工健身或健康计划、产品安全、财产损失或环境等其他方面的健康和安全
2	规范性引用文件	质量和（或）环境管理体系审核指南（GB/T 19011—2003，即ISO 19011：2002，IDT） 《职业健康安全管理体系　要求》（GB/T 28001—2011，即OHSAS 18001：2007，IDT） 《职业健康安全管理体系　实施指南》（GB/T 28002—2011，即ILO-OSH，2001）
3	术语和定义	共有23项术语和定义
4	职业健康安全管理体系要求	

续表

项次	体系范围的总体结构	基本要求和内容
4.1	总要求	组织应根据《职业健康安全管理体系　实施指南》（GB/T 28002—2011）要求建立、实施、保持和持续改进职业安全管理体系，并形成文件 组织应界定其职业健康安全管理体系的范围，并形成文件
4.2	职业健康安全方针	最高管理者应确定和批准本组织的职业健康安全方针，并确保职业健康安全方针在界定的职业健康安全管理体系范围内
4.3	策划	4.3.1　危险源辨识、风险评价和控制措施的确定 4.3.2　法律法规和其他要求 4.3.3　目标和方案
4.4	实施和运行	4.4.1　资源、作用、职责、责任和权限 4.4.2　能力、培训和意识 4.4.3　沟通、参与和协商 4.4.4　文件 4.4.5　文件控制 4.4.6　运行控制 4.4.7　应急准备和响应
4.5	检查和纠正措施	4.5.1　绩效测量和监视 4.5.2　合规性评价 4.5.3　事件调查、不符合、纠正措施和预防措施 4.5.4　记录控制 4.5.5　内部审核
4.6	管理评审	最高管理者应按计划的时间间隔，对组织的职业健康安全管理体系进行评审，以确保其持续适宜性、充分性和有效性。评审应包括评价改进的可能性和对职业健康安全管理体系进行修改的需求，包括对职业健康安全方针和职业健康安全目标的修改需求。应保存管理评审记录

职业健康安全管理体系中的职业健康安全方针体现了企业实现风险控制的总体职业健康安全管理目标。危险源辨识、风险评价和控制措施，是企业实行事故控制的开端。

2. 建设工程环境管理体系

1）环境管理体系的概念及作用

（1）环境管理体系的概念

存在于以中心事物为主体的外部周边事物的客体，称为环境。在环境科学领域里，中心事物是人类社会。而以人类社会为主体的周边事物环境，是由各种自然环境和社会环境的客体构成。自然环境是人类生产和生活所必需的、未经人类改造过的自然资源和自然条件的总体，包括大气环境（空气、温度、气候、阳光）、水环境（江、河、湖泊、海洋）、土地环境、地质环境（地壳、岩石、矿藏）、生物环境（森林、草原、野生生物）等。社会环境则是经过人工对各种自然因素进行改造后的总体（也称人工环境系统），包括工农业生产环境（工厂、矿山、水利、农田、畜牧、果园）、聚落环境（城市、农场、乡村）、交通环境（铁路、公路、港口、机场）和文化环境（校园、人文遗迹、风景名胜区）等。

ISO 14000 环境管理体系标准是 ISO（国际标准化组织）在总结了世界各国的环境管理标准化成果，并具体参考了英国的 BS7750 标准后，于 1996 年底正式推出的一整套环境系列标准。它是一个庞大的标准系统，由环境管理体系、环境审核、环境标志、环境行为评价、生命周期评价、术语和定义、产品标准中的环境指标等系列标准构成。本标准的总目的是支持环境保护和污染预防，协调它们与社会需求和经济需求的关系，指导各类组织取得并表现出良好的环境行为。

（2）ISO 14000 系列标准的作用

①在全球范围内通过实施 ISO 14000 系列标准，可以规范所有组织的环境行为，降低环境风险和法律风险，最大限度地节约能源和资源消耗，从而减少人类活动对环境造成的不利影响，维持和改善人类生存和发展的环境。

②实施 ISO 14000 系列标准，是实现经济可持续发展的需要。

③实施 ISO 14000 系列标准，是实现环境管理现代化的途径。

2）GB/T 24001—2004/ISO 14001：2004　环境管理体系要求及使用指南的实施要点

（1）GB/T 24001—2004/ISO 14001：2004 标准的特点

①本标准适用于各种类型与规模的组织，并且是组织作为认证依据的标准。

②本标准在市场经济驱动的前提下，促进各类组织提高环境管理水平、达到实现环境目标的目的。

③本标准着重强调污染预防、法律法规的符合性以及持续改进。

④本标准注重体系的科学性、完整性和灵活性。

⑤本标准具有与其他管理体系的兼容性。

（2）GB/T 24001—2004/ISO 14001—2004 标准的应用原则

①本标准的实施强调自愿性原则，并不改变组织的法律责任。

②有效的环境管理需建立并实施结构化的管理体系。

③本标准着眼于采用系统的管理措施。

④环境管理体系不必成为独立的管理系统，而应纳入组织整个管理体系中。

⑤实施环境管理体系标准的关键是坚持持续改进和环境污染预防。

⑥有效地实施环境管理体系标准，必须有组织最高管理者的承诺和责任以及全员的参与。

（3）环境管理体系的基本运行模式

环境管理体系的结构系统，采用的是 PDCA 动态循环、不断上升的螺旋式管理运行模式，其形式与职业健康安全管理体系的运行模式相同。

（4）GB/T 24001—2004/ISO 14001—2004 标准的总体结构及内容（表 1-6）

表 1-6　GB/T 24001—2004/ISO 14001—2004 标准的总体结构及内容

项次	体系标准的总体结构	基本要求和内容
1	范围	本标准适用于任何有愿望建立环境管理体系的组织
2	引用标准	目前尚无引用标准
3	定义	共有 13 项定义

续表

项次	体系标准的总体结构	基本要求和内容
4	环境管理体系要求	
4.1	总要求	组织应建立并保持环境管理体系
4.2	环境方针	最高管理者应制定本组织的环境方针
4.3	规划（策划）	4.3.1 环境因素 4.3.2 法律与其他要求 4.3.3 目标与指标 4.3.4 环境管理方案
4.4	实施与运行	4.4.1 组织结构和职责 4.4.2 培训、意识和能力 4.4.3 信息交流 4.4.4 环境管理体系文件 4.4.5 文件控制 4.4.6 运行控制 4.4.7 应急准备和响应
4.5	检查和纠正措施	4.5.1 监测和测量 4.5.2 不符合，纠正与预防措施 4.5.3 记录 4.5.4 环境管理体系审核
4.6	管理评审	组织的最高管理者应按其规定的时间间隔，对环境管理体系进行评审，以确保体系的持续适用性、充分性和有效性。其内容包括：审核结果；目标和指标的实现程度；面对变化的条件与信息，环境管理体系是否具有持续的适用性；相关方关注的问题

三、掌握建设工程职业健康安全事故的分类

事故是指人们在进行有目的的活动过程中，发生了违背人们意愿的不幸事件，使其有目的的行动暂时或永久的停止。事故可能造成人员的死亡、疾病、伤害、损坏、财产损失或其他损失。事故通常包含的含义：

1. 事故是意外的，它出乎人们的意料，不希望看到的事情；

2. 事件是引发事故，或可能引发事故的情况，主要是指活动、过程本身的情况，其结果尚不确定，若造成不良结果则形成事故，若侥幸未造成事故也应引起注意；

3. 事故涵盖的范围是：死亡、疾病、工伤事故；设备、设施破坏事故；环境污染或生态破坏事故。

根据我国有关法规和标准，目前应用比较广泛的伤亡事故分类主要有以下几种。

1. 按安全事故伤害程度分类

根据《企业职工伤亡事故分类》（GB 6441—1986）规定，按伤害程度分类为：

（1）轻伤，指损失 1 个工作日至 105 个工作日以下的失能伤害；

（2）重伤，指损失工作日等于和超过 105 个工作日的失能伤害，重伤的损失工作日最

多不超过6000个工作日；

（3）死亡，指损失工作日超过6000个工作日，这是根据我国职工的平均退休年龄和平均计算出来的。

2. 按安全事故类别分类

根据《企业职工伤亡事故分类》（GB 6441—1986）中，将事故类别划分为20类，即物体打击、车辆伤害、机械伤害、起重伤害、触电、淹溺、灼烫、火灾、高处坠落、坍塌、冒顶片帮、透水、放炮、瓦斯爆炸、火药爆炸、锅炉爆炸、容器爆炸、其他爆炸、中毒和窒息、其他伤害。

3. 按安全事故受伤性质分类

受伤性质是指人体受伤的类型，实质上是从医学的角度给予创伤的具体名称，常见的有：电伤、挫伤、割伤、擦伤、刺伤、撕脱伤、扭伤、倒塌压埋伤、冲击伤等。

4. 按生产安全事故造成的人员伤亡或直接经济损失分类

根据中华人民共和国国务院令第493号《生产安全事故报告和调查处理条例》第3条规定：生产安全事故（以下简称事故）造成的人员伤亡或者直接经济损失，事故一般分为以下等级：

（1）特别重大事故，是指造成30人以上死亡，或者100人以上重伤（包括急性工业中毒，下同），或者1亿元以上直接经济损失的事故；

（2）重大事故，是指造成10人以上30人以下死亡，或者50人以上100人以下重伤，或者5000万元以上1亿元以下直接经济损失的事故；

（3）较大事故，是指造成3人以上10人以下死亡，或者10人以上50人以下重伤，或者1000万元以上5000万元以下直接经济损失的事故；

（4）一般事故，是指造成3人以下死亡，或者10人以下重伤，或者1000万元以下100万元以上直接经济损失的事故（其中100万元以上，是中华人民共和国建设部建质〔2007〕257号《关于进一步规范房屋建筑和市政工程生产安全事故报告和调查处理工作的若干意见》中规定的）。

本等级划分所称的“以上”包括本数，所称的“以下”不包括本数。

四、掌握建设工程生产安全事故报告和调查处理

在建设工程生产过程中发生的安全事故，必须按照《生产安全事故报告和调查处理条例》（国务院令第493号，以下简称《条例》）和原建设部制定的《关于进一步规范房屋建筑和市政工程生产安全事故报告和调查处理工作的若干意见》（建质〔2007〕257号，以下简称《若干意见》）的有关规定，认真做好安全事故报告和调查处理工作，它是安全生产工作的一个重要环节。

1. 生产安全事故报告和调查处理原则

根据国家法律法规的要求，在进行生产安全事故报告和调查处理时，要坚持实事求是、尊重科学的原则，既要及时、准确地查明事故原因，明确事故责任，使责任人受到追究；又要总结经验教训，落实整改和防范措施，防止类似事故再次发生。因此，施工项目一旦发生安全事故，必须实施“四不放过”的原则。

2. 事故报告

根据《条例》和《若干意见》的要求，事故报告应当及时、准确、完整，任何单位和个人对事故不得迟报、漏报、谎报或者瞒报。

1）施工单位事故报告要求

生产安全事故发生后，受伤者或最先发现事故的人员应立即用最快的传递手段，将发生事故的时间、地点、伤亡人数、事故原因等情况，向施工单位负责人报告；施工单位负责人接到报告后，应当在1小时内向事故发生地县级以上人民政府建设主管部门和有关部门报告。

情况紧急时，事故现场有关人员可以直接向事故发生地县级以上人民政府建设主管部门和有关部门报告。

实行施工总承包的建设工程，由总承包单位负责上报事故。

2）建设主管部门事故报告要求

（1）建设主管部门接到事故报告后，应当依照下列规定上报事故情况，并通知安全生产监督管理部门、公安机关、劳动保障行政主管部门、工会和人民检察院：

①较大事故、重大事故及特别重大事故逐级上报至国务院建设主管部门；

②一般事故逐级上报至省、自治区、直辖市人民政府建设主管部门；

③建设主管部门依照本条规定上报事故情况，应当同时报告本级人民政府。国务院建设主管部门接到重大事故和特别重大事故的报告后，应当立即报告国务院。

必要时，建设主管部门可以越级上报事故情况。

（2）建设主管部门按照上述规定逐级上报事故情况时，每级上报的时间不得超过2小时。

3）事故报告的内容包括：

（1）事故发生的时间、地点和工程项目、有关单位名称；

（2）事故的简要经过；

（3）事故已经造成或者可能造成的伤亡人数（包括下落不明的人数）和初步估计的直接经济损失；

（4）事故的初步原因；

（5）事故发生后采取的措施及事故控制情况；

（6）事故报告单位或报告人员；

（7）其他应当报告的情况。

4）事故报告后出现新情况，以及事故发生之日起30日内伤亡人数发生变化的，应当及时补报。

3. 事故调查

按照《条例》和《若干意见》的要求，事故调查处理应当坚持实事求是、尊重科学的原则，及时、准确地查清事故经过、事故原因和事故损失，查明事故性质，认定事故责任，总结事故教训，提出整改措施，并对事故责任者依法追究责任。

1）施工单位项目经理应指定技术、安全、质量等部门的人员、会同企业工会、安全管理部门组成调查组，开展调查。

2）建设主管部门应当按照有关人民政府的授权或委托组织事故调查组，对事故进行调查，并履行下列职责：

（1）核实事故项目基本情况，包括项目履行法定建设程序情况、参与项目建设活动各方主体履行职责的情况；

（2）查明事故发生的经过、原因、人员伤亡及直接经济损失，并依据国家有关法律法规和技术标准分析事故的直接原因和间接原因；

（3）认定事故的性质，明确事故责任单位和责任人员在事故中的责任；

（4）依照国家有关法律法规对事故的责任单位和责任人员提出处理建议；

（5）总结事故教训，提出防范和整改措施；

（6）提交事故调查报告。

3）事故调查报告的内容包括：

（1）事故发生单位概况；

（2）事故发生经过和事故救援情况；

（3）事故造成的人员伤亡和直接经济损失；

（4）事故发生的原因和事故性质；

（5）事故责任的认定和对事故责任者的处理建议；

（6）事故防范和整改措施。

事故调查报告应当附具有关证据材料，事故调查组成员应当在事故调查报告上签名。

五、事故处理

1. 施工单位的事故处理

（1）事故现场处理

事故处理是落实“四不放过”原则的核心环节。当事故发生后，事故发生单位应当严格保护事故现场，做好标志，排除险情，采取有效措施抢救伤员和财产，防止事故蔓延扩大。

事故现场是追溯判断发生事故原因和事故责任人责任的客观物质基础。因抢救人员、疏导交通等原因，需要移动现场物件时，应当做出标志，绘制现场简图并做出书面记录，妥善保存现场重要痕迹、物证，有条件的可以拍照或录像。

（2）事故登记

施工现场要建立安全事故登记表，作为安全事故档案，对发生事故人员的姓名、性别、年龄、工种等级，负伤时间、伤害程度、负伤部位及情况、简要经过及原因记录归档。

（3）事故分析记录

施工现场要有安全事故分析记录，对发生轻伤、重伤、死亡、重大设备事故及未遂事故必须按“四不放过”的原则组织分析，查出主要原因，分清责任，提出防范措施，应吸取的教训要记录清楚。

（4）要坚持安全事故月报制度，若当月无事故也要报空表。

2. 建设主管部门的事故处理

（1）建设主管部门应当依据有关人民政府对事故的批复和有关法律法规的规定，对事故相关责任者实施行政处罚。处罚权限不属本级建设主管部门的，应当在收到事故调查报告批复后15个工作日内，将事故调查报告（附具有关证据材料）、结案批复、本级建设主管部门对有关责任者的处理建议等转送有权限的建设主管部门。

（2）建设主管部门应当依照有关法律法规的规定，对因降低安全生产条件导致事故发生的施工单位给予暂扣或吊销安全生产许可证的处罚；对事故负有责任的相关单位给予罚款、停业整顿、降低资质等级或吊销资质证书的处罚。

（3）建设主管部门应当依照有关法律法规的规定，对事故发生负有责任的注册执业资格人员给予罚款、停止执业或吊销其注册执业资格证书的处罚。

六、法律责任

1. 事故报告和调查处理的违法行为

根据《条例》规定，对事故报告和调查处理中的违法行为，任何单位和个人有权向安全生产监督管理部门、监察机关或者其他有关部门举报，接到举报的部门应当依法及时处理。

事故报告和调查处理中的违法行为，包括事故发生单位及其有关人员的违法行为，还包括政府、有关部门及其有关人员的违法行为，其种类主要有以下几种：

①不立即组织事故抢救；

②在事故调查处理期间擅离职守；

③迟报或者漏报事故；

④谎报或者瞒报事故；

⑤伪造或者故意破坏事故现场；

⑥转移、隐匿资金、财产，或者销毁有关证据、资料；

⑦拒绝接受调查或者拒绝提供有关情况和资料；

⑧在事故调查中作伪证或者指使他人作伪证；

⑨事故发生后逃匿；

⑩阻碍、干涉事故调查工作；

⑪对事故调查工作不负责任，致使事故调查工作有重大疏漏；

⑫包庇、袒护负有事故责任的人员或者借机打击报复；

⑬故意拖延或者拒绝落实经批复的对事故责任人的处理意见。

2. 法律责任

（1）事故发生单位主要负责人有上述①~③条违法行为之一的，处上一年年收入40%~80%的罚款；属于国家工作人员的，并依法给予处分；构成犯罪的，依法追究刑事责任。

（2）事故发生单位及其有关人员有上述④~⑨条违法行为之一的，对事故发生单位处100万元以上500万元以下的罚款；对主要负责人、直接负责的主管人员和其他直接责任人员处上一年年收入60%~100%的罚款；属于国家工作人员的，并依法给予处分；构成违反治安管理行为的，由公安机关依法给予治安管理处罚；构成犯罪的，依法追究刑事责任。

（3）有关地方人民政府、安全生产监督管理部门和负有安全生产监督管理职责的有关部门有上述① ③ ④ ⑧ ⑩条违法行为之一的，对直接负责的主管人员和其他直接责任人员依法给予处分；构成犯罪的，依法追究刑事责任。

（4）参与事故调查的人员在事故调查中有上述⑪ ⑫条违法行为之一的，依法给予处分；构成犯罪的，依法追究刑事责任。

（5）有关地方人民政府或者有关部门故意拖延或者拒绝落实经批复的对事故责任人的处理意见的，由监察机关对有关责任人员依法给予处分。

七、掌握建设工程环境保护的要求

由于人口的迅猛增长和经济的快速发展，生态环境状况的日益恶化。环境问题使人类的基本生存条件面临严峻挑战，保护与改善环境质量，维持生态平衡，已成为世界各国谋求可持续发展的一个重要问题。

建设工程是人类社会发展过程中一项规模浩大、旷日持久的生产活动。这个生产过程，不仅改变了自然环境，还不可避免地对环境造成污染和损害。因此，在建设工程生产过程中，要竭尽全力控制工程对资源环境污染和损害程度，采用组织、技术、经济和法律的手段，对不可避免的环境污染和资源损害予以治理。保护环境，造福人类，防止人类与环境关系的失调，促进经济建设、社会发展和环境保护的协调发展。

1. 环境保护的目的、原则和内容

（1）环境保护的目的

①保护和改善环境质量，从而保护人们的身心健康，防止人体在环境污染影响下产生遗传突变和退化。

②合理开发和利用自然资源，减少或消除有害物质进入环境，加强生物多样性的保护，维护生物资源的生产能力，使之得以恢复。

（2）环境保护的基本原则

①经济建设与环境保护协调发展的原则；

②预防为主、防治结合、综合治理的原则；

③依靠群众保护环境的原则；

④环境经济责任原则，即污染者付费的原则。

（3）环境保护的主要内容

①预防和治理由生产和生活活动所引起的环境污染；

②防止由建设和开发活动引起的环境破坏；

③保护有特殊价值的自然环境；

④其他。如防止臭氧层被破坏、防止气候变暖、防止 PM2.5 超标、国土整治、城乡规划、植树造林、控制水土流失和荒漠化等。

2. 环境因素的影响

通常建设工程施工现场的环境因素对环境影响的类型，见表 1－7。

表 1－7　环境因素的影响

序号	环境因素	产生的地点、场合	环境影响
1	噪声的排放	施工机械、运输设备、电动工具运行中	影响人体健康、居民休息
2	粉尘的排放	施工场地平整、土堆、砂堆、石灰、现场路面、进出车辆车轮带泥沙、水泥搬运、混凝土搅拌、木工房锯末、喷砂、除锈、衬里	污染大气、影响居民身体健康
3	运输的遗撒	现场渣土、商品混凝土、生活垃圾、原材料运输当中	污染路面、影响居民生活
4	化学危险品、油品的泄漏或挥发	试验室、油漆库、油库、化学材料库及其作业面	污染土地和人员健康

续表

序号	环境因素	产生的地点、场合	环境影响
5	有毒有害废弃物排放	施工现场、办公区、生活区	污染土地、水体、大气
6	生产、生活污水的排放	现场搅拌站、厕所、现场洗车处、生活区服务设施、食堂等	污染水体
7	生产用水、用电的消耗	现场、办公室、生活区	资源浪费
8	办公用纸的消耗	办公室、现场	资源浪费
9	光污染	现场焊接、切割作业中，夜间照明	影响居民生活、休息和邻近人员健康
10	离子辐射	放射源存储、运输、使用中	严重危害居民、人员健康
11	混凝土防冻剂（氨味）的排放	混凝土使用中	影响健康
12	混凝土搅拌站噪声、粉尘、运输遗撒污染	混凝土搅拌站	严重影响周围居民生活、休息

3. 施工现场环境保护的有关规定

（1）工程的施工组织设计中应有防治扬尘、噪声、固体废物和废水等污染环境的有效措施，并在施工作业中认真组织实施。

（2）施工现场应建立环境保护管理体系，责任落实到人，并保证有效运行。

（3）对施工现场防治扬尘、噪声、水污染及环境保护管理工作进行检查。

（4）定期对职工进行环保法规知识培训考核。

4. 建设工程环境保护措施

施工单位应遵守国家有关环境保护的法律规定，采取有效措施控制施工现场的各种粉尘、废气、废水、固体废物以及噪声、振动等对环境的污染和危害。根据《建设工程施工现场管理规定》第32条规定，施工单位应当采取下列防止环境污染的措施：

（1）妥善处理泥浆水，未经处理不得直接排入城市排水设施和河流；

（2）除设有符合规定的装置外，不得在施工现场熔融沥青或者焚烧油毡、油漆以及其他会产生有毒有害烟尘和恶臭气体的物质；

（3）使用密封式的圆筒或者采取其他措施处理高空废弃物；

（4）采取有效措施控制施工过程中的扬尘；

（5）禁止将有毒有害废弃物用作土方回填；

（6）对产生噪声、振动的施工机械，应采取有效控制措施，减轻噪声扰民。

八、掌握建设工程环境事故的处理

1. 施工现场水污染的处理

（1）搅拌机前台、混凝土输送泵及运输车辆清洗处应设置沉淀池，废水未经沉淀处理不得直接排入市政污水管网，经二次沉淀后方可排入市政排水管网或回收用于洒水降尘。

（2）施工现场现制水磨石作业产生的污水，禁止随地排放。作业时要严格控制污水流向，在合理位置设置沉淀池，经沉淀后方可排入市政污水管网。

（3）对于施工现场气焊用的乙炔发生罐产生的污水严禁随地倾倒，要求专用容器集中存放，并倒入沉淀池处理，以免污染环境。

（4）现场要设置专用的油漆油料库，并对库房地面作防渗处理，储存、使用及保管要采取措施和专人负责，防止油料泄漏而污染土壤水体。

（5）施工现场的临时食堂，用餐人数在100人以上的，应设置简易有效的隔油池，使产生的污水经过隔油池后再排入市政污水管网。

（6）禁止将有害废弃物做土方回填，以免污染地下水和环境。

2. 施工现场噪声污染的处理

（1）施工噪声的类型

①机械性噪声，如柴油打桩机、推土机、挖土机、搅拌机、风钻、风铲、混凝土振动器、木材加工机械等发出的噪声。

②空气动力性噪声，如通风机、鼓风机、空气锤打桩机、电锤打桩机、空气压缩机、铆枪等发出的噪声。

③电磁性噪声，如发电机、变压器等发出的噪声。

④爆炸性噪声，如放炮作业过程中发出的噪声。

（2）施工噪声的处理

①施工现场的搅拌机、固定式混凝土输送泵、电锯、大型空气压缩机等强噪声机械设备应搭设封闭式机械棚，并尽可能离居民区远一些设置，以减少强噪声的污染。

②尽量选用低噪声或备有消声降噪设备的机械。

③凡在居民密集区进行强噪声施工作业时，要严格控制施工作业时间，夜间作业不超过22时，早晨作业不早于6时。特殊情况下需昼夜施工时，应尽量采取降噪措施，并会同建设单位做好周围居民的工作，同时报工地所在地的环保部门备案后方可施工。

④施工现场要严格控制人为的大声喧哗，增强施工人员防噪声扰民的自觉意识。

⑤加强施工现场环境噪声的长期监测。要有专人监测管理，并做好记录。凡超过国家标准《建筑施工场界环境噪声排放标准》（GB 12523—2011）（表1-8）的，要及时进行调整，达到施工噪声不扰民的目的。

表1-8　建筑施工场界噪声限值[dB(A)]

昼　间	夜　间
70	55

3. 施工现场空气污染的处理

（1）施工现场外围设置的围挡不得低于1.8m，以避免或减少污染物向外扩散。

（2）施工现场的主要运输道路必须进行硬化处理。现场应采取覆盖、固化、绿化、洒水等有效措施，做到不泥泞、不扬尘。

（3）应有专人负责环保工作，并配备相应的洒水设备，及时洒水，减少扬尘污染。

（4）对现场有毒有害气体的产生和排放，必须采取有效措施进行严格控制。

（5）对于多层或高层建筑物内的施工垃圾，应采用封闭的专用垃圾道或容器吊运，严禁随意凌空抛洒造成扬尘。现场内还应设置密闭式垃圾站，施工垃圾和生活垃圾分类存放。施工垃圾要及时消运、消运时应尽量洒水或覆盖以减少扬尘。

（6）拆除旧建筑物、构筑物时，应配合洒水，减少扬尘污染。

（7）水泥和其他易飞扬的细颗粒散体材料应密闭存放，使用过程中应采取有效的措施防止扬尘。

（8）对于土方、渣土的运输，必须采取封盖措施。现场出入口处设置冲洗车辆的设施，出场时必须将车辆清洗干净，不得将泥沙带出现场。

（9）市政道路施工铣刨作业时，应采用冲洗等措施，控制扬尘污染。灰土和无机料应采用预拌进场，碾压过程中要洒水降尘。

（10）混凝土搅拌，对于城区内施工应使用商品混凝土，从而减少搅拌扬尘；在城区外施工，搅拌站应搭设封闭的搅拌棚，搅拌机上应设置喷淋装置（如Jw －1型搅拌机雾化器）方可施工。

（11）对于现场内的锅炉、茶炉、大灶等，必须设置消烟除尘设备。

（12）在城区、郊区城镇和居民稠密区、风景旅游区、疗养区及国家规定的文物保护区内施工的工程，严禁使用敞口锅熬制沥青。凡进行沥青防潮防水作业时，要使用密闭和带有烟尘处理装置的加热设备。

4. 施工现场固体废物的处理

（1）施工现场固体废物处理的规定

①在工程建设中产生的固体废物处理，必须根据《中华人民共和国固体废物污染环境防治法》的有关规定执行。

建设产生固体废物的项目以及建设储存、利用、处置固体废物的项目，必须依法进行环境影响评价，并遵守国家有关建设项目环境保护管理的规定。

②建设生活垃圾处置的设施、场所，必须符合国务院环境保护行政主管部门和国务院建设行政主管部门规定的环境保护和环境卫生标准。

③工程施工单位应当及时清运工程施工过程中产生的固体废物，并按照环境卫生行政主管部门的规定进行利用或者处置。

④从事公共交通运输的经营单位，应当按照国家有关规定，清扫、收集运输过程中产生的生活垃圾。

⑤从事城市新区开发、旧区改建和住宅小区开发建设的单位，以及机场、码头、车站、公园、商店等公共设施、场所的经营管理单位，应当按照国家有关环境卫生的规定，配套建设生活垃圾收集设施。

（2）固体废物的类型

施工现场产生的固体废物主要有3种，包括拆建废物、化学废物及生活固体废物。

①拆建废物，包括渣土、砖瓦、碎石、混凝土碎块、废木材、废钢铁、废弃装饰材料、废水泥、废石灰、碎玻璃等。

②化学废物，包括废油漆材料、废油类（汽油、机油、柴油等）、废沥青、废塑料、废玻璃纤维等。

③生活固体废物，包括炊厨废物、丢弃食品、废纸、废电池、生活用具、煤灰渣、粪便等。

（3）固体废物的治理方法

废物处理是指采用物理、化学、生物处理等方法，将废物在自然循环中，加以迅速、有效、无害的分解处理。根据环境科学理论，可将固体废物的治理方法概括为无害化、安定化和减量化三种。

①无害化（亦称安全化）：是将废物内的生物性或化学性的有害物质，进行无害化或安全化处理。例如，利用焚化处理的化学法，将微生物杀灭，促使有毒物质氧化或分解。

②安定化：是指为了防止废物中的有机物质腐化分解，产生臭味或衍生成有害微生物，将此类有机物质通过有效的处理方法，不再继续分解或变化。如以厌氧性的方法处理生活废物，使其实时产生甲烷气，使处理后的残余物完全腐化安定，不再发酵腐化分解。

③减量化：大多废物疏松膨胀、体积庞大，不但增加运输费用，而且占用堆填处置场地。减量化废物处理是将固体废物压缩或液体废物浓缩，或将废物无害焚化处理，烧成灰烬，使其体积缩小至1/10以下，以便运输堆填。

（4）固体废物的处理

①物理处理：包括压实浓缩、破碎、分选、脱水干燥等。这种方法可以浓缩或改变固体废物结构，但不破坏固体废物的物理性质。

②化学处理：包括氧化还原、中和、化学浸出等。这种方法能破坏固体废物中的有害成分，从而达到无害化，或将其转化成适于进一步处理处置的形态。

③生物处理：包括好氧处理、厌氧处理等。

④热处理：包括焚烧、热解、焙烧、烧结等。

⑤固化处理：包括水泥固化法和沥青固化法等。

⑥回收利用和循环再造：将拆建物料再作为建筑材料利用；做好挖填土方的平衡设计，减少土方外运；重复使用场地围挡、模板、脚手架等物料；将可用的废金属、沥青等物料循环再用。

单元二　建筑工程施工安全管理实务

一、学习情境教学设计方案

I　学生公寓落地式外脚手架安全文明专项施工方案						
授课班级	建筑工程技术专业	上课时间	6学时	上课地点	多媒体教室	
教学目的	能够编制脚手架工程安全文明专项施工方案					
教学目标	专业能力目标		知识目标		社会和方法能力目标	
	1. 具有落地式外脚手架、悬挑式脚手架、门型脚手架的搭拆技术能力。 2. 具有落地式外脚手架、悬挑式脚手架、门型脚手架的检查能力		1. 了解悬挂脚手架、吊篮脚手架、附着式升降脚手架（整体提升架或爬架）的搭拆和检验。 2. 掌握落地式外脚手架、悬挑式脚手架、门型脚手架的搭拆和检验		1. 挖掘学生潜在创造力，激发学生自学积极性。 2. 培养学生沟通合作交流能力。 3. 培养学生自己解决问题的能力	
案例与任务	案例：某学院学生公寓 任务：脚手架工程安全文明专项施工方案					
重点难点及解决方法	重点：脚手架的设计和安全管理 难点：脚手架的负荷的确定 解决方法：通过查找资料学习工作页主要内容，根据安全管理原则和工程特点确定脚手架的种类和设计方案					
参考资料	《建筑施工技术》中国建筑工业出版社，2012 《建筑施工安全检查标准》（JGJ 59—2011）					

续表

序号	步骤名称	教学内容	教师活动	学生活动	时间分配（分钟）	工具与材料	课内/课外
1	下达任务	按组发放和讲解任务书	讲授	小组集中接受任务书	50		课内
2	查找相关资料	随时解答学生咨询	辅导	通过上网和各种资料查找脚手架的种类和特点	150		课外
3	共性问题集中讲解	讲解各组提出的共性问题，为编制脚手架安全管理服务	辅导讲授	分析讨论编写内容	100		课内
4	编制方案	教师指导	辅导	学生小组分工协作编出脚手架设计文件，制作PPT，做好汇报	240		课外
5	方案考核	组织小组汇报	组织	学生代表利用PPT汇报脚手架施工方案	100		课内
6	评估	分析学生公寓落地式外脚手架安全文明专项施工方案	评价总结	学生分析并演示好的脚手架安全文明专项施工方案；老师总结	50		课内
7	课后总结和体会	请学生自己总结一下本次课程资料准备查找存在问题和不足，正确分析原因，有利于学生提高自学能力					

续表

<table>
<tr><td colspan="6">Ⅱ 学生公寓塔吊安拆安全文明专项施工方案</td></tr>
<tr><td>授课班级</td><td>建筑工程技术专业</td><td>上课时间</td><td>6学时</td><td>上课地点</td><td>多媒体教室</td></tr>
<tr><td>教学目的</td><td colspan="5">能够编制塔吊安拆安全文明专项施工方案</td></tr>
<tr><td rowspan="2">教学目标</td><td colspan="2">专业能力目标</td><td colspan="2">知识目标</td><td>社会和方法能力目标</td></tr>
<tr><td colspan="2">1. 具有人货两用电梯、塔吊安拆技术能力。
2. 具有人货两用电梯、塔吊安拆的检查能力</td><td colspan="2">1. 掌握人货两用电梯、塔吊安拆的程序、限位装置调试及验收。
2. 熟知人货两用电梯、塔吊安拆安全技术、施工机具及安全措施</td><td>1. 挖掘学生潜在创造力，激发学生自学积极性。
2. 培养学生沟通合作交流能力。
3. 培养学生自己解决问题的能力</td></tr>
<tr><td>案例与任务</td><td colspan="5">案例：某学院学生公寓
任务：塔吊安拆安全文明专项施工方案</td></tr>
<tr><td>重点难点及解决方法</td><td colspan="5">重点：塔吊的选择和安全管理。
难点：各种限位器的安装调试和电气系统的安装。
解决方法：通过查找资料学习工作页主要内容，根据安全管理原则和工程特点，选择塔吊种类、位置及各种限位器的安装调试</td></tr>
<tr><td>参考资料</td><td colspan="5">《建筑施工技术》，中国建筑工业出版社，2012
《建筑施工安全检查标准》（JGJ 59—2011）
《塔式起重机安全规程》（GB 5144—2006）</td></tr>
</table>

续表

序号	步骤名称	教学内容	教师活动	学生活动	时间分配（分钟）	工具与材料	课内/课外
1	下达任务	按组发放和讲解任务书	讲授	小组集中接受任务书	50		课内
2	查找相关资料	随时解答学生咨询	辅导	通过上网和各种资料查找塔吊的种类和相关内容	150		课外
3	共性问题集中讲解	讲解各组提出的共性问题，为编制塔吊安拆安全管理服务	辅导讲授	分析讨论编写内容	100		课内
4	编制方案	教师指导	辅导	学生小组分工协作编出塔吊安拆专项施工方案并制作PPT，做好汇报	240		课外
5	方案考核	组织小组汇报	组织	学生代表利用PPT汇报塔吊安拆安全文明专项施工方案	100		课内
6	评估	分析学生公寓塔吊安拆安全文明专项施工方案	评价总结	学生演示好的塔吊安拆安全文明专项施工方案；老师总结	50		课内
7	课后总结和体会	请学生自己总结一下本次课程资料准备查找存在问题和不足，正确分析原因，有利于学生提高自学能力					

续表

<table>
<tr><td colspan="6">Ⅲ　学生公寓施工现场安全文明专项施工方案</td></tr>
<tr><td>授课班级</td><td>建筑工程技术专业</td><td>上课时间</td><td>6学时</td><td>上课地点</td><td>多媒体教室</td></tr>
<tr><td>教学目的</td><td colspan="5">能够编制施工现场安全文明专项施工方案</td></tr>
<tr><td rowspan="2">教学目标</td><td colspan="2">专业能力目标</td><td colspan="2">知识目标</td><td>社会和方法能力目标</td></tr>
<tr><td colspan="2">1. 具有施工现场安全文明施工的设计能力。
2. 具有施工现场安全文明施工的检查能力</td><td colspan="2">1. 了解施工现场安全文明施工的具体内容。
2. 掌握施工现场安全文明施工的检查方法</td><td>1. 挖掘学生潜在创造力，激发学生自学积极性。
2. 培养学生沟通合作交流能力。
3. 培养学生自己解决问题的能力</td></tr>
<tr><td>案例与任务</td><td colspan="5">案例：某学院学生公寓
任务：施工现场安全文明专项施工方案</td></tr>
<tr><td>重点难点及解决方法</td><td colspan="5">重点：施工现场安全文明施工的内容
难点：现场防火措施
解决方法：通过查找资料学习工作页主要内容，根据安全管理文明施工原则和工程特点确定施工现场安全文明专项施工方案</td></tr>
<tr><td>参考资料</td><td colspan="5">《建筑施工安全检查标准》（JGJ 59—2011）
《某省建设工程施工现场安全文明施工标准图册》
《某建筑施工现场安全检查手册》</td></tr>
</table>

续表

序号	步骤名称	教学内容	教师活动	学生活动	时间分配（分钟）	工具与材料	课内/课外
1	下达任务	按组发放和讲解任务书	讲授	小组集中接受任务书	50		课内
2	查找相关资料	随时解答学生咨询	辅导	通过上网和各种资料查找施工现场安全文明施工的内容和特点	150		课外
3	共性问题集中讲解	讲解各组提出的共性问题，为编制施工现场安全文明专项施工方案提供服务	辅导讲授	分析讨论编写内容	100		课内
4	编制方案	教师指导	辅导	学生小组分工协作编出施工现场安全文明专项施工方案，制作 PPT，做好汇报	240		课外
5	方案考核	组织小组汇报	组织	学生代表利用 PPT 汇报施工现场安全文明专项施工方案	100		课内
6	评估	分析学生公寓施工现场安全文明专项施工方案	评价总结	学生分析并演示好的施工现场安全文明专项施工方案；老师总结	50		课内
7	课后总结和体会	请学生自己总结一下本次课程资料准备查找存在问题和不足，正确分析原因，有利于学生提高自学能力					

续表

<table>
<tr><td colspan="6">Ⅳ 学生公寓模板工程安全文明专项施工方案</td></tr>
<tr><td>授课班级</td><td>建筑工程技术专业</td><td>上课时间</td><td>6 学时</td><td>上课地点</td><td>多媒体教室</td></tr>
<tr><td>教学目的</td><td colspan="5">能够编制模板工程安全文明专项施工方案</td></tr>
<tr><td rowspan="2">教学目标</td><td colspan="2">专业能力目标</td><td colspan="2">知识目标</td><td>社会和方法能力目标</td></tr>
<tr><td colspan="2">1. 具有模板工程支设、拆除的技术能力。
2. 具有模板工程支设、拆除的检查能力</td><td colspan="2">1. 了解模板工程支设、拆除的程序和注意事项及验收。
2. 掌握模板工程支设、拆除的安全管理</td><td>1. 挖掘学生潜在创造力，激发学生自学积极性。
2. 培养学生沟通合作交流能力。
3. 培养学生自己解决问题的能力</td></tr>
<tr><td>案例与任务</td><td colspan="5">案例：某学院学生公寓
任务：模板工程安全文明专项施工方案</td></tr>
<tr><td>重点难点及解决方法</td><td colspan="5">重点：模板工程的设计和安全管理
难点：模板的支设方案的确定
解决方法：通过查找资料学习工作页主要内容，根据安全管理原则和工程特点确定模板支设方案和拆除程序</td></tr>
<tr><td>参考资料</td><td colspan="5">《建筑施工技术》，中国建筑工业出版社，2012
《建筑施工安全检查标准》（JGJ 59—2011）
《混凝土结构工程施工质量验收规范》（GB 50204—2002）
《建筑施工高处作业安全技术规范》（JGJ 80—1991）</td></tr>
</table>

续表

序号	步骤名称	教学内容	教师活动	学生活动	时间分配（分钟）	工具与材料	课内/课外
1	下达任务	按组发放和讲解任务书	讲授	小组集中接受任务书	50		课内
2	查找相关资料	随时解答学生咨询	辅导	通过上网和各种资料查找模板工程的支设和拆除的内容	150		课外
3	共性问题集中讲解	讲解各组提出的共性问题，为编制模板工程安全管理服务	辅导讲授	分析讨论编写内容	100		课内
4	编制方案	教师指导	辅导	学生小组分工协作编出模板工程设计文件，制作 PPT，做好汇报	240		课外
5	方案考核	组织小组汇报	组织	学生代表利用 PPT 汇报模板工程施工方案	100		课内
6	评估	分析学生公寓模板工程安全文明专项施工方案	评价总结	学生分析并演示好的模板工程安全文明专项施工方案；老师总结	50		课内
7	课后总结和体会	请学生自己总结一下本次课程资料准备查找存在问题和不足，正确分析原因，有利于学生提高自学能力					

续表

<table>
<tr><td colspan="7">V　学生公寓施工现场临时用电专项施工方案</td></tr>
<tr><td>授课班级</td><td>建筑工程技术专业</td><td>上课时间</td><td colspan="2">6 学时</td><td>上课地点</td><td>多媒体教室</td></tr>
<tr><td>教学目的</td><td colspan="6">能够编制施工现场临时用电专项方案</td></tr>
<tr><td rowspan="2">教学目标</td><td colspan="2">专业能力目标</td><td colspan="2">知识目标</td><td colspan="2">社会和方法能力目标</td></tr>
<tr><td colspan="2">1. 具有施工现场临时用电设计能力。
2. 具有施工现场临时用电检查能力</td><td colspan="2">1. 了解施工现场临时用电施工与验收。
2. 掌握施工现场临时用电负荷计算</td><td colspan="2">1. 挖掘学生潜在创造力，激发学生自学积极性。
2. 培养学生沟通合作交流能力。
3. 培养学生自己解决问题的能力</td></tr>
<tr><td>案例与任务</td><td colspan="6">案例：某学院学生公寓
任务：施工现场临时用电专项施工方案</td></tr>
<tr><td>重点难点及解决方法</td><td colspan="6">重点：施工现场临时用电专项施工方案的设计和安全管理
难点：施工现场临时用电专项施工方案的编制
解决方法：通过查找资料学习工作页主要内容，根据安全管理原则和工程特点确定施工现场临时用电专项施工方案</td></tr>
<tr><td>参考资料</td><td colspan="6">《施工现场临时用电安全技术规范》（JGJ 46—2005）
《建筑施工安全检查标准》（JGJ 59—2011）
《建设工程施工安全技术操作规程》</td></tr>
</table>

续表

序号	步骤名称	教学内容	教师活动	学生活动	时间分配（分钟）	工具与材料	课内/课外
1	下达任务	按组发放和讲解任务书	讲授	小组集中接受任务书	50		课内
2	查找相关资料	随时解答学生咨询	辅导	通过上网和各种资料查找施工现场临时用电专项方案的内容	150		课外
3	共性问题集中讲解	讲解各组提出的共性问题，为编制施工现场临时用电专项方案的管理服务	辅导讲授	分析讨论编写内容	100		课内
4	编制方案	教师指导	辅导	学生小组分工协作编出施工现场临时用电专项施工方案的设计文件，制作 PPT，做好汇报	240		课外
5	方案考核	组织小组汇报	组织	学生代表利用 PPT 汇报施工现场临时用电专项方案	100		课内
6	评估	分析学生公寓施工现场临时用电专项方案	评价总结	学生分析并演示好的施工现场临时用电专项方案；老师总结	50		课内
7	课后总结和体会	请学生自己总结一下本次课程资料准备查找存在问题和不足，正确分析原因，有利于学生提高自学能力					

二、学生分组设计

1. 分组原则

学生自由组合，教师个别调剂。

2. 每组人数要求：

由于建筑工程施工安全管理实务共 5 个方案项目，按照要求每组 5 人。

3. 分组要求和考核原则

（1）分组要求

每个小组在做某一个项目方案时，都需要设一组长，这一组长是每人在不同的项目中分别为组长，每一小组成员都需要做不同职责的工作，及时变换不同的角色，这样可以锻炼每一位不同的组织协调能力。同时也可培养另外四位同学的团队精神，协作素质。因此，这样既培养了每位同学的组织能力、专业技术能力，也培养了合作精神和道德情操。

（2）考核原则

每一次方案的提交考核总成绩是每位组长的成绩，如果成绩为及格以上，记入组长名下不变。如果成绩为不及格，组长肯定是不及格，其他成员也相应下浮一个档次的成绩。即下次这个小组组长成绩为良好，由于上次小组不及格，因此这次方案小组成绩即降一档为中等。依次类推。这样每个小组每个人，对每个项目都应发挥自己的主观能动性，充分履行自己的职责。

4. 人员分工及职责

（1）组长—项目总工—组织协调人员分工，主抓全面，统筹执笔

（2）成员 1—项目技术员—收集相关技术资料，组织材料

（3）成员 2—项目质检员—收集与质量有关资料，组织材料

（4）成员 3—项目安全员—收集与安全有关资料，组织材料

（5）成员 4—项目资料员—根据各方收集的材料，选择与工程实际相结合的有关资料，提供给组长，协助编写方案。

三、施工安全管理实务学习情境程序（步骤）

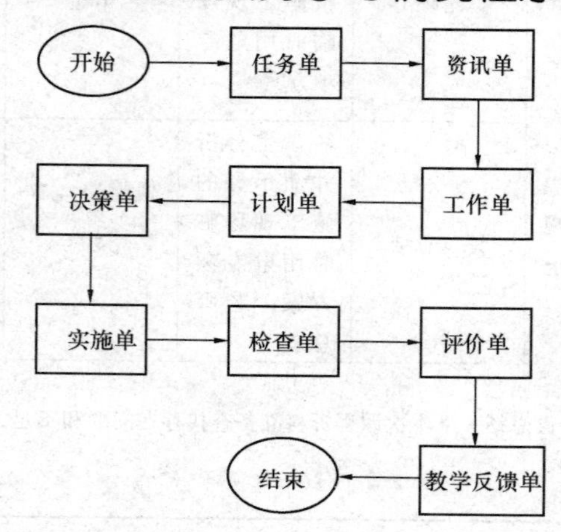

四、学习情境Ⅰ　学生公寓落地式外脚手架安全文明专项施工方案

1. 任务单

学习领域	建筑工程施工安全管理实务		
学习情境Ⅰ	学生公寓落地式外脚手架安全文明专项施工方案	学　时	6
	布置任务		
学习目标	（1）学会利用学生公寓设计图介绍工程概况； （2）学会根据学生公寓设计图纸和落地式外脚手架的构造特点进行落地式外脚手架的设计； （3）正确选择落地式外脚手架的构配件； （4）熟知落地式外脚手架的搭设程序、构造要求； （5）明确落地式外脚手架的施工准备和拆除工作要求； （6）熟知落地式外脚手架的使用要求和安全管理； （7）熟知落地式脚手架季节施工措施		
学习资料	（1）《建筑施工扣件式钢管脚手架安全技术规范》（JGJ 130—2011）； （2）《建筑施工安全检查标准》（JGJ 59—2011）； （3）《建筑施工高处作业安全技术规范》（JGJ 80—1991）； （4）《建筑施工技术》第三版（中国建筑工业出版社）； （5）《建筑工程质量与安全管理》第三版（中国建筑工业出版社）； （6）某学院学生公寓设计图纸		
对学生的要求	（1）学会利用学生公寓设计图介绍工程概况； （2）能够根据学生公寓设计图纸和落地式外脚手架的构造特点，对落地式外脚手架进行总体设计和细部设计； （3）能够正确选择落地式外脚手架的构配件，搭设程序、构造要求； （4）能够做好落地式外脚手架搭设前的准备工作以及熟知拆除工作要求； （5）能够根据落地式外脚手架的拆除工作要求、安全使用要求和安全管理措施，对架子工和在脚手架上工作的工种人员进行安全技术交底		

2. 资讯单

<table>
<tr><td>学习领域</td><td colspan="3">建筑工程施工安全管理实务</td></tr>
<tr><td>学习情境 I</td><td>学生公寓落地式外脚手架安全文明专项施工方案</td><td>学　时</td><td>6</td></tr>
<tr><td>资讯方式</td><td colspan="3">学生自主学习　教师指导</td></tr>
<tr><td>资讯问题</td><td colspan="3">（1）工程概况包括什么内容？
（2）落地式外脚手架设计方案中总体设计是根据什么进行设计？具体包括哪些内容？细部设计包括哪些内容？
（3）如何选择落地式外脚手架的构件、配件？
（4）落地式外脚手架的搭设程序是什么？搭设构造和要求是怎样的？
（5）落地式脚手架的施工准备工作有哪些？脚手架的拆除工作有什么要求？
（6）落地式外脚手架有哪些使用要求？安全管理措施又包括什么？</td></tr>
<tr><td>资讯引导</td><td colspan="3">（1）工程概况应参考设计施工图纸中的建筑总说明和结构总说明、工程地质勘察设计报告及各参建单位的信息情况。施工合同中的工期、质量等级等；
（2）落地式外脚手架设计方案中总体设计除应根据设计图纸外，还应考虑《建筑施工安全检查标准》（JGJ 59—2011）。
细部设计参考《建筑施工扣件式钢管脚手架安全技术规范》（JGJ 130—2011）；
（3）落地式外脚手架构件、配件的选择应考虑《建筑施工扣件式钢管脚手架安全技术规范》（JGJ 130—2011）、《建筑施工安全检查标准》（JGJ 59—2011）；
（4）落地式外脚手架搭设程序、构造和要求应考虑细部设计参考《建筑施工扣件式钢管脚手架安全技术规范》（JGJ 130—2011）、《建筑施工安全检查标准》（JGJ 59—2011）；
（5）落地式外脚手架的施工准备和拆除工作要求应考虑《建筑施工高处作业安全技术规范》（JGJ 80—1991）、《建设工程施工安全技术操作规程》；
（6）使用要求和安全管理措施应考虑《建筑施工扣件式钢管脚手架安全技术规范》（JGJ 130—2011）和《建设工程施工安全技术操作规程》；
（7）落地式外脚手架季节施工措施应考虑《建筑施工技术》（中国建筑工业出版社）和《建筑施工扣件式钢管脚手架安全技术规范》（JGJ 130—2011）</td></tr>
</table>

3. 工作单

<table>
<tr><td>学习领域</td><td colspan="3">建筑工程施工安全管理实务</td></tr>
<tr><td>学习情境 I</td><td>学生公寓落地式外脚手架安全文明专项施工方案</td><td>学　时</td><td>6</td></tr>
<tr><td>序号</td><td colspan="3">工作内容（任务）</td></tr>
<tr><td rowspan="2">1－1</td><td colspan="3">工程概况</td></tr>
<tr><td colspan="3">根据某学院学生公寓设计施工图确定：
1. 工程名称：某学院学生公寓 A 栋
2. 建筑概况：
建筑面积，耐火等级，层数，层高，室内外高差，外围护墙，建筑物总长×总宽×总高。
3. 结构概况：
结构型式，抗震烈度，梁柱抗震等级，建筑结构安全等级，设计使用年限。
4. 参建单位：
<table><tr><td>建设单位</td><td></td></tr><tr><td>设计单位</td><td></td></tr><tr><td>勘察单位</td><td></td></tr><tr><td>监理单位</td><td></td></tr><tr><td>施工单位</td><td></td></tr></table>5. 工期，质量等级</td></tr>
</table>

续表

序号	工作内容（任务）
	落地式脚手架设计方案
1－2	1. 总体设计 （1）根据外脚手架的搭设高度和外脚手架的用途确定施工荷载； （2）根据施工荷载和外脚手架的搭设高度，初步确定立杆间距（跨度）、大横杆的步距，连墙杆间距、架体宽度、允许搭设高度。 （3）根据建筑物总长度和总宽度、层高和学生公寓工程上部有 0.6m 的挑檐及一层挑出 1.2m 的雨篷，确定脚手架总长度和总宽度，立杆跨度、大横杆的步距、架体宽度、里立杆与外墙皮间距，门洞口设置位置，连墙杆的设置。剪刀撑在脚手架长度方向如何设置，宽度方向如何设置？ 2. 细部设计 （1）外脚手架立杆地基如何处理？木板的厚度、宽度尺寸以及木板的铺设方向，底座如何设计，排水如何设置？ （2）脚手架操作层脚手板的铺设与建筑物缝隙为多少？防护层脚手架脚手板的铺设，操作层外侧的护栏杆如何设置？ （3）脚手架外侧立网如何设置？水平防护网又如何设置？
	构配件的选用
1－3	1. 脚手架钢管的选择：钢管的外径、壁厚、钢材型号、立杆、大横杆的长度、小横杆的长度、连墙杆的长度、剪刀撑的长度，材料质量要求是怎样的？ 2. 扣件的材质符合标准，扭力矩的大小是多少？ 3. 钢脚手板的材质厚度制作方式，不可使用现象有哪些？ 4. 立网和兜底平网尺寸、质量要求、产品的证件及平网的拉力实验如何测试？
	落地式外脚手架的搭设程序、构造和要求
1－4	1. 脚手架的搭设程序（搭设工艺流程）？ 2. 立杆与扫地杆的位置及连接扣件的使用及其作用。立杆的接长方式，立杆什么时候可以采用搭接，及搭接长度、扣件的固定方式？ 3. 大横杆设置位置，其长度的要求及采用的扣件，扣件连接应满足规定？ 4. 小横杆的设置位置：扣件的位置。对于作业层如何增加小横杆，小横杆的作用及拆除说明。 5. 脚手板如何铺设，脚手板对接时，如何增设小横杆。探头板是怎样产生，危害是什么？脚手板采用搭接时，接槎应如何处理？ 6. 连墙杆（架体与建筑物拉结） 连墙杆的作用？连墙杆的间距位置，几步几跨如何设置？应画图说明连墙杆与主节点的关系，连墙杆与建筑物的结构部位如何连接（刚性、柔性）？ 7. 剪刀撑长度方向设置位置？宽度方向的设置位置？采用“之”型还是“X”型，间距为多少？剪刀撑与立杆、小横撑如何连接？其底部应置于何处？扣件中心线至主节点的距离。剪刀撑的连接方式，扣件的连接个数？抛撑什么时候设置？如何设置抛撑？ 8. 门洞口 外脚手架的门洞口应设置在学生公寓的大门口处（因为有挑出 1.2m 雨篷） 斜腹杆固定的位置，扣件的选用及与主节点的距离。斜腹杆与大横杆相交处是否应增设一杆小横杆。斜腹杆应采用通长杆件，必要时可采用何种方式连接？ 对于门洞口的桁架有何要求？门洞口桁架下两侧立杆为何要求？ 9. 斜道（人行通道） 斜道设置位置、宽度、坡度、平台、防护栏杆如何设置？斜道脚手板如何搭接？防滑板如何设置？ 10. 脚手架搭设质量要求？

续表

序号	工作内容（任务）
1-5	落地式外脚手架施工准备和拆除工作要求 1. 施工准备工作 （1）脚手架的搭设进度如何控制？ （2）钢管、准备扣件、底座、木板 （3）排水沟如何设置？ （4）施工人员（架子工）的要求及人数 2. 拆除工作要求 （1）拆除准备工作 全面对脚手架进行哪些检查？作用是什么？并清理脚手架上各种堆积物和杂物。 （2）脚手架拆除施工工艺是怎样的？ （3）脚手架拆除应注意的问题
1-6	落地式脚手架的使用和安全管理措施 建筑工程脚手架在搭设完毕后使用和拆除中要实行严格的安全管理，防止和减少事故的发生。 1. 对脚手架搭设人员有哪些要求：人员资质方面和安全保护方面？ 2. 脚手架搭设完毕，使用以前应做哪些工作？ 3. 脚手架在使用过程中，必须拆除必不可少的杆件和连墙杆时应做哪些工作？ 4. 施工人员在作业层操作时应注意的问题。 5. 在脚手架临近处进行挖掘工作时，对脚手架应采取哪些措施？ 6. 临街搭设脚手架时，外侧有哪些防护措施？ 7. 脚手架避雷系统应如何设置？ 8. 脚手架在搭设和拆除时，地面应如何设置警戒标志和防护？
1-7	落地式外脚手架季节施工措施 1. 在什么条件下应停止脚手架的搭设和拆除作业？ 2. 冬、雨、高温季施工期间，操作人员应如何做好自身的劳动保护？防护设施应如何检查？ 3. 下雪后对脚手架和脚手板的积雪应如何处理？

4. 计划单

学习领域	建筑工程施工安全管理实务				
学习情境Ⅰ	学生公寓落地式外脚手架安全文明专项施工方案			学　时	6
计划方式	学生计划　教师指导				
序号	实施步骤		使用资源		
1					
2					
3					
4					
5					
6					
7					
8					
9					
10					
制定计划说明					
计划评价	班　级		第　组	组长签字	
	教师签字		日　期		
	评语：				

5. 决策单

<table>
<tr><td>学习领域</td><td colspan="9">建筑工程施工安全管理实务</td></tr>
<tr><td>学习情境Ⅰ</td><td colspan="5">学生公寓落地式外脚手架安全文明专项施工方案</td><td colspan="2">学　时</td><td colspan="2">6</td></tr>
<tr><td colspan="10">方案汇报讨论</td></tr>
<tr><td rowspan="11">方案对比</td><td>组号</td><td>工程概况</td><td>方案设计</td><td>构配件选择</td><td>搭设程序、构造要求</td><td>施工准备、拆除工作</td><td>使用要求、管理措施</td><td>季节施工措施</td><td>综合评价</td></tr>
<tr><td>1</td><td></td><td></td><td></td><td></td><td></td><td></td><td></td><td></td></tr>
<tr><td>2</td><td></td><td></td><td></td><td></td><td></td><td></td><td></td><td></td></tr>
<tr><td>3</td><td></td><td></td><td></td><td></td><td></td><td></td><td></td><td></td></tr>
<tr><td>4</td><td></td><td></td><td></td><td></td><td></td><td></td><td></td><td></td></tr>
<tr><td>5</td><td></td><td></td><td></td><td></td><td></td><td></td><td></td><td></td></tr>
<tr><td>6</td><td></td><td></td><td></td><td></td><td></td><td></td><td></td><td></td></tr>
<tr><td>7</td><td></td><td></td><td></td><td></td><td></td><td></td><td></td><td></td></tr>
<tr><td>8</td><td></td><td></td><td></td><td></td><td></td><td></td><td></td><td></td></tr>
<tr><td>9</td><td></td><td></td><td></td><td></td><td></td><td></td><td></td><td></td></tr>
<tr><td>10</td><td></td><td></td><td></td><td></td><td></td><td></td><td></td><td></td></tr>
<tr><td>方案评价</td><td colspan="9">评语：</td></tr>
<tr><td>班　级</td><td colspan="2"></td><td>组长签字</td><td colspan="2"></td><td>教师签字</td><td></td><td colspan="2">年　月　日</td></tr>
</table>

6. 实施单

学习领域	建筑工程施工安全管理实务		
学习情境Ⅰ	学生公寓落地式外脚手架安全文明专项施工方案	学　时	6
实施方式	学生独立完成　教师指导		
序号	实施步骤	使用资源	
1			
2			
3			
4			
5			
6			
7			
8			
实施说明			

班　　级		第　组		组长签字	
教师签字		日　期			

7. 检查单

学习领域	建筑工程施工安全管理实务				
学习情境Ⅰ	学生公寓落地式外脚手架安全文明专项施工方案		学　时	6	
资讯方式	学生自主学习　教师指导				
序号	检查项目	检查标准	学生自查	教师检查	
1	方案编写准备工作	准备充分、分工明确			
2	方案编写计划实施步骤	实施步骤合理、条理清晰			
3	方案编写过程的工作态度	积极主动，乐于参与			
4	方案编写课堂纪律	遵守纪律，不迟到不早退			
5	上课出勤状况	出勤率95%以上			
6	团队领导才能，合作精神	相互协作，相互帮助，听从指挥，不自以为是			
7	方案编写过程的创新意识	方案编写时认真设计与项目一致，不照抄照搬，方案合理，独到创新			
8	方案提交情况	方案具有可操作性，注意表达准确，方案完整			
检查评价	班　级		第　组	组长签字	
	教师签字		日　期		
	评语：				

8. 评价单

<table>
<tr><td>学习领域</td><td colspan="5">建筑工程施工安全管理实务</td></tr>
<tr><td>学习情境 I</td><td colspan="3">学生公寓落地式外脚手架安全文明专项施工方案</td><td>学　时</td><td>6</td></tr>
<tr><td>评价类型</td><td>项目</td><td>子项目</td><td>本组评价</td><td>小组互评</td><td>教师评价</td></tr>
<tr><td rowspan="8">专业能力
（60%）</td><td rowspan="2">资讯
（10%）</td><td>搜集资料（5%）</td><td></td><td></td><td></td></tr>
<tr><td>引导问题回答（5%）</td><td></td><td></td><td></td></tr>
<tr><td rowspan="4">实施
（40%）</td><td>实施步骤合理执行（10%）</td><td></td><td></td><td></td></tr>
<tr><td>方案设计合理性（10%）</td><td></td><td></td><td></td></tr>
<tr><td>方案内容完整性（10%）</td><td></td><td></td><td></td></tr>
<tr><td>方案可操作性（10%）</td><td></td><td></td><td></td></tr>
<tr><td rowspan="2">检查
（10%）</td><td>全面性（5%）</td><td></td><td></td><td></td></tr>
<tr><td>准确性（5%）</td><td></td><td></td><td></td></tr>
<tr><td rowspan="4">社会能力
（20%）</td><td rowspan="2">团结协作
（10%）</td><td>小组成员分工明确，合作良好（5%）</td><td></td><td></td><td></td></tr>
<tr><td>对小组的贡献（5%）</td><td></td><td></td><td></td></tr>
<tr><td rowspan="2">敬业精神
（10%）</td><td>纪律性（5%）</td><td></td><td></td><td></td></tr>
<tr><td>爱岗敬业（5%）</td><td></td><td></td><td></td></tr>
<tr><td rowspan="4">方法能力
（20%）</td><td rowspan="2">计划能力
（10%）</td><td>考虑全面（5%）</td><td></td><td></td><td></td></tr>
<tr><td>细致有序（5%）</td><td></td><td></td><td></td></tr>
<tr><td rowspan="2">决策能力
（10%）</td><td>方案决策果断（5%）</td><td></td><td></td><td></td></tr>
<tr><td>方案选择合理（5%）</td><td></td><td></td><td></td></tr>
<tr><td rowspan="3">评价</td><td>班　级</td><td></td><td>姓　名</td><td>学号</td><td>总评</td></tr>
<tr><td>教师签字</td><td></td><td>第　组</td><td>组长签字</td><td>日期</td></tr>
<tr><td colspan="5">评语：</td></tr>
</table>

9. 教学反馈单

学习领域	建筑工程施工安全管理实务				
学习情境Ⅰ	学生公寓落地式外脚手架安全文明专项施工方案		学　时		6
调查项目	序号	调查内容	是	否	理由陈述
	1	是否能够利用设计图纸介绍工程概况			
	2	是否能够根据学生公寓图纸和落地式外脚手架的构造特点进行方案设计			
	3	是否正确选择落地式外脚手架构配件			
	4	是否掌握落地式外脚手架搭设程序、构造和要求			
	5	是否了解落地式外脚手架施工准备和拆除工作要求			
	6	是否熟知落地式外脚手架的使用要求和安全管理			
	7	是否了解落地式外脚手架季节施工措施			
	8	学习情境Ⅰ的工作内容描述是否明确			
	9	采用的评价方式是否科学合理			
	10	新教学模式是否适应学生公寓安全文明专项施工方案的教学情境			

您的意见对改进教学非常重要，请写出您的建议和意见。

调查信息	被调查人签名		调查时间	

五、学习情境Ⅱ　学生公寓塔吊安拆安全文明专项施工方案

1. 任务单

<table>
<tr><td>学习领域</td><td colspan="3">建筑工程施工安全管理实务</td></tr>
<tr><td>学习情境Ⅱ</td><td>学生公寓塔吊安拆安全文明专项施工方案</td><td>学　时</td><td>6</td></tr>
<tr><td colspan="4">布置任务</td></tr>
<tr><td>学习目标</td><td colspan="3">（1）学会利用学生公寓设计图介绍工程概况。
（2）学会根据学生公寓设计图纸和塔吊的技术参数选择塔吊。
（3）学会根据塔吊使用说明书正确施工塔吊基础。
（4）熟知塔吊的安装调试及电气系统的安装。
（5）了解塔吊拆除工作要求。
（6）熟知塔吊安装拆除注意事项。
（7）熟知塔吊安全操作规程。
（8）熟知塔吊安全技术措施</td></tr>
<tr><td>学习资料</td><td colspan="3">（1）《塔式起重机安全规程》（GB 5144—2006）
（2）《起重机钢丝绳保养、维护、安装、检验和报废》（GB/T 5972—2009）
（3）《起重吊运指挥信号》（GB 5082—1985）
（4）《建筑机械使用安全技术规程》（JGJ 33—2012）
（5）《建筑机械使用安全技术规程》（JGJ 33—2012）
（6）《建筑施工技术》第三版（中国建筑工业出版社）
（7）《建筑施工安全检查标准》（JGJ 59—2011）
（8）《建设工程施工安全技术操作规程》
（9）塔吊使用说明书
（10）某学院学生公寓设计图纸</td></tr>
<tr><td>对学生的要求</td><td colspan="3">（1）能够利用学生公寓设计图介绍工程概况。
（2）能够根据学生公寓设计图纸和塔吊的技术参数选择塔吊。
（3）能够根据塔吊使用说明书正确施工塔吊基础。
（4）做好塔吊的安装调试及电气系统安装的工作内容。
（5）能够了解塔吊拆除工作要求。
（6）能够根据塔吊安装拆除注意事项、塔吊安全操作规程、塔吊安全技术措施，对塔吊安全拆除工作人员，塔吊司机和指挥人员进行安全技术交底</td></tr>
</table>

2. 资讯单

学习领域	建筑工程施工安全管理实务		
学习情境Ⅱ	学生公寓塔吊安拆安全文明专项施工方案	学　时	6
资讯方式	学生自主学习 教师指导		
资讯问题	（1）工程概况包括什么内容？ （2）塔吊的选择应根据哪些条件进行？数量和位置如何确定？ （3）塔吊基础施工质量应满足什么条件？ （4）塔吊怎样进行塔吊安装、调试和电气系统安装？ （5）拆除塔吊有哪些工作？ （6）安拆塔吊有哪些注意事项？ （7）塔吊安全操作规程内容有哪些？ （8）塔吊安全技术措施包括哪些内容？		
资讯引导	（1）工程概况应参考设计施工图纸中的建筑总说明和结构总说明、工程地质勘察设计报告及各参建单位的信息情况。施工合同中的工期、质量等级等。 （2）塔吊的选择应根据工程的特点及《建筑施工技术》第三版（中国建筑工业出版社）P249 表6－10进行选择。 （3）塔吊基础施工应满足塔吊使用说明书的要求，同时质量要求应根据《建筑机械使用安全技术规程》（JGJ 33—2012）和《建筑施工安全检查标准》（JGJ 59—2011）。 （4）塔吊的安装、调试和电气系统安装应按照《塔式起重机安全规程》（GB 5144—2006）、《建筑机械使用安全技术规程》（JGJ 33—2012）、《建筑施工安全检查标准》（JGJ 59—2011）、《建筑施工技术》第三版（中国建筑工业出版社）塔吊使用说明书等有关要求进行编写。 （5）塔吊的拆除应按照《塔式起重机安全规程》（GB 5144—2006）、《建设工程施工安全技术操作规程》等有关内容编写。 （6）安拆塔吊应注意按照《塔式起重机安全规程》（GB 5144—2006）、《起重机钢丝绳保养、维护、安装、检验和报废》（GB/T 5972—2009）、《起重吊运指挥信号》（GB 5082—1985）。 （7）塔吊安全操作规程应根据《塔式起重机安全规程》（GB 5144—2006）进行编写。 （8）塔吊安全技术措施应参考《建筑机械试验规程》（JGJ 34—86）和《建筑施工安全检查标准》（JGJ 59—2011）		

3. 工作单

学习领域	建筑工程施工安全管理实务		
学习情境Ⅱ	学生公寓塔吊安拆安全文明专项施工方案	学　时	6
序号	工作内容（任务）		
2－1	工程概况 根据某学院学生公寓设计施工图确定： 1. 工程名称：某学院学生公寓 A 栋 2. 建筑概况： 建筑面积，耐火等级，层数，层高，室内外高差，外围护墙，建筑物总长×总宽×总高。 3. 结构概况： 结构型式，抗震烈度，梁柱抗震等级，建筑结构安全等级，设计使用年限。 4. 参建单位： 建设单位： 设计单位： 勘察单位： 监理单位： 施工单位： 5. 工期，质量等级		

续表

<table>
<tr><th>序号</th><th>工作内容（任务）</th></tr>
<tr><td rowspan="2">2－2</td><td>塔机的选择</td></tr>
<tr><td>1. 根据工程特点、长度、宽度、高度等条件选择塔机的数量、位置。再根据塔机的用途及吊装物的重量、工作幅度、吊高等技术参数选择塔机的型号。复核塔吊能否满足工程需要。
2. 要考虑塔吊既能覆盖建筑物的平面投影面积又能覆盖料场和加工区。
3. 要复核供电电压和供电频率</td></tr>
<tr><td rowspan="2">2－3</td><td>塔吊基础施工</td></tr>
<tr><td>1. 塔吊使用说明书基础施工图包括哪些要求？
2. 根据地质勘察报告核实塔吊基础处地耐力与说明书基础图中的地耐力要求是什么关系？
3. 塔吊地脚螺栓如何埋设？如何控制精度？
4. 塔吊基础混凝土的强度等级最小为多少？混凝土基础表面平整度允许偏差是多少？
5. 地脚螺栓水平度误差值是多少？垂直度偏差是多少？</td></tr>
<tr><td rowspan="2">2－4</td><td>塔吊安装、调试和电气系统调试</td></tr>
<tr><td>1. 安装前的准备工作
（1）施工现场勘察的内容。
（2）塔吊基础混凝土浇筑完毕后，什么时候可以开始安装塔吊，如何进行操作？
（3）安装前准备哪些机械和工具？
（4）了解企业资质、作业人员资质及安全防护措施。
2. 塔机安装工作
（1）塔吊的安装程序及方法
（2）塔吊标准节的安装及施工方法
（3）安装应注意问题
① 安装起重臂和平稳臂时应注意的问题
② 紧固螺栓时满足什么条件？
③ 塔身顶升过程对电缆的要求
④ 塔吊顶升时塔吊应处的状态和导向装置如何调整？
3. 塔吊的调试
（1）力矩限制器的调试
① 力矩限制器的作用
② 力矩限制器的种类，常用类型
③什么时候须调整力矩限制器？对小车变幅的塔吊选择机械型力矩限制器和塔吊是什么关系？
（2）超载限制器如何调试？
（3）超高限制器如何调试？
（4）变幅限制器的调试。
（5）回转限制器的调试。
（6）保险装置的调试。
① 吊钩保险装置
② 卷筒保险装置
③ 爬梯护围
（7）塔吊的试验
4. 电气系统安装
（1）塔吊采用多少芯电缆供电，保护零线的作用？起重机等设备金属外壳接地应如何处理，如何做好防雷接地系统？防雷接地如何施工？
（2）塔臂与高压电架空线路水平、垂直安全距离是多少？
（3）塔吊电源电缆截面积最小是多少？
（4）塔吊电气线路发生故障时应切断什么地方电源？
（5）电触点和各开关如何检查？
（6）平时如何保养维护？
（7）起重升降电机在低速运转情况下，应满足什么条件？</td></tr>
</table>

续表

序号	工作内容（任务）
	塔吊拆除
2－5	1. 塔吊的拆除程序 2. 塔吊拆除前应准备的工作 （1）对拆卸塔吊前，应对那些塔吊部件进行检查？ （2）对顶开液压系统哪些部件进行检查？ （3）对拆卸工作人员的哪些劳动保护用品进行检查？ （4）检查哪些拆卸机械设备、工具且技术达到良好状态？ （5）应检查哪些主要受力部件，保证其完好正常运转？ 3. 拆除过程应满足哪些条件 （1）拆卸过程中平衡臂应在什么构件的一侧？ （2）顶升过程应注意的问题
	塔吊安装、拆除注意事项
2－6	1. 塔吊的安拆应选择具备什么条件的安拆单位？ 2. 塔吊安拆前应做哪些内业，经批审后应报什么单位备案，并将此内业作为技术方案向什么人交底？ 3. 塔吊升降作业时，需要哪些人员指挥操作？ 4. 升降作业可在什么时间进行操作？ 5. 天气风力对升降有什么影响？ 6. 塔吊顶升、拆卸时电缆应如何处置？ 7. 塔吊升降标准节应如何操作？ 8. 塔吊标准节升降完毕后螺栓、液压操纵杆/电源应如何处置？
	塔吊安全操作规程
2－7	1. 塔吊司机和司索工应具备什么条件？严禁非安装维修人员、非驾驶员未经许可攀爬塔吊 2. 塔吊在什么条件必须严禁工作？ 3. 塔吊作业时，什么地方严禁站人？ 4. 司机在吊装作业及重物经过有工作人员的上空时，司机应如何操作？ 5. 尚未附着的自升式塔吊，塔身不得安装什么？ 6. 塔吊作业有哪些违规作业现象？ 7. 塔吊在有正反向的机构时应如何操作？ 8 塔吊在有快慢档机构时应如何操作？ 9. 塔吊在做回转运动时，如何使用回转制动器？ 10. 塔吊是否可以吊装工作人员？ 11. 变幅小车的吊篮承载负荷是多少？ 12. 塔吊作业时，是否允许在作业中调试和维修机械设备。 13. 吊钩落地后司机应如何操作钢丝绳，什么条件钢丝绳严禁使用？ 14. 司机下班前必须完成以下工作 （1）吊钩应如何处置？ （2）操作开关应如何处置？ 15. 在多大风力下严禁塔吊工作？ 16. 塔吊操作室严禁存放什么物品，冬季取暖应注意什么？ 17. 塔吊电气系统有故障时应至少有几名专职人员参加维护修理？ 18. 塔吊工作中如制动失灵，司机应如何处置？ 19. 塔吊作业时突然停电司机应如何处置？
	塔吊安全技术措施
2－8	1. 塔吊安拆时必须成立专职领导小组，其应查哪些方面的工作内容？ 2. 塔吊安装完毕后应进行哪些方面的试验和调试，合格后方可进行吊装作业？ 3. 塔吊基础应满足什么条件才能安装塔机？ 4. 在进行标准节顶升过程中，如何做好分工？ 5. 进行施工现场的作业人员应做好哪些安全防护措施？

4. 计划单

<table>
<tr><td>学习领域</td><td colspan="4">建筑工程施工安全管理实务</td></tr>
<tr><td>学习情境Ⅱ</td><td colspan="2">学生公寓塔吊安拆安全文明专项施工方案</td><td>学　　时</td><td>6</td></tr>
<tr><td>计划方式</td><td colspan="4">学生计划　教师指导</td></tr>
<tr><td>序号</td><td>实施步骤</td><td colspan="3">使用资源</td></tr>
<tr><td>1</td><td></td><td colspan="3"></td></tr>
<tr><td>2</td><td></td><td colspan="3"></td></tr>
<tr><td>3</td><td></td><td colspan="3"></td></tr>
<tr><td>4</td><td></td><td colspan="3"></td></tr>
<tr><td>5</td><td></td><td colspan="3"></td></tr>
<tr><td>6</td><td></td><td colspan="3"></td></tr>
<tr><td>7</td><td></td><td colspan="3"></td></tr>
<tr><td>8</td><td></td><td colspan="3"></td></tr>
<tr><td>9</td><td></td><td colspan="3"></td></tr>
<tr><td>10</td><td></td><td colspan="3"></td></tr>
<tr><td>制定计划说明</td><td colspan="4"></td></tr>
</table>

<table>
<tr><td rowspan="3">计划评价</td><td>班　　级</td><td></td><td>第　组</td><td>组长签字</td><td></td></tr>
<tr><td>教师签字</td><td></td><td>日　期</td><td colspan="2"></td></tr>
<tr><td colspan="5">评语：</td></tr>
</table>

5. 决策单

<table>
<tr><td>学习领域</td><td colspan="9">建筑工程施工安全管理实务</td></tr>
<tr><td>学习情境Ⅱ</td><td colspan="5">学生公寓塔吊安拆安全文明专项施工方案</td><td colspan="2">学　时</td><td colspan="2">6</td></tr>
<tr><td colspan="10">方案汇报讨论</td></tr>
<tr><td rowspan="11">方案对比</td><td>组号</td><td>塔吊
选择</td><td>塔吊基础
施工</td><td>塔吊安装
及调试</td><td>塔吊拆除</td><td>塔吊安装
注意事项</td><td>塔吊安全
操作规程</td><td>塔吊安全
技术措施</td><td>综合
评价</td></tr>
<tr><td>1</td><td></td><td></td><td></td><td></td><td></td><td></td><td></td><td></td></tr>
<tr><td>2</td><td></td><td></td><td></td><td></td><td></td><td></td><td></td><td></td></tr>
<tr><td>3</td><td></td><td></td><td></td><td></td><td></td><td></td><td></td><td></td></tr>
<tr><td>4</td><td></td><td></td><td></td><td></td><td></td><td></td><td></td><td></td></tr>
<tr><td>5</td><td></td><td></td><td></td><td></td><td></td><td></td><td></td><td></td></tr>
<tr><td>6</td><td></td><td></td><td></td><td></td><td></td><td></td><td></td><td></td></tr>
<tr><td>7</td><td></td><td></td><td></td><td></td><td></td><td></td><td></td><td></td></tr>
<tr><td>8</td><td></td><td></td><td></td><td></td><td></td><td></td><td></td><td></td></tr>
<tr><td>9</td><td></td><td></td><td></td><td></td><td></td><td></td><td></td><td></td></tr>
<tr><td>10</td><td></td><td></td><td></td><td></td><td></td><td></td><td></td><td></td></tr>
<tr><td>方案评价</td><td colspan="9">评语：</td></tr>
<tr><td>班　　级</td><td colspan="2"></td><td>组长签字</td><td></td><td>教师签字</td><td colspan="2"></td><td colspan="2">年　月　日</td></tr>
</table>

6. 实施单

学习领域	建筑工程施工安全管理实务			
学习情境Ⅱ	学生公寓塔吊安拆安全文明专项施工方案		学　时	6
实施方式	学生独立完成　教师指导			
序号	实施步骤	使用资源		
1				
2				
3				
4				
5				
6				
7				
8				
实施说明				
班　　级		第　组	组长签字	
教师签字		日　期		

7. 检查单

学习领域	建筑工程施工安全管理实务			
学习情境Ⅱ	学生公寓塔吊安拆安全文明专项施工方案		学　时	6
资讯方式	学生自主学习　教师指导			

序号	检查项目	检查标准	学生自查	教师检查
1	方案编写准备工作	准备充分、分工明确		
2	方案编写计划实施步骤	实施步骤合理、条理清晰		
3	方案编写过程的工作态度	积极主动，乐于参与		
4	方案编写课堂纪律	遵守纪律，不迟到不早退		
5	上课出勤状况	出勤率95%以上		
6	团队领导才能，合作精神	相互协作，相互帮助，听从指挥，不自以为是		
7	方案编写过程的创新意识	方案编写时认真设计与项目一致，不照抄照搬，方案合理，独到创新		
8	方案提交情况	方案具有可操作性，注意表达准确，方案完整		

检查评价	班　级		第　组	组长签字	
	教师签字		日　期		
	评语：				

8. 评价单

学习领域	建筑工程施工安全管理实务				
学习情境Ⅱ	学生公寓塔吊安拆安全文明专项施工方案			学　时	6
评价类型	项目	子项目	本组评价	小组互评	教师评价
专业能力（60%）	资讯（10%）	搜集资料（5%）			
		引导问题回答（5%）			
	实施（40%）	实施步骤合理执行（10%）			
		方案设计合理性（10%）			
		方案内容完整性（10%）			
		方案可操作性（10%）			
	检查（10%）	全面性（5%）			
		准确性（5%）			
社会能力（20%）	团结协作（10%）	小组成员分工明确，合作良好（5%）			
		对小组的贡献（5%）			
	敬业精神（10%）	纪律性（5%）			
		爱岗敬业（5%）			
方法能力（20%）	计划能力（10%）	考虑全面（5%）			
		细致有序（5%）			
	决策能力（10%）	方案决策果断（5%）			
		方案选择合理（5%）			

评价								
	班　级		姓　名		学号		总评	
	教师签字		第　组		组长签字		日期	
	评语：							

9. 教学反馈单

<table>
<tr><td>学习领域</td><td colspan="5">建筑工程施工安全管理实务</td></tr>
<tr><td>学习情境Ⅱ</td><td colspan="2">学生公寓塔吊安拆安全文明专项施工方案</td><td colspan="2">学 时</td><td>6</td></tr>
<tr><td rowspan="12">调
查
项
目</td><td>序号</td><td>调查内容</td><td>是</td><td>否</td><td>理由陈述</td></tr>
<tr><td>1</td><td>是否能够利用设计图纸介绍工程概况</td><td></td><td></td><td></td></tr>
<tr><td>2</td><td>是否能够根据学生公寓图纸和塔吊技术参数选择塔吊</td><td></td><td></td><td></td></tr>
<tr><td>3</td><td>是否能够正确编写塔吊基础施工方案</td><td></td><td></td><td></td></tr>
<tr><td>4</td><td>是否熟知塔吊安装、调试及系统调试的内容</td><td></td><td></td><td></td></tr>
<tr><td>5</td><td>是否了解塔吊拆除工作要求</td><td></td><td></td><td></td></tr>
<tr><td>6</td><td>是否熟知塔吊安拆注意事项</td><td></td><td></td><td></td></tr>
<tr><td>7</td><td>是否熟知塔吊安全操作规程</td><td></td><td></td><td></td></tr>
<tr><td>8</td><td>是否熟知塔吊安全技术措施</td><td></td><td></td><td></td></tr>
<tr><td>9</td><td>学习情境Ⅱ的工作内容描述是否明确</td><td></td><td></td><td></td></tr>
<tr><td>10</td><td>采用的评价方式是否科学合理</td><td></td><td></td><td></td></tr>
<tr><td>11</td><td>新教学模式是否适应“学生公寓”安全文明专项施工方案的教学情境</td><td></td><td></td><td></td></tr>
<tr><td colspan="6">您的意见对改进教学非常重要，请写出您的建议和意见。</td></tr>
<tr><td>调查信息</td><td>被调查人
签名</td><td></td><td colspan="2">调查时间</td><td></td></tr>
</table>

六、学习情境Ⅲ　学生公寓施工现场安全文明专项施工方案

1. 任务单

学习领域	建筑工程施工安全管理实务		
学习情境Ⅲ	学生公寓施工现场安全文明专项施工方案	学　　时	6
布置任务			
学习目标	（1）学会利用学生公寓设计图介绍工程概况。 （2）学会施工现场如何进行围挡和封闭管理。 （3）熟知施工现场有哪些标牌。 （4）学会设计施工现场场地、道路、排水、分区、绿化。 （5）了解材料堆放有何要求。 （6）学会办公区和生活区如何设置。 （7）了解现场防火及治安及综合治理的工作内容。 （8）熟知洞口、临边如何防护。 （9）了解保健急救和社区服务的内容		
学习资料	（1）《建筑施工安全检查标准》（JGJ 59—2011） （2）《建筑施工现场安全检查手册》 （3）《施工现场临时用电安全技术规范》（JGJ 46—2005） （4）《某省建设工程施工现场安全文明施工标准图册》 （5）《建筑工程质量与安全管理》（中国建筑工业出版社） （6）某学院学生公寓设计图纸		
对学生的要求	（1）能够利用学生公寓设计图纸介绍工程概况。 （2）能够对施工现场进行围挡和封闭管理。 （3）能够正确在施工现场立标牌。 （4）能够在施工现场进行场地、道路、排水分区、绿化规划及施工。 （5）能够知道施工现场施工材料正确堆放标准。 （6）能够在施工现场规划办公区和生活区。 （7）能够知道现场防火和治安综合治理的内容。 （8）明确洞口、临边的防护措施。 （9）能够知道保健急救和社区服务的内容		

2. 资讯单

学习领域	建筑工程施工安全管理实务		
学习情境Ⅲ	学生公寓施工现场安全文明专项施工方案	学　时	6
资讯方式	学生自主学习　教师指导		
资讯问题	（1）工程概况包括哪些内容？ （2）施工现场如何进行围挡和封闭管理？ （3）施工现场有哪些标牌、有哪些内容？ （4）施工现场场地、道路如何铺设？排水如何设置、分区如何划分？如何绿化？ （5）材料堆放有哪些要求？ （6）办公区和生活区规划应考虑哪些内容？ （7）现场防火、治安及综合治理有哪些内容？ （8）洞口、临边应如何防护？ （9）保健急救和社区服务的内容有哪些？		
资讯引导	（1）工程概况应参考设计施工图纸中的建筑总说明和结构总说明、工程地质勘察设计报告及各参建单位的信息情况。施工合同中的工期、质量等级等。 （2）施工现场围挡与封闭管理内容应参考《建筑施工安全检查标准》（JGJ 59—2011）和《某省文明施工样板工地标准图册》。 （3）施工现场标牌应参见某省文明施工样板工地标准图册和《建筑施工安全检查标准》（JGJ 59—2011）。 （4）施工现场场地道路、排水分区、绿化应参见《建筑施工现场安全检查手册》。 （5）施工现场材料堆放应参见《某省建设工程施工现场安全文明施工标准图册》。 （6）办公区和生活区设置应参见《建筑施工安全检查标准》（JGJ 59—2011）和《某省文明施工样板工地标准图册》。 （7）现场防火及治安综合治理应参见《建筑施工安全检查标准》（JGJ 59—2011）和《建筑工程质量与安全管理》（中国建筑工业出版社）。 （8）洞口、临边防护应参见《建筑工程质量与安全管理》（中国建筑工业出版社）和《建筑施工安全检查标准》（JGJ 59—2011）。 （9）保健急救和社区服务应参见《建筑施工安全检查标准》（JGJ 59—2011）和《施工现场临时用电安全技术规范》（JGJ 46—2005）		

3. 工作单

<table>
<tr><td>学习领域</td><td colspan="3">建筑工程施工安全管理实务</td></tr>
<tr><td>学习情境Ⅲ</td><td>学生公寓施工现场安全文明专项施工方案</td><td>学　时</td><td>6</td></tr>
<tr><td>序号</td><td colspan="3">工作内容（任务）</td></tr>
<tr><td rowspan="2">3－1</td><td colspan="3">工程概况</td></tr>
<tr><td colspan="3">参见学习情境Ⅰ工程概况</td></tr>
<tr><td rowspan="2">3－2</td><td colspan="3">现场围挡及封闭管理</td></tr>
<tr><td colspan="3">1. 现场围挡
（1）围挡的高度是多少，采用什么材料和装饰？
（2）围挡应四周连续设置，大门应设在何处，临边围挡上应做怎样宣传？
2. 封闭管理
（1）施工现场进出口大门应如何设置？门柱如何设置、门头部分如何设置？大门宽度为多少？什么颜色？
（2）门头和门柱应设置怎样宣传标语？
（3）带有企业标志的彩旗应悬挂在何处？
（4）临街门口两侧应做到“五化”。“五化”的内容是什么？
（5）警卫室应设在何处？门卫制度应张贴何处？门卫如何设置，门卫应佩戴怎样的执勤标志？
（6）施工现场应如何区分工作人员？</td></tr>
<tr><td rowspan="2">3－3</td><td colspan="3">施工现场标牌</td></tr>
<tr><td colspan="3">1. 在什么位置设置“八牌二图”？“八牌二图”包括哪些牌图？
2. “二栏一板”应设置在何处，它包括哪些栏板？
3. 施工现场有多少固定的安全文明施工标语牌。施工现场分区地应设置什么内容的导向牌？
4. 施工区内仓库、操作棚、材料堆放、配电室应如何挂牌？
5. 办公区和生活区需要哪些门牌？</td></tr>
<tr><td rowspan="2">3－4</td><td colspan="3">施工场地道路排水、绿化</td></tr>
<tr><td colspan="3">1. 施工现场内什么地方需做硬化处理，硬化处理用什么材料？
2. 场区内道路如何设置、铺设？
3. 施工现场哪些地方需要有排水？哪些地方的排水需做简易化粪池，施工现场排水是否能直接进入城市排水网？
4. 机械作业棚如何设置？
5. 施工现场如何进行绿化？
6. 建筑主体在施工过程中如何封闭？</td></tr>
<tr><td rowspan="2">3－5</td><td colspan="3">材料堆放</td></tr>
<tr><td colspan="3">1. 建筑材料、构件、料具必须按总平面布置图分类，进行堆放，摆放高度不宜超过多少？
2. 各种材料、构件、机具设备、线轴、生活设施等必须在指定地点怎样摆放？争取实现哪三个“一”？如钢筋、钢管、材模、架管如何摆放？砂石、砌块、水泥等应如何堆放？
3. 物料摆放分区、各种物料都要设置标志牌，标志牌上内容有哪些？
4. 作业面上的料具应如何堆放？完工后应做到什么？
5. 建筑垃圾应如何处理？
6. 对易燃、易爆、有毒物品应如何存放？</td></tr>
</table>

续表

<table>
<tr><th>序号</th><th>工作内容（任务）</th></tr>
<tr><td rowspan="2">3－6</td><td>办公区和生活区的设置</td></tr>
<tr><td>1. 办公室、活动室（会议室）应如何设置？
2. 宿舍应如何设置？宿舍内生活用品应如何确定？
3. 食堂：
（1）食堂应按什么标准设置面积？位置如何确定？室内装饰应如何处理？净高应为多少？
（2）食堂工作人员应具备什么条件？
（3）食堂应具有什么设备和设施？
（4）食堂应提供符合卫生标准的饮用水，高温季节应提供什么防暑降温措施？
4. 厕所、淋浴
（1）厕所面积如何设置，厕所内应具有哪些装饰条件，厕所要求通风采光良好，需专人管理
（2）淋浴间面积如何设置，室内应具有什么条件？</td></tr>
<tr><td rowspan="2">3－7</td><td>现场防火与治安综合治理</td></tr>
<tr><td>1. 现场防火
（1）施工现场要制定消防措施和制度，施工现场应配置什么标准的灭火器多少只？还应在什么地方配备灭火器？
（2）施工现场还配备哪些消防器材？
（3）施工现场有明火作业时需要办理什么手续？
2. 治安综合治理
（1）治安综合治理的意义。
（2）施工现场职工、劳务工、临时工应具有哪些证件？并建立用工档案</td></tr>
<tr><td rowspan="2">3－8</td><td>洞口、临边防护</td></tr>
<tr><td>1. 洞口防护
（1）边长小于500mm 的洞口应如何防护？
（2）边长大于500mm 的洞口应如何防护？
2. 临边防护应如何设置？
3. 楼梯间防护应如何设置？
4. 卸料平台防护应如何设置？</td></tr>
<tr><td rowspan="2">3－9</td><td>保健急救和社区服务</td></tr>
<tr><td>1. 保健急救
（1）施工现场应设医务室，并有专职医生值班，同时应配备哪些急救器材？医药箱里应配备哪些药品？
（2）施工现场还应做哪些宣传教育工作？
2. 社区服务
（1）施工现场有哪些不扰民措施？
（2）夜间施工需有哪些证件？
（3）施工现场有毒、有害物品应如何处理？
（4）施工现场污水应如何处理？
（5）施工现场垃圾如何处理？</td></tr>
</table>

4. 计划单

学习领域	建筑工程施工安全管理实务			
学习情境Ⅲ	学生公寓施工现场安全文明专项施工方案		学　时	6
计划方式	学生计划　教师指导			
序号	实施步骤		使用资源	
1				
2				
3				
4				
5				
6				
7				
8				
9				
10				
制定计划说明				
计划评价	班　级		第　组	组长签字
	教师签字		日　期	
	评语：			

5. 决策单

<table>
<tr><td>学习领域</td><td colspan="10">建筑工程施工安全管理实务</td></tr>
<tr><td>学习情境Ⅲ</td><td colspan="6">学生公寓施工现场安全文明专项施工方案</td><td colspan="2">学　时</td><td colspan="2">6</td></tr>
<tr><td colspan="11">方案汇报讨论</td></tr>
<tr><td rowspan="11">方案
对比</td><td>组号</td><td>现场围挡
封闭管理</td><td>现场标牌</td><td>施工场地
道路与排
水绿化</td><td>材料
堆放</td><td>办公区、
生活区
的设置</td><td>现场防火
综合治理</td><td>洞口临
边防护</td><td>保健急救
社区服务</td><td>综合评价</td></tr>
<tr><td>1</td><td></td><td></td><td></td><td></td><td></td><td></td><td></td><td></td><td></td></tr>
<tr><td>2</td><td></td><td></td><td></td><td></td><td></td><td></td><td></td><td></td><td></td></tr>
<tr><td>3</td><td></td><td></td><td></td><td></td><td></td><td></td><td></td><td></td><td></td></tr>
<tr><td>4</td><td></td><td></td><td></td><td></td><td></td><td></td><td></td><td></td><td></td></tr>
<tr><td>5</td><td></td><td></td><td></td><td></td><td></td><td></td><td></td><td></td><td></td></tr>
<tr><td>6</td><td></td><td></td><td></td><td></td><td></td><td></td><td></td><td></td><td></td></tr>
<tr><td>7</td><td></td><td></td><td></td><td></td><td></td><td></td><td></td><td></td><td></td></tr>
<tr><td>8</td><td></td><td></td><td></td><td></td><td></td><td></td><td></td><td></td><td></td></tr>
<tr><td>9</td><td></td><td></td><td></td><td></td><td></td><td></td><td></td><td></td><td></td></tr>
<tr><td>10</td><td></td><td></td><td></td><td></td><td></td><td></td><td></td><td></td><td></td></tr>
<tr><td>方案评价</td><td colspan="10">评语：</td></tr>
<tr><td>班　　级</td><td colspan="2"></td><td colspan="2">组长签字</td><td></td><td colspan="2">教师签字</td><td></td><td colspan="2">年　　月　　日</td></tr>
</table>

6. 实施单

<table>
<tr><td>学习领域</td><td colspan="4">建筑工程施工安全管理实务</td></tr>
<tr><td>学习情境Ⅲ</td><td colspan="2">学生公寓施工现场安全文明专项施工方案</td><td>学　时</td><td>6</td></tr>
<tr><td>实施方式</td><td colspan="4">学生独立完成　教师指导</td></tr>
<tr><td>序号</td><td colspan="2">实施步骤</td><td colspan="2">使用资源</td></tr>
<tr><td>1</td><td colspan="2"></td><td colspan="2"></td></tr>
<tr><td>2</td><td colspan="2"></td><td colspan="2"></td></tr>
<tr><td>3</td><td colspan="2"></td><td colspan="2"></td></tr>
<tr><td>4</td><td colspan="2"></td><td colspan="2"></td></tr>
<tr><td>5</td><td colspan="2"></td><td colspan="2"></td></tr>
<tr><td>6</td><td colspan="2"></td><td colspan="2"></td></tr>
<tr><td>7</td><td colspan="2"></td><td colspan="2"></td></tr>
<tr><td>8</td><td colspan="2"></td><td colspan="2"></td></tr>
<tr><td>实施说明</td><td colspan="4"></td></tr>
<tr><td>班　　级</td><td></td><td>第　　组</td><td>组长签字</td><td></td></tr>
<tr><td>教师签字</td><td></td><td>日　　期</td><td colspan="2"></td></tr>
</table>

7. 检查单

学习领域	建筑工程施工安全管理实务			
学习情境Ⅲ	学生公寓施工现场安全文明专项施工方案		学　时	6
资讯方式	学生自主学习　教师指导			

序号	检查项目	检查标准	学生自查	教师检查
1	方案编写准备工作	准备充分、分工明确		
2	方案编写计划实施步骤	实施步骤合理、条理清晰		
3	方案编写过程的工作态度	积极主动，乐于参与		
4	方案编写课堂纪律	遵守纪律，不迟到不早退		
5	上课出勤状况	出勤率95%以上		
6	团队领导才能，合作精神	相互协作，相互帮助，听从指挥，不自以为是		
7	方案编写过程的创新意识	方案编写时认真设计与项目一致，不照抄照搬，方案合理，独到创新		
8	方案提交情况	方案具有可操作性，注意表达准确，方案完整		

检查评价	班　　级		第　　组	组长签字	
	教师签字		日　　期		
	评语：				

8. 评价单

<table>
<tr><td>学习领域</td><td colspan="7">建筑工程施工安全管理实务</td></tr>
<tr><td>学习情境Ⅲ</td><td colspan="3">学生公寓施工现场安全文明专项施工方案</td><td colspan="2">学　时</td><td colspan="2">6</td></tr>
<tr><td>评价类型</td><td>项目</td><td colspan="2">子项目</td><td>本组评价</td><td>小组互评</td><td colspan="2">教师评价</td></tr>
<tr><td rowspan="8">专业能力（60%）</td><td rowspan="2">资讯（10%）</td><td colspan="2">搜集资料（5%）</td><td></td><td></td><td colspan="2"></td></tr>
<tr><td colspan="2">引导问题回答（5%）</td><td></td><td></td><td colspan="2"></td></tr>
<tr><td rowspan="4">实施（40%）</td><td colspan="2">实施步骤合理执行（10%）</td><td></td><td></td><td colspan="2"></td></tr>
<tr><td colspan="2">方案设计合理性（10%）</td><td></td><td></td><td colspan="2"></td></tr>
<tr><td colspan="2">方案内容完整性（10%）</td><td></td><td></td><td colspan="2"></td></tr>
<tr><td colspan="2">方案可操作性（10%）</td><td></td><td></td><td colspan="2"></td></tr>
<tr><td rowspan="2">检查（10%）</td><td colspan="2">全面性（5%）</td><td></td><td></td><td colspan="2"></td></tr>
<tr><td colspan="2">准确性（5%）</td><td></td><td></td><td colspan="2"></td></tr>
<tr><td rowspan="4">社会能力（20%）</td><td rowspan="2">团结协作（10%）</td><td colspan="2">小组成员分工明确，合作良好（5%）</td><td></td><td></td><td colspan="2"></td></tr>
<tr><td colspan="2">对小组的贡献（5%）</td><td></td><td></td><td colspan="2"></td></tr>
<tr><td rowspan="2">敬业精神（10%）</td><td colspan="2">纪律性（5%）</td><td></td><td></td><td colspan="2"></td></tr>
<tr><td colspan="2">爱岗敬业（5%）</td><td></td><td></td><td colspan="2"></td></tr>
<tr><td rowspan="4">方法能力（20%）</td><td rowspan="2">计划能力（10%）</td><td colspan="2">考虑全面（5%）</td><td></td><td></td><td colspan="2"></td></tr>
<tr><td colspan="2">细致有序（5%）</td><td></td><td></td><td colspan="2"></td></tr>
<tr><td rowspan="2">决策能力（10%）</td><td colspan="2">方案决策果断（5%）</td><td></td><td></td><td colspan="2"></td></tr>
<tr><td colspan="2">方案选择合理（5%）</td><td></td><td></td><td colspan="2"></td></tr>
<tr><td rowspan="3">评价</td><td>班　级</td><td></td><td>姓　名</td><td></td><td>学号</td><td>总评</td><td></td></tr>
<tr><td>教师签字</td><td></td><td>第　组</td><td colspan="2">组长签字</td><td>日期</td><td></td></tr>
<tr><td colspan="7">评语：</td></tr>
</table>

9. 教学反馈单

学习领域	建筑工程施工安全管理实务				
学习情境Ⅲ	学生公寓施工现场安全文明专项施工方案		学 时		6
调查项目	序号	调查内容	是	否	理由陈述
	1	是否能够利用设计图纸介绍工程概况			
	2	是否能够进行围挡和封闭管理			
	3	是否能够知道施工现场标牌种类			
	4	是否学会施工现场道路、排水、绿化的设置			
	5	是否了解材料如何堆放			
	6	是否知道办公区和生活区如何设置			
	7	是否知道现场防火及治安综合治理工作内容			
	8	是否学会洞口、临边的防护			
	9	是否了解保健急救和社区服务的内容			
	10	学习情境Ⅲ的工作内容描述是否明确			
	11	采用的评价方式是否科学合理			
	12	新教学模式是否适应学生公寓安全文明专项施工方案的教学情境			
您的意见对改进教学非常重要，请写出您的建议和意见。					
调查信息	被调查人签名		调查时间		

七、学习情境Ⅳ　学生公寓模板工程安全文明专项施工方案

1. 任务单

学习领域	建筑工程施工安全管理实务		
学习情境Ⅳ	学生公寓模板工程安全文明专项施工方案	学　时	6
布置任务			
学习目标	（1）学会利用学生公寓设计图介绍工程概况。 （2）学会根据学生公寓设计图纸中的梁板柱的特点进行模板方案的设计。 （3）熟知模板工程的质量要求。 （4）学会如何拆除模板。 （5）熟知模板的支设、拆除的注意事项。 （6）学会模板工程的安全文明施工		
学习资料	（1）《混凝土结构工程施工质量验收规范》（GB 50204—2002） （2）《建筑工程施工质量验收统一标准》（GB 50300—2001） （3）《建筑施工扣件式钢管脚手架安全技术规范》（JGJ 130—2011） （4）《建筑施工高处作业安全技术规范》（JGJ 80—1991） （5）《建筑施工安全检查标准》（JGJ 59—2011） （6）《建筑施工技术》第三版（中国建筑工业出版社） （7）《建设工程施工安全技术操作规程》 （8）某学院学生公寓设计图纸		
对学生的要求	（1）能够根据学生公寓设计图介绍工程概况。 （2）能够根据学生公寓设计图纸中的梁板柱的特点进行模板方案的设计。 （3）能够熟知模板工程的质量要求。 （4）能够正确拆除模板。 （5）能够熟知模板的支设、拆除的注意事项。 （6）能够了解模板工程的安全文明施工的内容		

2. 资讯单

<table>
<tr><td>学习领域</td><td colspan="3">建筑工程施工安全管理实务</td></tr>
<tr><td>学习情境Ⅳ</td><td>学生公寓模板工程安全文明专项施工方案</td><td>学　时</td><td>6</td></tr>
<tr><td>资讯方式</td><td colspan="3">学生自主学习　教师指导</td></tr>
<tr><td>资讯问题</td><td colspan="3">（1）工程概况包括哪些内容？
（2）模板工程支设方案应包括哪几部分内容，各部分又包括哪些内容？
（3）模板工程有哪些质量要求？
（4）模板如何拆除？
（5）模板支设、拆除注意的事项是什么？
（6）模板工程的安全文明施工包括哪些内容？</td></tr>
<tr><td>资讯引导</td><td colspan="3">（1）工程概况应参考设计施工图纸中的建筑总说明和结构总说明、工程地质勘察设计报告及各参建单位的信息情况，施工合同中的工期，质量等级等。
（2）模板支设方案应根据《建筑施工技术》第三版（中国建筑工业出版社）和《建筑施工安全检查标准》（JGJ 59—2011）、学生公寓设计图纸、《建筑施工扣件式钢管脚手架安全技术规范》（JGJ 130—2011）
（3）模板质量要求应考虑《混凝土结构工程施工质量验收规范》（GB 50204—2002）、《建筑工程施工质量验收统一标准》（GB 50300—2001）、《建筑施工安全检查标准》（JGJ 59—2011）
（4）模板拆除应考虑《混凝土结构工程施工质量验收规范》（GB 50204—2002）、《建筑施工安全检查标准》（JGJ 59—2011）
（5）模板支承、拆除注意事项应考虑《建筑施工高处作业安全技术规范》（JGJ 80—1991）、《建设工程施工安全技术操作规程》
（6）模板工程的安全文明施工应考虑《建筑施工安全检查标准（JGJ 59—2011）、《建筑施工高处作业安全技术规范》（JGJ 80—1991）、《建设工程施工安全技术操作规程》</td></tr>
</table>

3. 工作单

<table>
<tr><td>学习领域</td><td colspan="3">建筑工程施工安全管理实务</td></tr>
<tr><td>学习情境Ⅳ</td><td>学生公寓模板工程安全文明专项施工方案</td><td>学 时</td><td>6</td></tr>
<tr><td>序号</td><td colspan="3">工作内容（任务）</td></tr>
<tr><td rowspan="2">4－1</td><td colspan="3">工程概况</td></tr>
<tr><td colspan="3">根据某学院学生公寓设计施工图确定：
1. 工程名称：某学院学生公寓 A 栋
2. 建筑概况：
建筑面积，耐火等级，层数，层高，室内外高差，外围护墙，建筑物总长×总宽×总高。
3. 结构概况：
结构型式，抗震烈度，梁柱抗震等级，建筑结构安全等级，设计使用年限。
4. 参建单位：
建设单位：
设计单位：
勘察单位：
监理单位：
施工单位：
5. 工期，质量等级</td></tr>
<tr><td rowspan="2">4－2</td><td colspan="3">模板支设方案</td></tr>
<tr><td colspan="3">1. 承台梁模板，可以考虑使用砖模，具体设计哪方面内容？
2. 柱模板
（1）本工程有几种柱子？
（2）模板采用什么材料？龙骨采用的材料、规格、间距？模板加固使用什么材料？如何防止胀模，柱模板底部垃圾如何清扫？
（3）模板安装前应做哪些工作？
（4）如何保证柱混凝土保护层厚度？
（5）模板接缝处应如何处理？
（6）柱模配模的程序？
（7）柱模底部漏浆应如何处理？
3. 梁模板
（1）梁底模、侧模采用什么材料？龙骨采用的材料、规格、间距？支撑系统采用材料、规格、间距？横杆步距为多少？是否需要设置水平拉杆和剪刀撑？
（2）梁高多高时，梁侧模采用直径 12 对拉螺栓加固，螺栓间距为多少？对拉螺栓与混凝土梁之间采取什么措施可以将对拉螺栓抽出？抽出后孔洞应如何处理？
（3）梁模板的支设程序。
（4）梁底模起拱的条件，起拱高度各为多少？
（5）梁模板接缝处采取什么措施防止漏浆？
（6）梁底标高如何控制？
4. 现浇板模板
（1）板模采用什么材料？龙骨采用材料、规格、间距？支撑系统采用材料、立杆间距、大横杆步距，何处设扫地杆，是否设置剪刀撑？
（2）模板支撑立杆的底座采用哪种？底座下方是否需垫 50mm 厚 200mm 宽木板？
（3）立杆有何要求？上、下层立杆支柱又有什么要求？
（4）模板拼接处的缝隙应为多少，如何处理？模板为了防止胀膜，模板应如何处理？
（5）现浇板板面的标高、相邻板表面高低差、表面平整度应分别控制在什么范围内？</td></tr>
</table>

续表

序号	工作内容（任务）
4－3	模板质量要求 1. 模板质量要求有哪些？ 2. 模板安装允许偏差是多少？
4－4	模板拆除 1. 承重模板拆除，对混凝土强度有哪些规定？ 2. 非承重模板拆除，对混凝土强度有哪些规定？ 3. 对抗倾覆构件的模板拆除，混凝土强度又有哪些规定？ 4. 拆除后的模板应如何处理？ 5. 模板拆除时应如何防止对下层混凝土的影响？
4－5	模板支设、拆除注意事项 1. 模板材料本身应具有哪些条件？ 2. 模板下料前应做哪些工作？ 3. 与混凝土接触面的板面应如何处理？ 4. 竹胶板的锯口处应如何处理？ 5. 混凝土浇筑前应检查哪些内容？ 6. 模板堆放时有何要求？ 7. 模板在施工作业层停放时有何要求？ 8. 模板工程拆除顺序？
4－6	模板工程安全文明施工 1. 施工现场作业人员的劳动保护有哪些？ 2. 吊装模板和架杆应注意哪些？ 3. 现场支设模板高度超过 2m 时，对施工用脚手架有何要求？ 4. 对一个构件拆模时应注意什么？ 5. 几级风及以上的天气应暂停高处高空作业，雪霜雨后模板拆除应如何进行？ 6. 模板运输应注意哪些问题？ 7. 高空拆模应注意哪些问题？ 8. 支撑过程中如需中途停歇，应采取什么措施？ 9. 有预留洞时模板应如何处理？ 10. 拆除模板时使用长撬棍应注意什么问题？ 11. 装拆模板时作业人员是否应在同一垂直面作业，为什么？ 12. 模板工程需高空作业，作业人员应注意什么问题？

4. 计划单

<table>
<tr><td>学习领域</td><td colspan="6">建筑工程施工安全管理实务</td></tr>
<tr><td>学习情境Ⅳ</td><td colspan="4">学生公寓模板工程安全文明专项施工方案</td><td>学　时</td><td>6</td></tr>
<tr><td>计划方式</td><td colspan="6">学生计划　教师指导</td></tr>
<tr><td>序号</td><td colspan="3">实施步骤</td><td colspan="3">使用资源</td></tr>
<tr><td>1</td><td colspan="3"></td><td colspan="3"></td></tr>
<tr><td>2</td><td colspan="3"></td><td colspan="3"></td></tr>
<tr><td>3</td><td colspan="3"></td><td colspan="3"></td></tr>
<tr><td>4</td><td colspan="3"></td><td colspan="3"></td></tr>
<tr><td>5</td><td colspan="3"></td><td colspan="3"></td></tr>
<tr><td>6</td><td colspan="3"></td><td colspan="3"></td></tr>
<tr><td>7</td><td colspan="3"></td><td colspan="3"></td></tr>
<tr><td>8</td><td colspan="3"></td><td colspan="3"></td></tr>
<tr><td>9</td><td colspan="3"></td><td colspan="3"></td></tr>
<tr><td>10</td><td colspan="3"></td><td colspan="3"></td></tr>
<tr><td>制定
计划
说明</td><td colspan="6"></td></tr>
<tr><td rowspan="3">计划评价</td><td>班　　级</td><td></td><td>第　　组</td><td>组长签字</td><td colspan="2"></td></tr>
<tr><td>教师签字</td><td></td><td>日　　期</td><td colspan="3"></td></tr>
<tr><td colspan="6">评语：</td></tr>
</table>

5. 决策单

<table>
<tr><td>学习领域</td><td colspan="8">建筑工程施工安全管理实务</td></tr>
<tr><td>学习情境Ⅳ</td><td colspan="5">学生公寓模板工程安全文明专项施工方案</td><td colspan="2">学　时</td><td>6</td></tr>
<tr><td colspan="9">方案汇报讨论</td></tr>
<tr><td rowspan="11">方案
对比</td><td>组号</td><td>工程概况</td><td>模板支设方案</td><td>模板质量要求</td><td>模板拆除</td><td>模板安拆注意事项</td><td>安全文明施工</td><td>综合评价</td></tr>
<tr><td>1</td><td></td><td></td><td></td><td></td><td></td><td></td><td></td></tr>
<tr><td>2</td><td></td><td></td><td></td><td></td><td></td><td></td><td></td></tr>
<tr><td>3</td><td></td><td></td><td></td><td></td><td></td><td></td><td></td></tr>
<tr><td>4</td><td></td><td></td><td></td><td></td><td></td><td></td><td></td></tr>
<tr><td>5</td><td></td><td></td><td></td><td></td><td></td><td></td><td></td></tr>
<tr><td>6</td><td></td><td></td><td></td><td></td><td></td><td></td><td></td></tr>
<tr><td>7</td><td></td><td></td><td></td><td></td><td></td><td></td><td></td></tr>
<tr><td>8</td><td></td><td></td><td></td><td></td><td></td><td></td><td></td></tr>
<tr><td>9</td><td></td><td></td><td></td><td></td><td></td><td></td><td></td></tr>
<tr><td>10</td><td></td><td></td><td></td><td></td><td></td><td></td><td></td></tr>
<tr><td>方案评价</td><td colspan="8">评语：</td></tr>
<tr><td>班　　级</td><td></td><td>组长签字</td><td></td><td>教师签字</td><td colspan="2"></td><td colspan="2">年　　月　　日</td></tr>
</table>

6. 实施单

<table>
<tr><td>学习领域</td><td colspan="4">建筑工程施工安全管理实务</td></tr>
<tr><td>学习情境Ⅳ</td><td colspan="2">学生公寓模板工程安全文明专项施工方案</td><td>学　时</td><td>6</td></tr>
<tr><td>实施方式</td><td colspan="4">学生独立完成　教师指导</td></tr>
<tr><td>序号</td><td>实施步骤</td><td colspan="3">使用资源</td></tr>
<tr><td>1</td><td></td><td colspan="3"></td></tr>
<tr><td>2</td><td></td><td colspan="3"></td></tr>
<tr><td>3</td><td></td><td colspan="3"></td></tr>
<tr><td>4</td><td></td><td colspan="3"></td></tr>
<tr><td>5</td><td></td><td colspan="3"></td></tr>
<tr><td>6</td><td></td><td colspan="3"></td></tr>
<tr><td>7</td><td></td><td colspan="3"></td></tr>
<tr><td>8</td><td></td><td colspan="3"></td></tr>
<tr><td>实施说明</td><td colspan="4"></td></tr>
<tr><td>班　　级</td><td></td><td>第　　组</td><td>组长签字</td><td></td></tr>
<tr><td>教师签字</td><td></td><td>日　　期</td><td colspan="2"></td></tr>
</table>

7. 检查单

学习领域	建筑工程施工安全管理实务			
学习情境Ⅳ	学生公寓模板工程安全文明专项施工方案		学　时	6
资讯方式	学生自主学习　教师指导			

序号	检查项目	检查标准	学生自查	教师检查
1	方案编写准备工作	准备充分、分工明确		
2	方案编写计划实施步骤	实施步骤合理、条理清晰		
3	方案编写过程的工作态度	积极主动，乐于参与		
4	方案编写课堂纪律	遵守纪律，不迟到不早退		
5	上课出勤状况	出勤率95%以上		
6	团队领导才能，合作精神	相互协作，相互帮助，听从指挥，不自以为是		
7	方案编写过程的创新意识	方案编写时认真设计与项目一致，不照抄照搬，方案合理，独到创新		
8	方案提交情况	方案具有可操作性，注意表达准确，方案完整		

检查评价	班　级		第　组	组长签字	
	教师签字		日　期		
	评语：				

8. 评价单

学习领域	建筑工程施工安全管理实务				
学习情境Ⅳ	学生公寓模板工程安全文明专项施工方案		学　时		6
评价类型	项目	子项目	本组评价	小组互评	教师评价
专业能力（60%）	资讯（10%）	搜集资料（5%）			
		引导问题回答（5%）			
	实施（40%）	实施步骤合理执行（10%）			
		方案设计合理性（10%）			
		方案内容完整性（10%）			
		方案可操作性（10%）			
	检查（10%）	全面性（5%）			
		准确性（5%）			
社会能力（20%）	团结协作（10%）	小组成员分工明确，合作良好（5%）			
		对小组的贡献（5%）			
	敬业精神（10%）	纪律性（5%）			
		爱岗敬业（5%）			
方法能力（20%）	计划能力（10%）	考虑全面（5%）			
		细致有序（5%）			
	决策能力（10%）	方案决策果断（5%）			
		方案选择合理（5%）			

评价	班　级		姓　名		学号		总评	
	教师签字		第　组	组长签字			日期	
	评语：							

9. 教学反馈单

学习领域	建筑工程施工安全管理实务				
学习情境Ⅳ	学生公寓模板工程安全文明专项施工方案		学时		6
调查项目	序号	调查内容	是	否	理由陈述
	1	是否能够利用设计图纸介绍工程概况			
	2	是否能够根据学生公寓图纸中心梁板柱的特点进行模板方案设计			
	3	是否知道模板工程质量要求			
	4	是否掌握模板拆除方法			
	5	是否知道模板安拆的注意事项			
	6	是否学会模板工程的安全文明施工			
	7	学习情境Ⅳ的工作内容描述是否明确			
	8	采用的评价方式是否科学合理			
	9	新教学模式是否适应学生公寓安全文明专项施工方案的教学情境			
您的意见对改进教学非常重要，请写出您的建议和意见。					
调查信息	被调查人签名		调查时间		

八、学习情境V　学生公寓施工现场临时用电专项施工方案

1. 任务单

<table>
<tr><td>学习领域</td><td colspan="3">建筑工程施工安全管理实务</td></tr>
<tr><td>学习情境V</td><td>学生公寓施工现场临时用电专项施工方案</td><td>学　时</td><td>6</td></tr>
<tr><td colspan="4">布置任务</td></tr>
<tr><td>学习目标</td><td colspan="3">（1）学会根据学生公寓设计图介绍工程概况。
（2）学会根据现场勘察资料、工程施工现场部署情况进行现场勘察。
（3）了解用电负荷的计算。
（4）学会根据现场平面布置图确定用电布置。
（5）熟知配电箱、开关箱的设置。
（6）学会接地和防雷设计。
（7）学会施工现场临时用电图设计。
（8）熟知安全用电措施。
（9）熟知电气防火措施</td></tr>
<tr><td>学习资料</td><td colspan="3">（1）《施工现场临时用电安全技术规范》（JGJ 46—2005）
（2）《建筑施工安全检查标准》（JGJ 59—2011）
（3）《水电知识》教材
（4）工程现场勘察资料、工程施工现场部署情况
（5）国家现行规范、标准、规程和规定
（6）《建设工程施工安全技术操作规程》
（7）某学院学生公寓设计图纸</td></tr>
<tr><td>对学生要求</td><td colspan="3">（1）能够根据学生公寓设计图介绍工程概况。
（2）能够进行现场勘察。
（3）了解用电负荷的计算过程。
（4）能够进行用电布置。
（5）能够学会配电箱、开关箱的设置。
（6）能够熟知接地和防雷设计。
（7）能够画出施工现场临时用电图。
（8）能够知道安全用电措施。
（9）能够知道电气防火措施</td></tr>
</table>

2. 资讯单

<table>
<tr><td>学习领域</td><td colspan="3">建筑工程施工安全管理实务</td></tr>
<tr><td>学习情境Ⅴ</td><td>学生公寓施工现场临时用电专项施工方案</td><td>学　时</td><td>6</td></tr>
<tr><td>资讯方式</td><td colspan="3">学生自主学习　教师指导</td></tr>
<tr><td>资讯问题</td><td colspan="3">（1）工程概况包括哪些内容？
（2）现场勘察的内容是什么？
（3）用电负荷怎样计算？
（4）用电布置包括什么内容？
（5）配电箱开关箱应如何配备？
（6）接地和防雷如何设计？
（7）画出施工现场临时用电图。
（8）安全用电措施有哪些？
（9）电气防火措施有哪些？</td></tr>
<tr><td>资讯引导</td><td colspan="3">（1）工程概况应参考设计施工图纸中的建筑总说明和结构总说明、工程地质勘察设计报告及各参建单位的信息情况、施工合同中的工期、质量等级等。
（2）现场勘察应根据现场勘察资料和工程施工现场部署情况勘察现场，确定用电设备、总配电箱和分配电箱、开关箱的位置。
（3）用电负荷计算应参考《水电知识》教材和《施工现场临时用电安全技术规范》（JGJ 46—2005）、《施工手册》。
（4）用电布置应根据工程施工布置情况进行布置。
（5）配电箱和开关箱设置应参考《建筑施工安全检查标准》（JGJ 59—2011）、《施工现场临时用电安全技术规范》（JGJ 46—2005）。
（6）接地与防雷应根据《施工现场临时用电安全技术规范》（JGJ 46—2005）和《建筑施工安全检查标准》（JGJ 59—2011）进行设计。
（7）施工现场临时用电图应根据用电布置和用电负荷来完成。
（8）安全用电措施应参考《建设工程施工安全技术操作规程》和《施工现场临时用电安全技术规范》（JGJ 46—2005）。
（9）电气防火措施应参考《施工现场临时用电安全技术规范》（JGJ 46—2005）和相应防火规范等</td></tr>
</table>

3. 工作单

学习领域	建筑工程施工安全管理实务		
学习情境V	学生公寓施工现场临时用电专项方案	学　时	6
序号	工作内容（任务）		
5－1	工程概况		

根据某学院学生公寓设计施工图确定：

1. 工程名称：某学院学生公寓 A 栋
2. 建筑概况：

建筑面积，耐火等级，层数，层高，室内外高差，外围护墙，建筑物总长×总宽×总高。

3. 结构概况：

结构型式，抗震烈度，梁柱抗震等级，建筑结构安全等级，设计使用年限。

4. 参建单位：

建设单位	
设计单位	
勘察单位	
监理单位	
施工单位	

5. 工期，质量等级；
6. 机械设备一览表

编号	设备名称	规格	单台功率（kW）	数量	换算后总容量（kW）
1	塔吊	QTZ40	37.5	1	37.5
2	混凝土运输地泵	HBT60G	90	1	90
3	弯切机	GW40A	5.5	2	11
4	切断机	GQ400	5.5	1	5.5
5	切割机	J3GC－400	2.2	2	4.4
6	直螺纹套丝机	HSG40B	4	2	8
7	圆盘锯	MJ150	5.5	1	5.5
8	混凝土砂浆搅拌机	JZC350	6.5	1	6.5
9	蛀式打夯机	HW60	3	2	6
10	插入式振捣器		1.5	8	12
11	电焊机	HZ	21kVA	3	43.17
12	潜水泵	20A－3	2.2	3	6.6
13	办公用电		55		55
14	管理人员宿舍		3		3
15	宿舍区（包括食堂）		30		30
16	总计				

续表

序号	工作内容（任务）
5－2	现场勘察 根据勘察资料和施工现场平面布置图，进行现场勘察、确定： 1. 建设单位提供的电源的位置和容量。 2. 确定各种用电设备的摆放位置。 3. 确定施工区、生活区、办公区的线路走向及位置。 4. 确定总配电箱、分配电箱和开关箱的位置
5－3	负荷计算 1. 确定建设单位提供的用电量是否满足现场施工临时用电需要。 2. 根据各线路用电量进行负荷计算，确定变压器至总配电箱线路、电缆的型号。 3. 确定总配电箱至分配电箱线路、电缆型号并注意该分配电箱断路器型号。 4. 确定各分配电箱至各开关箱配电线路的电缆型号、开关和漏洞保护器的型号
5－4	用电布置 1. 供电电源位置 （1）首先由建设单位提供变压器电源引出 （2）配电箱的安装要求 ①总配电箱两端与重复接地及保护零线作何处理？ ②总配电箱应如何配置，操作间距是多少？配电箱后侧维修通道宽度是多少？侧面的维护通道宽度是多少？配电箱顶距地面的距离为多少？配电箱的上端距配电间顶棚距离为多少？ ③总配电箱的门向何处开？是否需上锁？要求自然通风良好，同时还应采取什么措施？ ④配电箱还应安装哪些保护装置？ ⑤总配电箱旁还配备哪些防火器材？ ⑥各回路应做好编号并注明用途。 2. 线路敷设 （1）标明线路走向及建立配电系统图 （2）敷设方式 ①埋地敷设有何要求？ ②架空敷设有何要求，并说明用在何处？
5－5	分配电箱、开关箱设置 1. 分配电箱、开关箱应设置在什么位置？ 2. 配电系统应设置配电箱、分配电箱和开关箱，实行什么保护措施？ 3. 动力配电箱和照明配电箱应如何设置？ 4. 分配电箱与开关箱的距离为多少？开关箱与固定式用电设备的距离为多少？ 5. 施工建筑物现场照明电压为多少？从何处引出，怎样敷设？每层是否设开关箱？ 6. 办公室照明是否需单设回路？ 7. 配电箱、开关箱本身有何要求？引出线从何处引出？其中心点与地面的距离是多少

续表

序号	工作内容（任务）
	接地防雷设计
5－6	1. 采用 TN－S 接零保护系统，所用设备的金属外壳应与什么相连接？专用保护零线由哪引出？ 2. 施工现场重复接地至少需要几处？如何接地？重复接地电阻为多大？ 3. 塔吊和脚手架如何做好防雷？
	现场防火与治安综合治理
5－7	1. 绘制施工现场临时用电总平面图 2. 绘制供电系统图
	安全用电措施
5－8	1. 安全用电技术措施 （1）接地与接零的措施？ （2）漏电保护器应如何配置？ （3）开关箱线应如何配置？ （4）配电系统应如何设置？ （5）照明： ①什么地方配照明灯具？ ②照明灯具室内、外距地面分别为多少？ ③照明灯具的选择条件是什么？ 2. 安全用电组织措施有哪些？
	电气防火措施
5－9	1. 电气防火技术措施 （1）配备漏电保护器应注意什么？ （2）在电气装置和线路周围不允许堆放什么物品？是否允许使用火源？ （3）哪些场所应禁止烟火？ （4）什么条件下出现电气闪烁？ （5）防雷装置是否有利于电气防火？ 2. 电气防火组织措施包括哪些内容？

4. 计划单

<table>
<tr><td>学习领域</td><td colspan="7">建筑工程施工安全管理实务</td></tr>
<tr><td>学习情境Ⅴ</td><td colspan="4">学生公寓施工现场临时用电专项施工方案</td><td colspan="2">学　时</td><td>6</td></tr>
<tr><td>计划方式</td><td colspan="7">学生计划　教师指导</td></tr>
<tr><td>序号</td><td colspan="3">实施步骤</td><td colspan="4">使用资源</td></tr>
<tr><td>1</td><td colspan="3"></td><td colspan="4"></td></tr>
<tr><td>2</td><td colspan="3"></td><td colspan="4"></td></tr>
<tr><td>3</td><td colspan="3"></td><td colspan="4"></td></tr>
<tr><td>4</td><td colspan="3"></td><td colspan="4"></td></tr>
<tr><td>5</td><td colspan="3"></td><td colspan="4"></td></tr>
<tr><td>6</td><td colspan="3"></td><td colspan="4"></td></tr>
<tr><td>7</td><td colspan="3"></td><td colspan="4"></td></tr>
<tr><td>8</td><td colspan="3"></td><td colspan="4"></td></tr>
<tr><td>9</td><td colspan="3"></td><td colspan="4"></td></tr>
<tr><td>10</td><td colspan="3"></td><td colspan="4"></td></tr>
<tr><td>制定计划说明</td><td colspan="7"></td></tr>
<tr><td rowspan="3">计划评价</td><td>班　级</td><td></td><td>第　组</td><td colspan="2">组长签字</td><td colspan="2"></td></tr>
<tr><td>教师签字</td><td></td><td>日　期</td><td colspan="4"></td></tr>
<tr><td colspan="7">评语：</td></tr>
</table>

5. 决策单

<table>
<tr><td>学习领域</td><td colspan="11">建筑工程施工安全管理实务</td></tr>
<tr><td>学习情境V</td><td colspan="7">学生公寓施工现场临时用电专项施工方案</td><td colspan="2">学　时</td><td colspan="2">6</td></tr>
<tr><td colspan="12">方案汇报讨论</td></tr>
<tr><td rowspan="11">方案对比</td><td>组号</td><td>工程概况</td><td>现场勘察</td><td>用电负荷计算</td><td>用电布置</td><td>配电箱开关箱设置</td><td>接地与防雷</td><td>临时用电图</td><td>安全用电措施</td><td>电气防火措施</td><td>综合评价</td></tr>
<tr><td>1</td><td></td><td></td><td></td><td></td><td></td><td></td><td></td><td></td><td></td><td></td></tr>
<tr><td>2</td><td></td><td></td><td></td><td></td><td></td><td></td><td></td><td></td><td></td><td></td></tr>
<tr><td>3</td><td></td><td></td><td></td><td></td><td></td><td></td><td></td><td></td><td></td><td></td></tr>
<tr><td>4</td><td></td><td></td><td></td><td></td><td></td><td></td><td></td><td></td><td></td><td></td></tr>
<tr><td>5</td><td></td><td></td><td></td><td></td><td></td><td></td><td></td><td></td><td></td><td></td></tr>
<tr><td>6</td><td></td><td></td><td></td><td></td><td></td><td></td><td></td><td></td><td></td><td></td></tr>
<tr><td>7</td><td></td><td></td><td></td><td></td><td></td><td></td><td></td><td></td><td></td><td></td></tr>
<tr><td>8</td><td></td><td></td><td></td><td></td><td></td><td></td><td></td><td></td><td></td><td></td></tr>
<tr><td>9</td><td></td><td></td><td></td><td></td><td></td><td></td><td></td><td></td><td></td><td></td></tr>
<tr><td>10</td><td></td><td></td><td></td><td></td><td></td><td></td><td></td><td></td><td></td><td></td></tr>
<tr><td>方案评价</td><td colspan="11">评语：</td></tr>
<tr><td>班　级</td><td colspan="2"></td><td colspan="2">组长签字</td><td colspan="2"></td><td colspan="2">教师签字</td><td></td><td colspan="2">年　月　日</td></tr>
</table>

6. 实施单

学习领域	建筑工程施工安全管理实务		
学习情境Ⅴ	学生公寓施工现场临时用电专项施工方案	学　时	6
计划方式	学生独立完成　教师指导		
序号	实施步骤	使用资源	
1			
2			
3			
4			
5			
6			
7			
8			
实施说明			

班　　级		第　　组		组长签字	
教师签字		日　　期			

7. 检查单

学习领域	建筑工程施工安全管理实务			
学习情境Ⅴ	学生公寓施工现场临时用电专项施工方案		学 时	6
资讯方式	学生自主学习 教师指导			
序号	检查项目	检查标准	学生自查	教师检查
1	方案编写准备工作	准备充分、分工明确		
2	方案编写计划实施步骤	实施步骤合理、条理清晰		
3	方案编写过程的工作态度	积极主动，乐于参与		
4	方案编写课堂纪律	遵守纪律，不迟到不早退		
5	上课出勤状况	出勤率95%以上		
6	团队领导才能，合作精神	相互协作，相互帮助，听从指挥，不自以为是		
7	方案编写过程的创新意识	方案编写时认真设计与项目一致，不照抄照搬，方案合理，独到创新		
8	方案提交情况	方案具有可操作性，注意表达准确，方案完整		
检查评价	班 级		第 组	组长签字
	教师签字		日 期	
	评语：			

8. 评价单

学习领域	建筑工程施工安全管理实务				
学习情境V	学生公寓施工现场临时用电专项施工方案		学　时		6
评价类型	项目	子项目	本组评价	小组互评	教师评价
专业能力（60%）	资讯（10%）	搜集资料（5%）			
		引导问题回答（5%）			
	实施（40%）	实施步骤合理执行（10%）			
		方案设计合理性（10%）			
		方案内容完整性（10%）			
		方案可操作性（10%）			
	检查（10%）	全面性（5%）			
		准确性（5%）			
社会能力（20%）	团结协作（10%）	小组成员分工明确，合作良好（5%）			
		对小组的贡献（5%）			
	敬业精神（10%）	纪律性（5%）			
		爱岗敬业（5%）			
方法能力（20%）	计划能力（10%）	考虑全面（5%）			
		细致有序（5%）			
	决策能力（10%）	方案决策果断（5%）			
		方案选择合理（5%）			

评价	班　级		姓　名		学号		总评	
	教师签字		第　组		组长签字		日期	
	评语：							

9. 教学反馈单

<table>
<tr><td>学习领域</td><td colspan="6">建筑工程施工安全管理实务</td></tr>
<tr><td>学习情境Ⅴ</td><td colspan="2">学生公寓施工现场临时用电专项施工方案</td><td colspan="2">学时</td><td colspan="2">6</td></tr>
<tr><td rowspan="13">调查项目</td><td>序号</td><td>调查内容</td><td>是</td><td>否</td><td>理由陈述</td></tr>
<tr><td>1</td><td>是否能够根据学生公寓图纸介绍工程概况</td><td></td><td></td><td></td></tr>
<tr><td>2</td><td>是否能够进行现场勘察</td><td></td><td></td><td></td></tr>
<tr><td>3</td><td>是否能够计算用电负荷</td><td></td><td></td><td></td></tr>
<tr><td>4</td><td>是否能够确定用电布置</td><td></td><td></td><td></td></tr>
<tr><td>5</td><td>是否知道配电箱、开关箱的设置</td><td></td><td></td><td></td></tr>
<tr><td>6</td><td>是否知道接地与防雷做法</td><td></td><td></td><td></td></tr>
<tr><td>7</td><td>是否能够画出施工现场临时用电图</td><td></td><td></td><td></td></tr>
<tr><td>8</td><td>是否知道安全用电措施</td><td></td><td></td><td></td></tr>
<tr><td>9</td><td>是否知道电气防火措施</td><td></td><td></td><td></td></tr>
<tr><td>10</td><td>学习情境Ⅴ的工作内容描述是否明确</td><td></td><td></td><td></td></tr>
<tr><td>11</td><td>采用的评价方式是否科学合理</td><td></td><td></td><td></td></tr>
<tr><td>12</td><td>新教学模式是否适应学生公寓安全文明专项施工方案的教学情境</td><td></td><td></td><td></td></tr>
<tr><td colspan="6">您的意见对改进教学非常重要，请写出您的建议和意见。</td></tr>
<tr><td>调查信息</td><td>被调查人签名</td><td></td><td>调查时间</td><td colspan="2"></td></tr>
</table>

单元三　某省建设工程施工现场安全文明施工标准图例

一、文明施工

强制性要求：

1. 施工现场要进行封闭式管理，四周设置连续彩钢板围挡。围挡、安全门应经过设计计算，必须满足强度、刚度、稳定性要求。设置门卫室，对施工人员实行胸卡式管理，外来人员登记进入。

2. 施工现场大门处、道路、作业区、办公区、生活区地面要硬化处理，道路要畅通并能满足运输与消防要求。各区域地面要设排水沟和集水井，不允许有跑、冒、滴、漏与大面积积水现象。

3. 施工区与生活区、办公区要使用围挡进行隔离，出入口设置制式门和标志。

4. 现场大门处设置车辆清污设施，驶出现场车辆必须进行清污处理。

5. 施工现场设置“六牌一图”，明显部位设置安全标语、安全警示牌、人本化宣传标牌、条幅、宣传栏、黑板报等宣传形式。

6. 建筑材料、构件、料具、机械设备，要按施工现场总平面布置图的要求设置，材料要分类码放整齐，明显部位设置材料标志牌。

7. 按环保要求设置卷扬机、搅拌机、散装水泥罐的防护棚，防护棚要根据对环境污染情况，具备防噪声、防扬尘功能。

8. 施工现场要设置集中的垃圾场，办公区、生活区要设置封闭式生活垃圾箱。建筑垃圾与生活垃圾要分类堆放及时清运，建筑垃圾要覆盖处理，生活垃圾要封闭处理。

9. 季节性施工现场绿化：场地较大时要栽种花草，场地较小时要摆设花篮、花盆，绿化美化施工环境。教育职工爱护花草树木，给职工创造一个环境优美、整洁、卫生、轻松的生活、工作环境。

10. 严禁在施工现场熔融沥青、焚烧垃圾。

（一）现场围挡

说明：

（1）使用蓝白相间彩钢板（图3－1）连续设置，一般路段高度不低于1.8m，主要路段不低于2.5m，设置条形基础与加强垛。

（2）混凝土垛轴距2850mm，规格240mm×240mm，两垛之间为120mm砌体条形基础，抹灰并刷白色 。

（3）彩钢板规格为1900mm×950mm×0.5 mm，采用角钢镶边固定，每三片为一组，采用螺栓与钢管连接；支架材料为钢管、扣件，设三道大横杆，立杆间距2850mm，埋入混凝土垛不小于150mm，地锚使用钢管（图3－2、图3－3）。

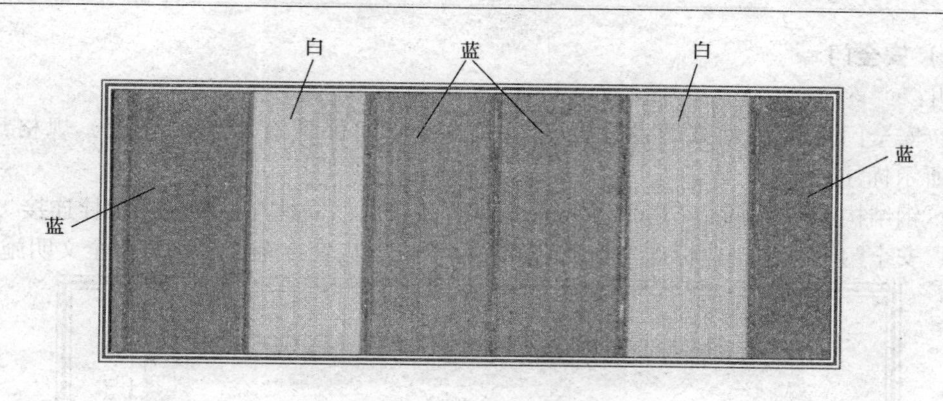

图 3－1　彩钢板围挡

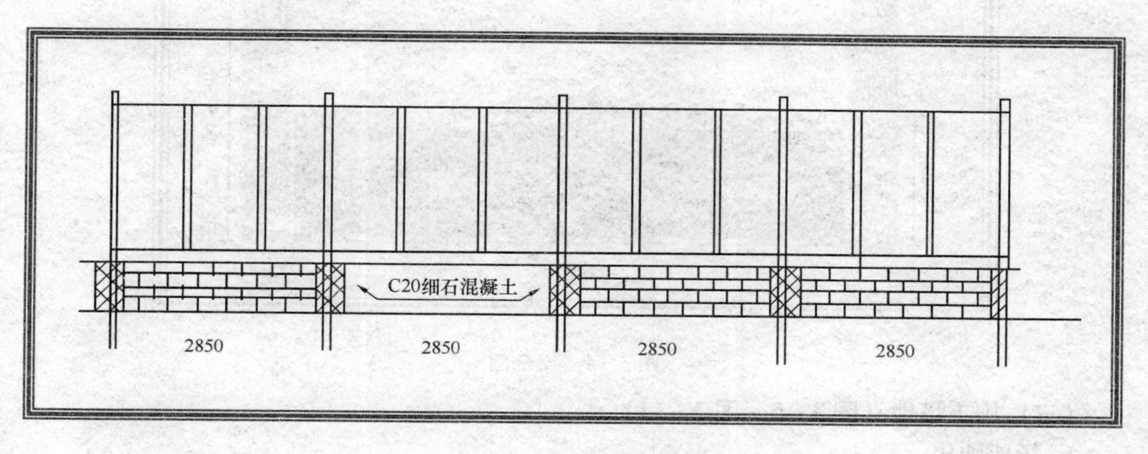

图 3－2　围挡基础示意图

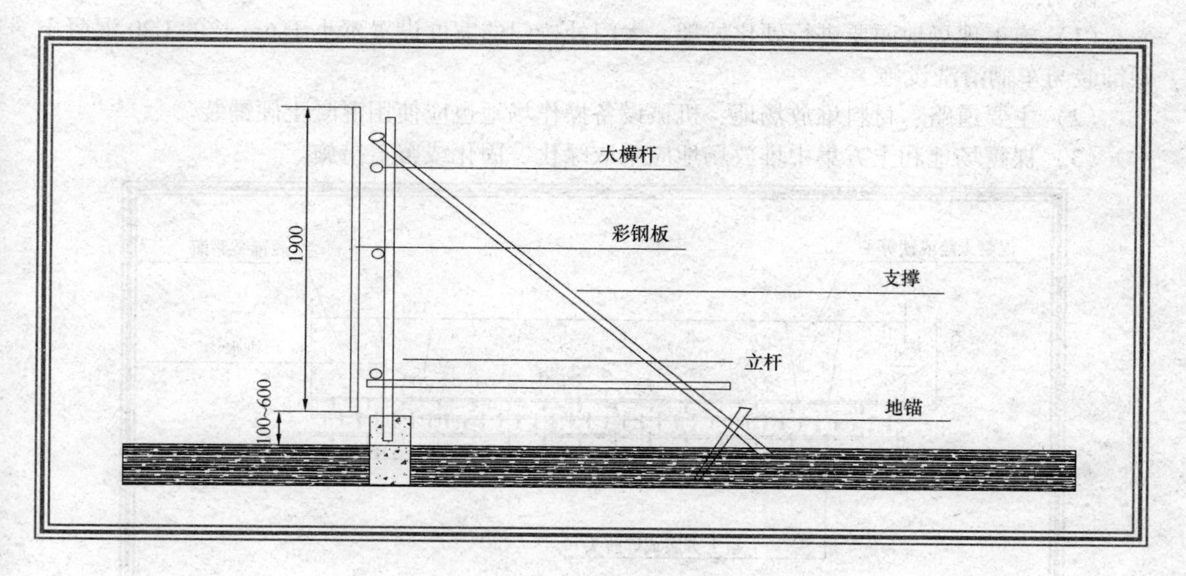

图 3－3　围挡安装示意图

（二）安全门

说明：

（1）安全门采用灯箱式，设计要美观大方，夜间保证有足够的亮度，规格尺寸如图3－4所示标注。

（2）钢结构采用70mm×70mm×5mm角钢焊接，大门立柱与横梁使用螺栓连接。

（3）安全门上标注企业标志、企业名称，标语内容应突出企业文化与安全文明施工。

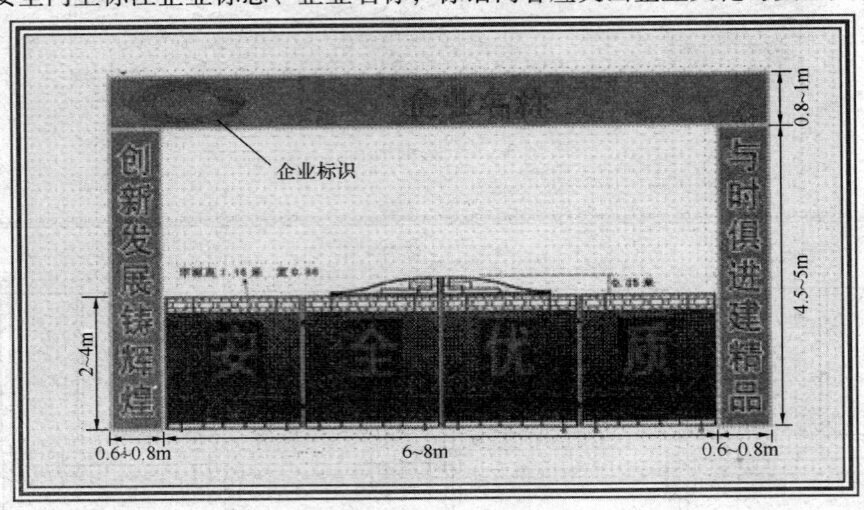

图3－4　安全门

（三）施工场地（图3－5～图3－11）

1. 场地硬化

说明：

（1）施工现场地面要进行硬化处理，大门处按门的宽度设置不小于6m长的C20混凝土硬铺装与车辆清洗设施。

（2）主要道路、材料堆放场地、机械设备操作场地也应使用混凝土硬铺装。

（3）裸露场地和土方集中堆放场地应采取绿化、固化或覆盖措施。

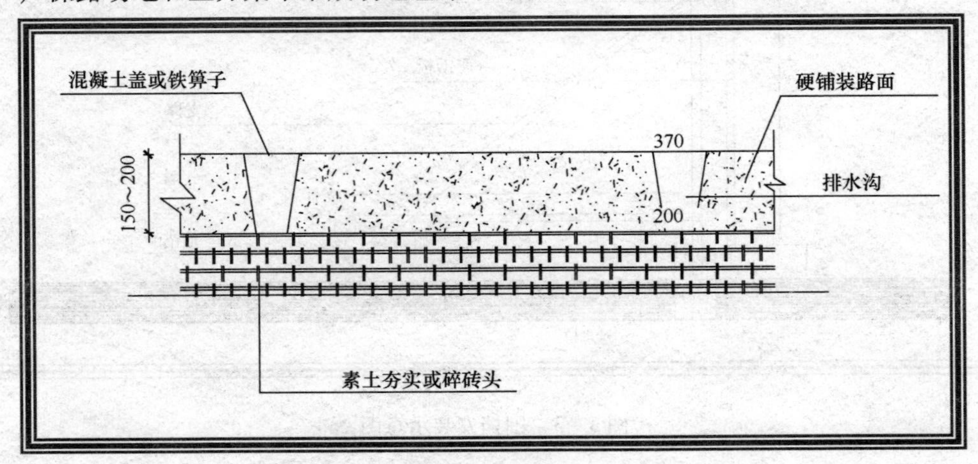

图3－5　大门处地面硬铺装示意图（一）

图 3－6　大门处地面硬铺装示意图（二）

图 3－7　大门出口处车辆清污池

图 3－8　运输道路硬铺装

图 3－9　作业区地面硬铺装

图 3－10　办公区路面硬铺装

图 3－11　生活区路面硬铺装

2. 排水沟、集水井

说明：

（1）施工现场大门处、道路、作业区、办公区、生活区地面设排水沟和集水井。

（2）排水沟与集水井做法如图 3－12 所示。

（3）集水井使用焊制钢筋防护网固定。

图 3－12　排水沟、集水井

3. 绿化

说明：

（1）各区域场地较大时栽种花草，场地较小时摆设花篮、花盆、花池，如图 3－13～图 3－15所示。

图 3－13　生活区绿化

图 3-14　办公区绿化（一）

图 3-15　办公区绿化（二）

（2）由专人负责花草的管理工作。

（四）安全标志

说明：

（1）施工现场、办公区、生活区、作业区要根据不同环境，设置不同的安全宣传形式。

（2）安全宣传形式主要包括安全旗、“六牌一图”、安全挂图、安全警示标牌、人本化标志牌及条幅等。

1. 安全旗（图 3-16）

说明：

（1）在施工现场明显部位设置安全旗，如条件允许应设置在办公区内。

（2）安全旗应由旗、旗杆、基座三部分组成。旗设三面，包括国旗、安全旗、企业旗。旗杆为不锈钢管，基座应设预埋件与旗杆采用螺栓连接。

（3）基座要具有足够的强度和稳定性，高度300mm，平面尺寸1.5m×3m，表面采用暗红色大理石或地砖铺装。

（4）在旗杆侧悬挂升降旗制度。

图3－16　安全旗

2. “六牌一图”（图3－17）

说明：

（1）在施工现场大门处设置“六牌一图”和项目经理部组织机构人员照片、联系方式。

（2）“六牌一图”安装在不锈钢材质的框架内，基础要坚固并采取防雨措施。

图3－17　“六牌一图”设置

3. 安全着装示意图、形象镜、公示栏（图 3-18）

说明：

（1）安全着装示意图、形象镜、公示栏设置在生活区进出口处。

（2）安全着装示意图、形象镜、公示栏安装在不锈钢材质的框架内。

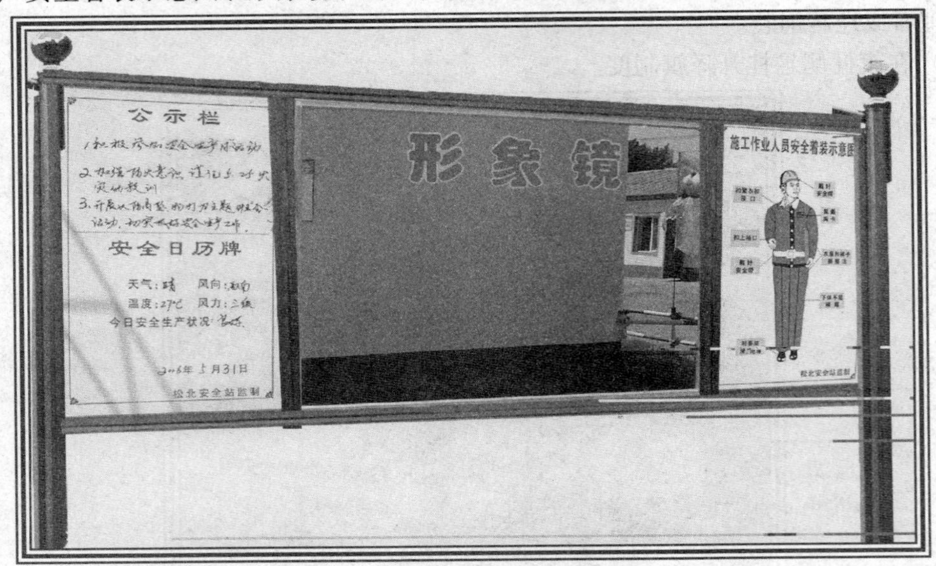

图 3-18　安全着装示意、形象镜、公示栏

（3）安全着装示意图、公示栏规格 750mm×1200mm（图 3-19），材料采用 5mm KG 玻璃板覆膜。形象镜规格 1200mm×1500mm。

图 3-19　着装示意图、公示栏图样

（4）公示栏每天由现场专职安全员填写。

4. 重大危险源公示

说明：

（1）在施工现场大门里侧设置重大危险源公示牌，规格 120cm × 240cm，内容如图 3 – 20 所示。

（2）公示牌采用竹胶板制作，安放在不锈钢材质的框架内。

（3）每天由现场专职安全员填写公示牌。

施工现场重大危险源公示牌

年　月　日　　公示人：　　安全监理：

编号	危险源	部位环节	位　置	可能发生事故	防护设施	状态	单位、班组	责任人	备注
1	预留口						木工班组		
2	电梯井口						瓦工班组		
3							力工班组		
4							架子工班组		
5							钢筋班组		
6							分包队伍		
7							抹灰班组		
8							防水班组		
9							水暖队		
10							电气安装队		
11							通信公司		
12							电梯安装队		

图 3 – 20　施工现场重大危险源公示牌

5. 安全挂图（图 3 – 21）

说明：

（1）安全挂图两套 12 张。

（2）使用位置：生活区及活动室。

6. 安全警示标牌（图 3 – 22）

说明：

（1）根据施工现场不同危险部位、作业场所，在明显部位设置相应的安全警示标牌。

（2）安全警示标牌数量要根据实际情况确定，不可流于形式。

（3）安全标志必须符合《安全标志及其使用导则》（GB 2894—2008）标准。

7. 人本化标志牌

说明：

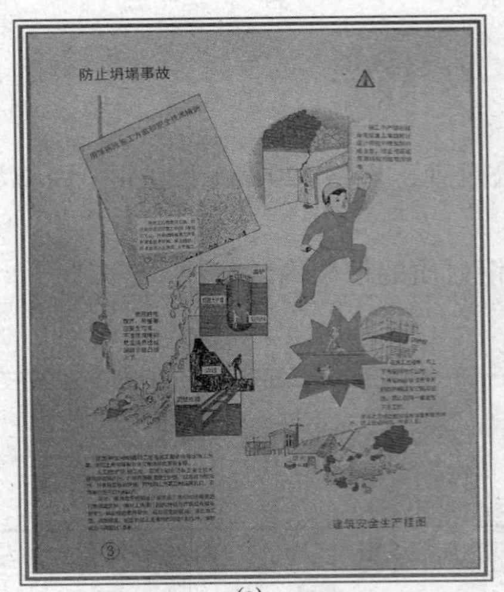
防止坍塌事故
建筑安全生产挂图
(a)

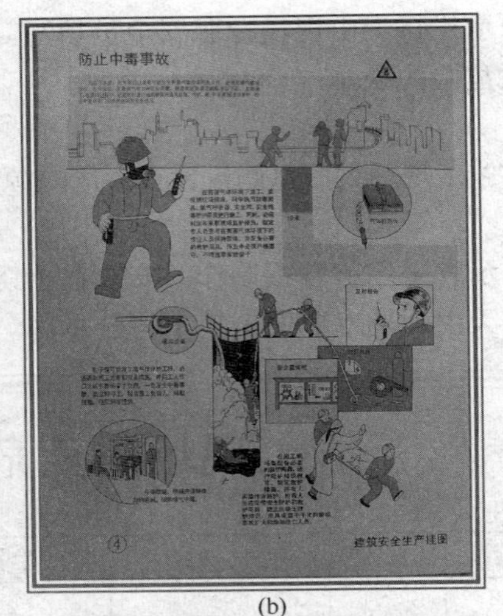
防止中毒事故
建筑安全生产挂图
(b)

安全防护用品简易检测方法
建筑安全生产挂图
(c)

建筑施工安全挂图
1 自我保护常识
(d)

建筑施工安全挂图
2 土方作业安全
(e)

建筑施工安全挂图
3 施工用电安全
(f)

(g)

(h)

(i)

(j)

(k)

(l)

图 3－21　安全挂图

图 3－22　安全警示标牌

（a）禁止类；（b）注意类

（1）人本化宣传标牌（图 3－23），尺寸、内容如图 3－23 所示，黑体字、蓝色，材质为 5mm KG 板。使用位置：生活区、办公区暂设两窗之间。

（2）人本化安全警示图一套 6 张，如图 3－24 所示。规格：1300mm×1450mm；使用位置：脚手架体或施工现场明显部位。

图 3－23 人本化宣传标牌

(a)

(b)

(c)

(d)

(e)

(f)

图 3－24　人本化安全警示图

8. 条幅

说明：

（1）条幅宽度 900mm，长度根据悬挂位置与字数确定，内容如图 3－25、图 3－26 所示。

安全发展　国泰民安
安全第一　预防为主
遵章守纪　善待生命
广泛深入开展全国安全生产月活动
落实安全规章制度　强化安全防范措施

(a)

安全发展　国泰民安
安全第一　预防为主
遵章守纪　善待生命
广泛深入开展全国安全生产月活动
落实安全规章制度　强化安全防范措施

(b)

图 3－25　条幅

（2）使用位置：施工现场围挡或脚手架明显部位。

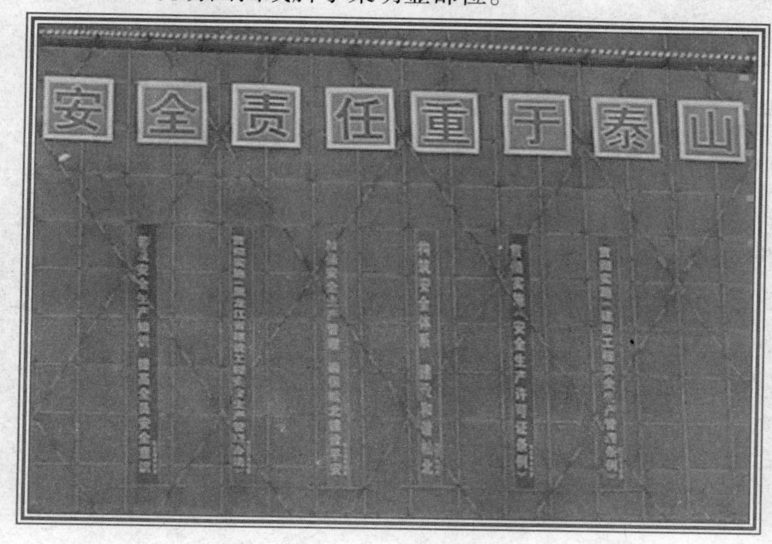

图3－26　条幅悬挂

（五）隔离围挡与材料堆放

说明：

（1）要按规定将施工区与生活区、办公区进行隔离，设置围挡。

（2）出入口处设置区域门及标志，区域门高度3m。

（3）隔离围挡高度1.5m，使用钢管、密目网制作，钢管刷红白相间颜色，间隔500mm。

（4）建筑材料应与围挡保持安全距离，材料应分类存放并在明显部位设置标志牌，高度不得超过1.6m。

1. 施工区与生活、办公区隔离（图3－27、图3－28）

图3－27　施工区与生活、办公区隔离

图 3－28　生活区、办公区隔离门

2. 施工区域内隔离围挡（图 3－29 ~ 图 3－32）

图 3－29　区域围挡（一）

图 3－30　区域围挡（二）

图 3－31　区域围挡（三）

图 3－32　区域围挡（四）

3. 材料堆放（图 3－33～图 3－35）

图 3－33　砂石堆放

（注：1. 砂石应按要求堆放在围挡内。2. 挡墙结构由计算确定，要保证足够的强度、稳定性，砂石挡墙高度为 1.3m。3. 明显部位设置相应的安全警示标志。）

图3－34　材料堆放

图3－35　钢材堆放

（六）标志牌

说明：

（1）标志牌必须按有关规定设置。

（2）标志牌要设在相应场所明显部位。

（3）标志牌内容必须按要求由专人及时填写或改写。

（4）标志牌要清洁卫生，不得有污垢。

1. 材料标志牌（图 3－36、图 3－37）

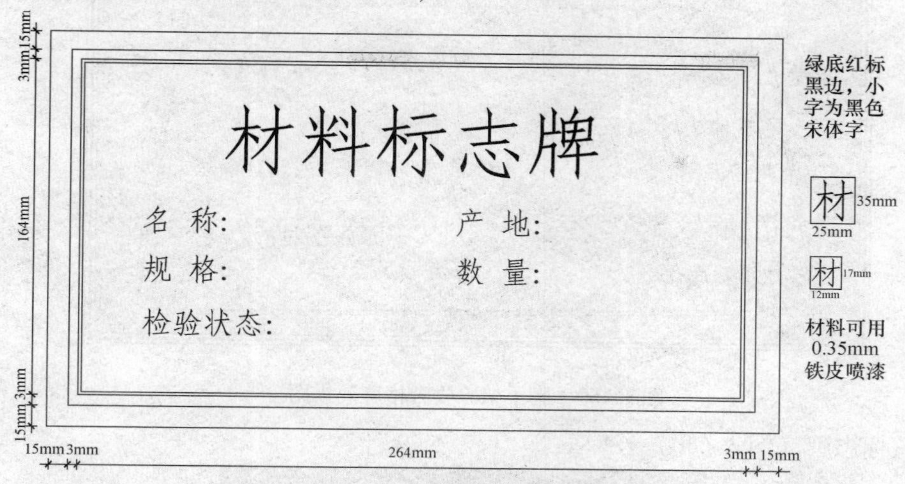

图 3－36　材料标志牌制作图

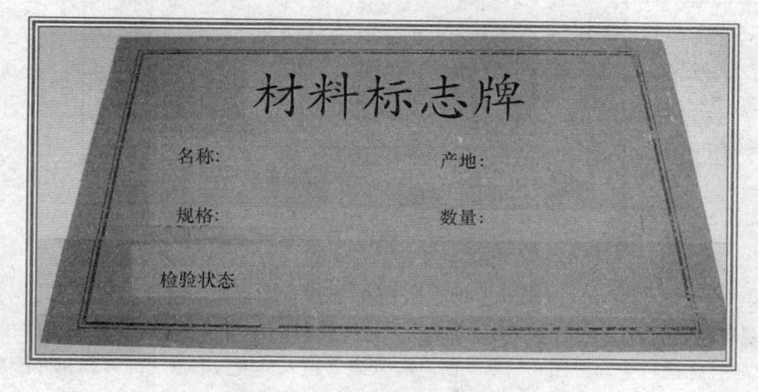

图 3－37　材料标志牌效果图

2. 脚手架验收标志牌（图 3－38、图 3－39）

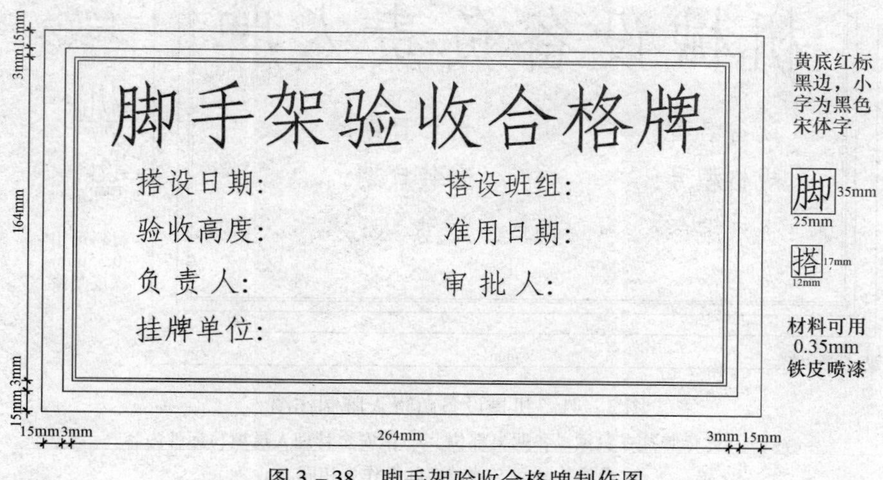

图 3－38　脚手架验收合格牌制作图

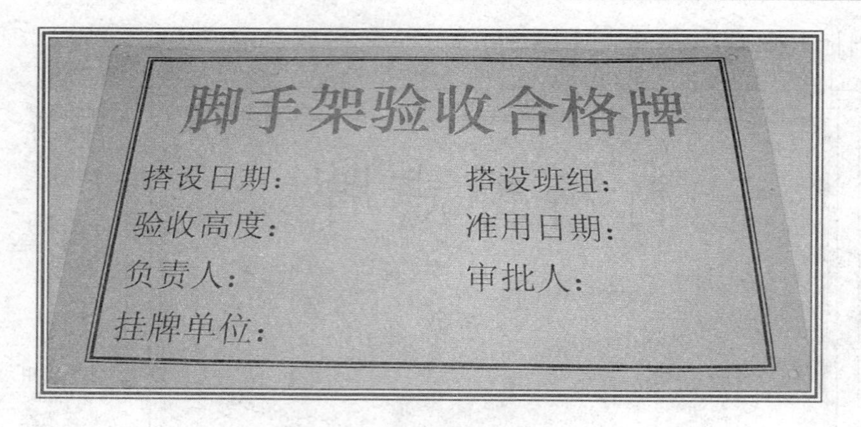

图 3－39　脚手架验收合格牌效果图

3. 限重标志牌（图 3－40）

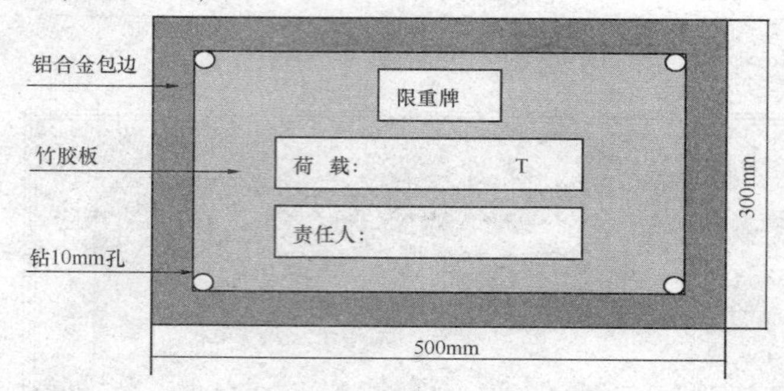

图 3－40　限重标志牌制作图

（注：1. 悬挑接料平台限重荷载必须由技术人员计算确定。2. 材料不得集中堆放或放在栏杆上。3. 此牌挂在接料平台护栏外三个立面。4. 安全管理人员填写限重牌的荷载和责任人。）

4. 机械负设备责人标志牌（图 3－41）

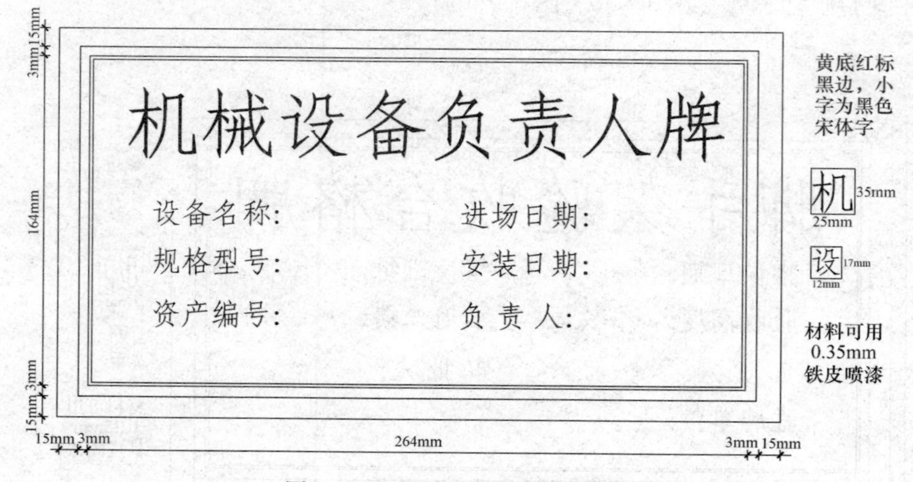

图 3－41　机械设备负责人牌制作图

（注：1. 此标牌挂在机械设备明显部位。2. 由安全管理人员填写标牌内容。3. 负责人栏目必须与实际操作人相同。）

二、临时设施

强制性要求：

1. 施工企业要根据施工现场实际情况和有关标准规范，合理规划、设置办公室、宿舍、食堂、淋浴间、卫生间、保健室、活动室、吸烟室、饮水室、密闭垃圾站（容器）及盥洗间等临时设施。临时设施必须使用符合规定要求的装配式保温彩钢板活动房屋，高度不得超过两层，屋面蓝色、墙体白色并满足防火、卫生、保温、通风等要求。

2. 饮水室使用铝合金材料设置。

3. 办公、生产、生活设施，在夏季必须单独设置纱门、纱窗，食堂、储物间要设置挡鼠板。

4. 临时设施应按使用功能设置金属标志牌，标志牌放置门外正上方，卫生防火负责人标牌放置门外侧，均为白底红字（规格 300mm × 120mm，使用宋体字）；相关制度粘在门内侧上部；门扇均向外开启。

5. 相关制度牌采用 5mm 白色 KG 板（规格 300mm × 400mm）背胶覆膜，使用宋体字。

6. 临时施工用电必须达到“三级配电两级保护”的强制性要求，照明灯具安装高度不得低于 2.4m，电源线套管固定，开关设在门内侧，其他配电必须满足《施工现场临时用电安全技术规范》（JGJ 46—2005）的要求。

7. 配线、开关、电源插座、照明灯具等，要有国家认证的产品合格证。

8. 临时设施的设置标准不得低于《建筑施工现场环境与卫生标准》（JGJ 146—2004）的规定。

（一）施工区临时设施

1. 门卫室（图 3 – 42）

图 3 – 42　门卫室

说明：

（1）高度2.5m，面积2m×3m，水泥地面硬化处理，内部设置办公桌、椅一套。

（2）施工现场门卫管理制度、施工现场治安保卫制度必须齐全。

2. 配电室（图3－43～图3－45）

说明：

（1）高度3m，面积3m×3.5m，水泥地面硬化处理；配电室管理制度、临时施工用电档案必须齐全。

（2）配电柜前地面设置绝缘橡胶板，室内设干粉灭火器、灭火砂箱，办公桌、椅一套。

（3）照明分别设置正常照明和事故照明。

（4）按规定设置警示标牌，停电维修时应悬挂“禁止合闸，有人工作”停电标志牌。

图3－43　配电室

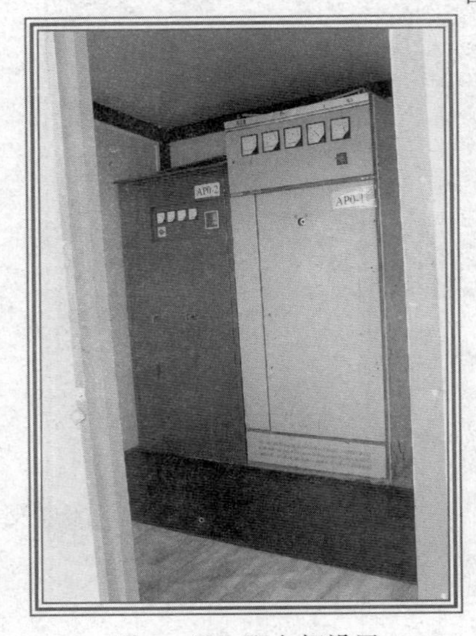

图3－44　配电柜设置

图3－45　配电室防火器材设置

3. 仓库（图3－46）

说明：

（1）高度2.5m，面积根据施工现场情况确定，水泥地面硬化处理。

（2）仓库内使用角钢焊制工具式储物架，分类保管器材并设标志牌。

（3）仓库内设灭火器、灭火砂箱等消防器材。

（4）仓库管理制度必须齐全。

（5）按规定设置警示标牌。

图3－46　仓库内部设置

4. 卷扬机操作室（图3－47）

说明：

（1）卷扬机操作室材料为保温彩钢板，面积根据卷扬机实际尺寸确定。

（2）地面硬化处理。

（3）卷扬机操作室管理制度必须齐全。

图3－47　卷扬机操作室

（4）按规定设置警示标牌。

5. 饮水室（图3－48）

说明：

（1）饮水室材料使用铝合金材质，高度2.5m，面积2m×2m，地面水泥硬化处理。

（2）饮水室内设符合卫生标准的饮水桶和器具，饮水桶放在1m高的储物柜上，饮水桶、水杯用防尘罩覆盖。

（3）饮水室管理制度必须齐全。

（4）饮水室设置在施工现场人员密集处。

图3－48 饮水室

6. 吸烟室（图3－49）

说明：

（1）高度2.5m，面积2m×2m，水泥地面硬化处理。

（2）吸烟室内设置桌椅、烟灰缸及灭火器材，管理制度必须齐全。

图3－49 吸烟室

(3) 吸烟室设置在施工现场人员密集处。

(二) 办公区临时设施

1. 办公室（图3－50、图3－51）

说明：

(1) 高度2.5m，面积根据现场情况确定，一层水泥地面硬化处理。

(2) 办公室管理制度必须齐全。

图3－50　二层办公室效果图

图3－51　一层办公室效果图

2. 保健室（图 3－52、图 3－53）

说明：

（1）高度 2.5m，面积不小于 $10m^2$，水泥地面硬化处理。保健室管理制度必须齐全。

（2）配备必要的检查床、担架、氧气袋、急救箱等医疗设施和常用药物。

图 3－52　保健室

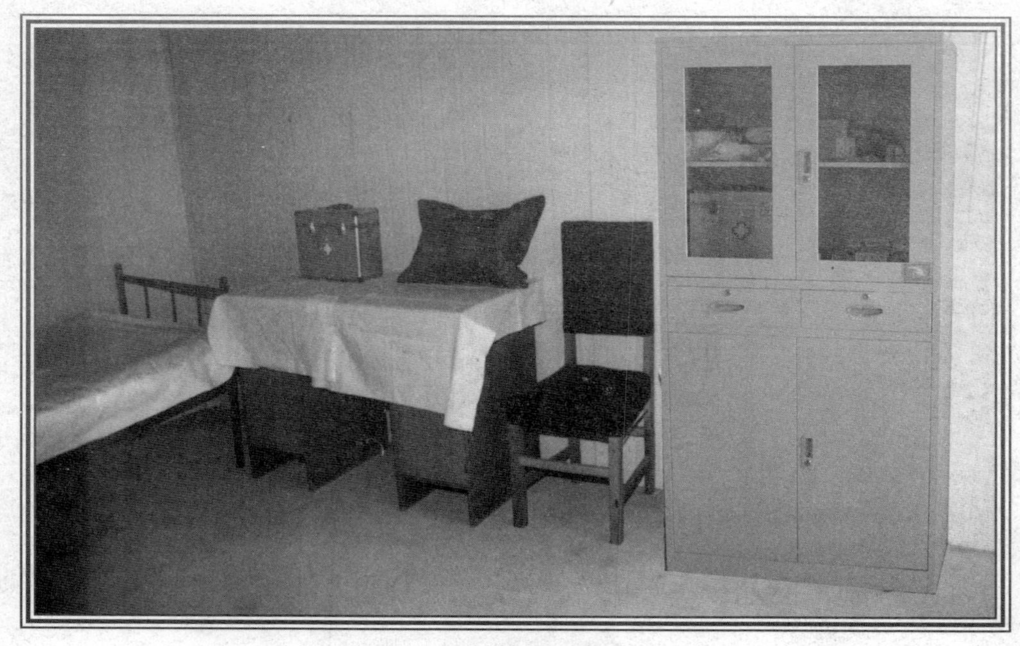

图 3－53　保健室内部设置

3. 会议室（图 3－54）

说明：

（1）高度 2.5m，面积不小于 $35m^2$，水泥地面硬化处理。

（2）设置必要的会议桌椅等。

（3）会议室管理制度必须齐全。

图 3－54　会议室内部设置

（三）生活区

1. 宿舍（图 3－55～图 3－61）

说明：

（1）高度 2.5m，每间面积 $30m^2$，水泥地面硬化处理。

图 3－55　宿舍

（2）每间宿舍居住人数不得超过 16 人，室内设双层单人铁床，布局合理，通道宽度 1m。

（3）每床设置两人合用的白色床头柜一个。

（4）宿舍管理制度必须齐全，并配有员工信息卡。

（5）在每个宿舍外门边设置封闭生活垃圾箱一个。

图 3－56　宿舍床位设置

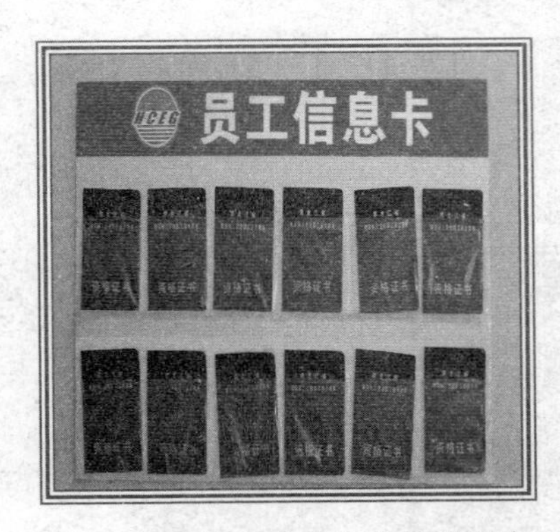

图 3－57　宿舍内住宿人员登记卡

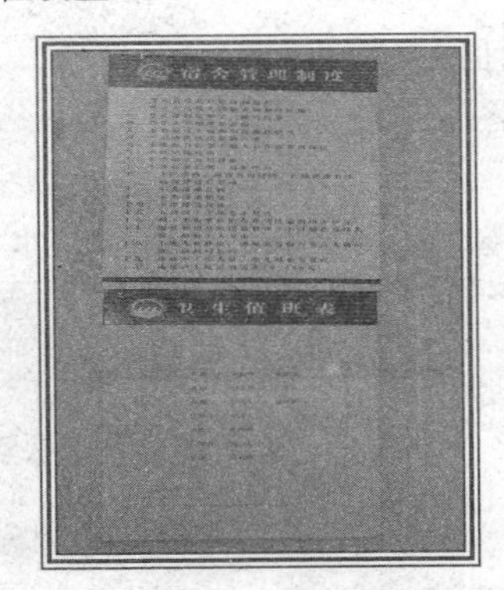

图 3－58　宿舍管理制度

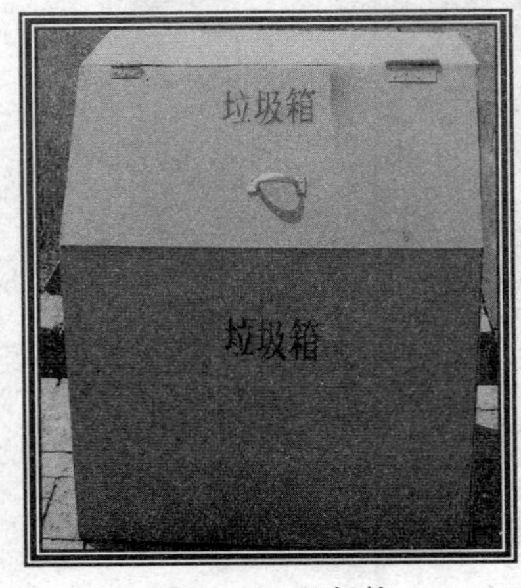

图 3－59　垃圾箱

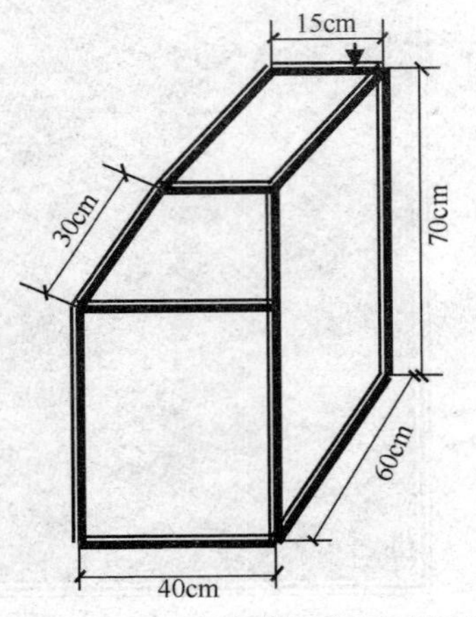

图 3－60　垃圾箱几何尺寸图样

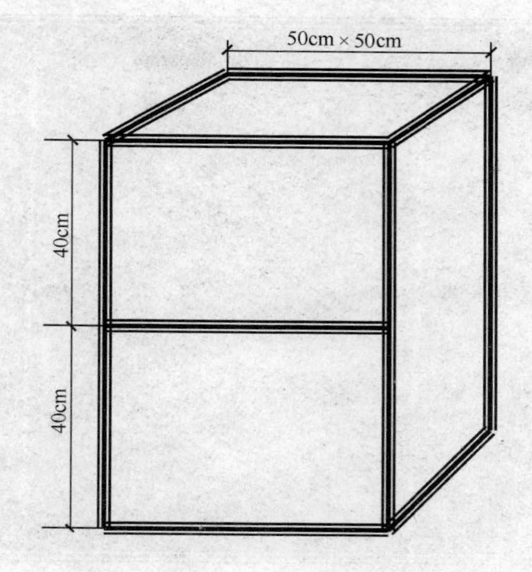

图 3 – 61　床头柜几何尺寸图样

2. 食堂（图 3 – 62 ~ 图 3 – 67）

说明：

（1）高度 2.5m，每间面积 25m^2，地面贴白色地砖，墙面贴瓷砖。

（2）单独安装纱门、纱窗及蚊蝇罩，进门处安装 25cm 高包铁皮的挡鼠板。

（3）制作间应搭设封闭式储物柜存放炊具，配备电冰箱、消毒柜、蒸汽柜及煤气罐、防蝇罩等设施，刀具与案板生熟分开。

（4）排烟、排气、给水、排水、封闭垃圾箱等设施应齐全，并配备灭火器。

（5）设置独立储藏室，面积不小于 5m^2，搭设储藏架并用生石灰防潮。

（6）食堂管理制度、卫生许可证、炊事人员健康证必须齐全。

图 3 – 62　食堂效果图

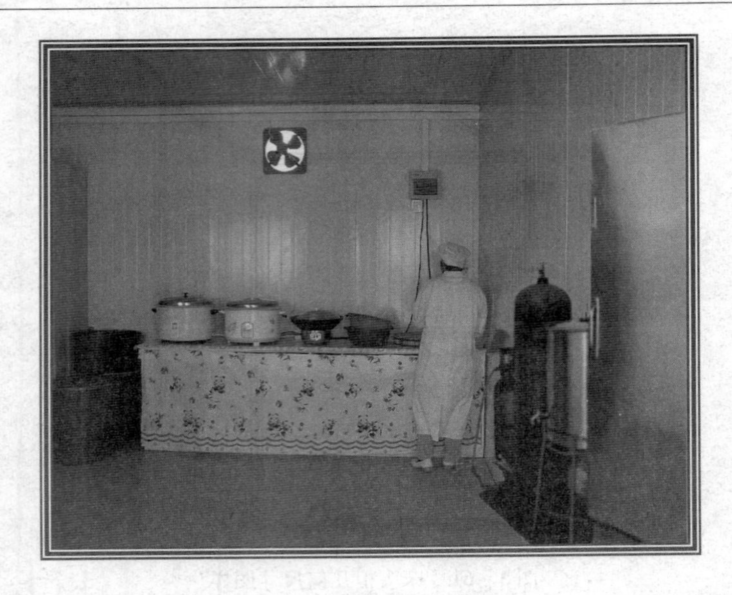

图 3－63　制作间内部设置

图 3－64　储物间效果图

图 3－65　菜刀分开保管

图 3－66　健康证

图 3－67　挡鼠板

3. 就餐棚（图 3－68、图 3－69）

说明：

（1）就餐棚材料为钢管、扣件、阳光板，高度 2.5m，地面混凝土硬铺装，就餐人均面积不小于0.7m^2。

（2）设置就餐条桌、条凳及封闭垃圾桶。

（3）标志牌、卫生防火负责人标牌、就餐棚管理制度必须齐全。

图3-68　就餐棚（一）

图3-69　就餐棚（二）

4. 卫生间（图3-70～图3-74）

说明：

（1）施工现场应设置水冲式卫生间，高层建筑超过8层后每隔4层设临时卫生间。

（2）水冲式卫生间高度2.5m，白色防滑地砖铺装并设地漏；使用蹲便器，蹲位之间设置1m高隔断；蹲位间距不小于0.9m；卫生间设1个洗手池。

（3）蹲位按住宿人员性别1∶20比例设置。男卫生间蹲位不少于10个，单独设小便池；女卫生间蹲位不少于3个。

（4）给水、排水、排气、封闭垃圾箱等设施应齐全。

（5）夏季单独安装纱门、纱窗并保证通风良好。

（6）标志牌、卫生防火负责人标牌、相关制度必须齐全。

图3－70　水冲式卫生间

图3－71　卫生间内部设置

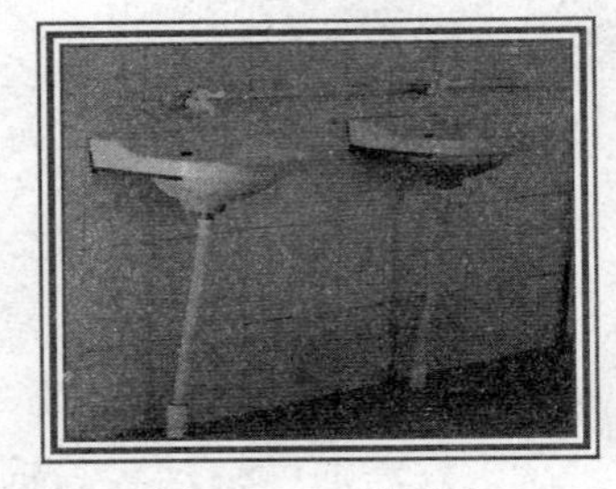

图3－72　洗手池

图3－73　日光灯

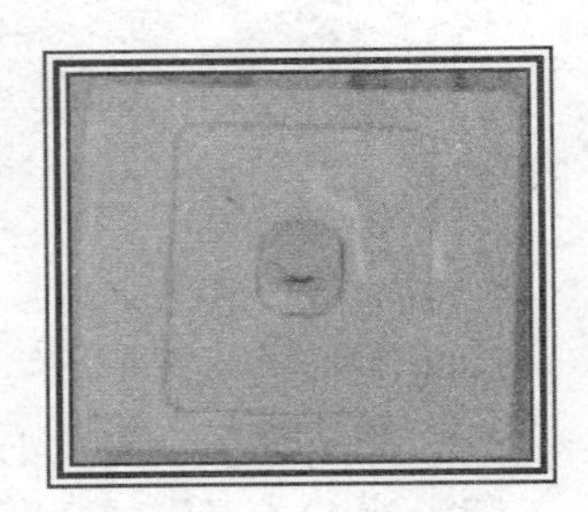

图3－74　照明开关

5. 活动室（图 3 – 75）

说明：

（1）高度 2.5m，面积不小于 35m²，水泥地面硬化处理。

（2）设置彩色电视机、影碟机、报刊、杂志、图书、棋类、扑克牌等娱乐设施及必要的桌椅等。如有条件可设置乒乓球、台球桌。

（3）标志牌、卫生防火负责人标牌、活动室管理制度必须齐全。

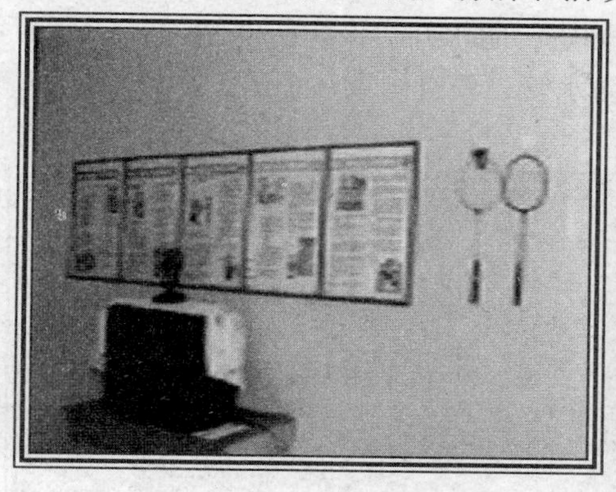

图 3 – 75　活动室内部设置

6. 淋浴室（图 3 – 76 ~ 图 3 – 81）

说明：

（1）高度 2.5m，地面防滑地砖铺装并设地漏，淋浴喷头按住宿人员 1∶15 的比例设置，面积不小于 20m²。

图 3 – 76　淋浴室效果图

（2）设更衣室、洗浴室两部分；更衣室面积不小于 5m² 并设置存衣柜和挂衣架；淋浴喷头不少于 15 个。

（3）夏季单独安装纱门、纱窗并保证通风良好。

（4）给水、排水、排气、封闭垃圾箱等设施应齐全。

（5）选用有国家生产许可证、产品合格证，符合国家质量、安全标准的电热水器或太阳能热水器。

（6）使用 24 V 的防爆灯照明，电源线套管固定，防水开关设在门内侧。

（7）防水线、防水开关、防水电源插座、防水管，要有国家认证的产品合格证。

图 3－77　淋浴室喷头设置

图 3－78　鞋架效果图

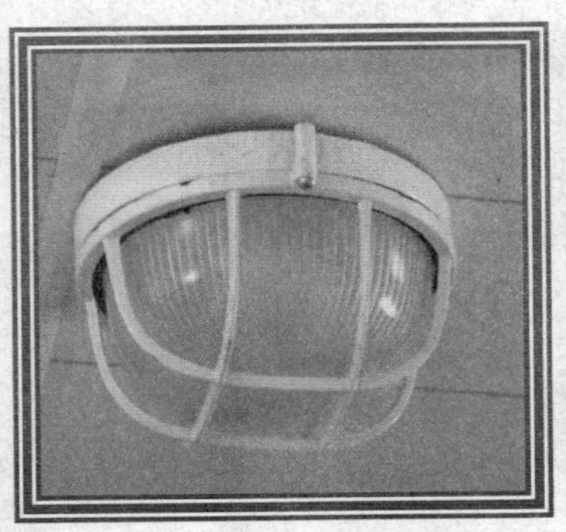

图 3－79　防爆灯

图 3－80　防水开关

图 3－81　存衣柜效果图

7. 洗漱池（图 3－82）

说明：

（1）洗漱池材料为砌筑物，外贴白色瓷砖。

（2）水嘴按住宿人员 1∶20 的比例设置，不少于 10 个。

（3）给水、排水、封闭垃圾箱等设施应齐全、好用。

（4）卫生负责人标牌、洗漱池管理制度必须齐全。

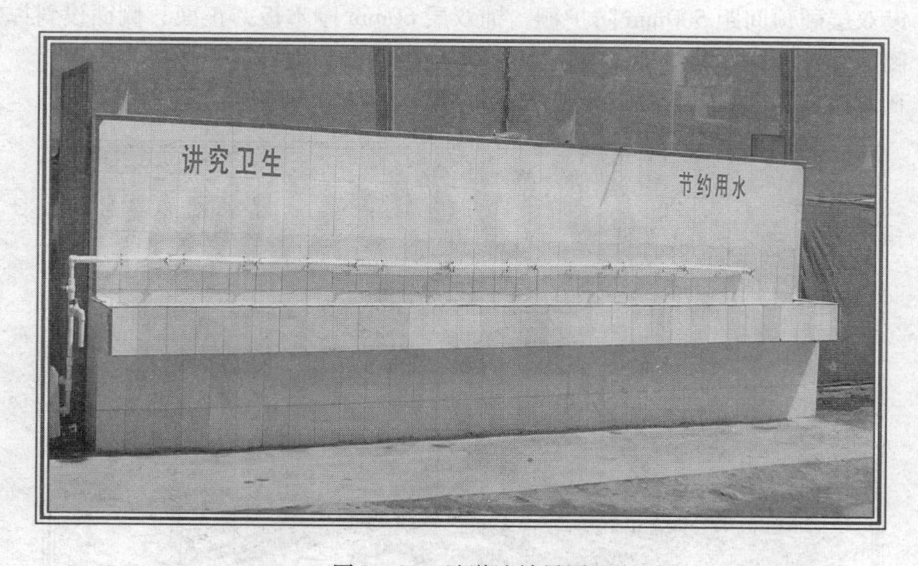

图 3－82　洗漱池效果图

三、安全防护

强制性要求：

1. 施工现场必须按规定设置符合安全要求的安全防护设施。

2. 安全防护设施由技术人员设计并经审批后实施，搭设与管理责任必须落实到人。

3. 安全防护设施使用的钢管、扣件、安全网、密目网等，必须有国家生产许可证、产品合格证、产品检测报及地方行政主管部门签发的准入证明。

4. 钢管做防腐处理，并刷间距500mm红白漆。安全防护设施明显部位必须按规定悬挂安全警示标志牌。

5. 未经现场安全负责人批准，严禁任何人拆改安全防护设施。

（一）防护棚

说明：

（1）建筑物坠落半径及塔吊起重臂旋转半径的临时设施、搅拌机、钢筋与木工机械加工区等人员集中，固定作业位置必须设置间距500mm双层硬顶防护棚。

（2）防护棚使用钢管、扣件、60mm板、密目网、防雨材料等。用竹胶板按双防护间距设封檐板，刷间距150mm红白漆。

（3）根据不同的作业情况，防护棚要具备防噪声、防尘、防雨、防砸抗冲击等功能。

1. 木工/钢筋机械加工区防护棚（图3－83～图3－85）

说明：

（1）必须具备防砸抗冲、防雨功能。

（2）棚高3.5m，宽不小于4m，长度根据作业需要确定。

（3）设双层硬顶间距500mm防护棚，铺双层60mm厚木板，正面、侧面设斜撑。

（4）侧面立杆间距≤2m，底座加“50”厚垫板，设扫地杆。

（5）在封檐板下明显部位悬挂安全警示标牌。

图3－83　钢筋加工区防护棚

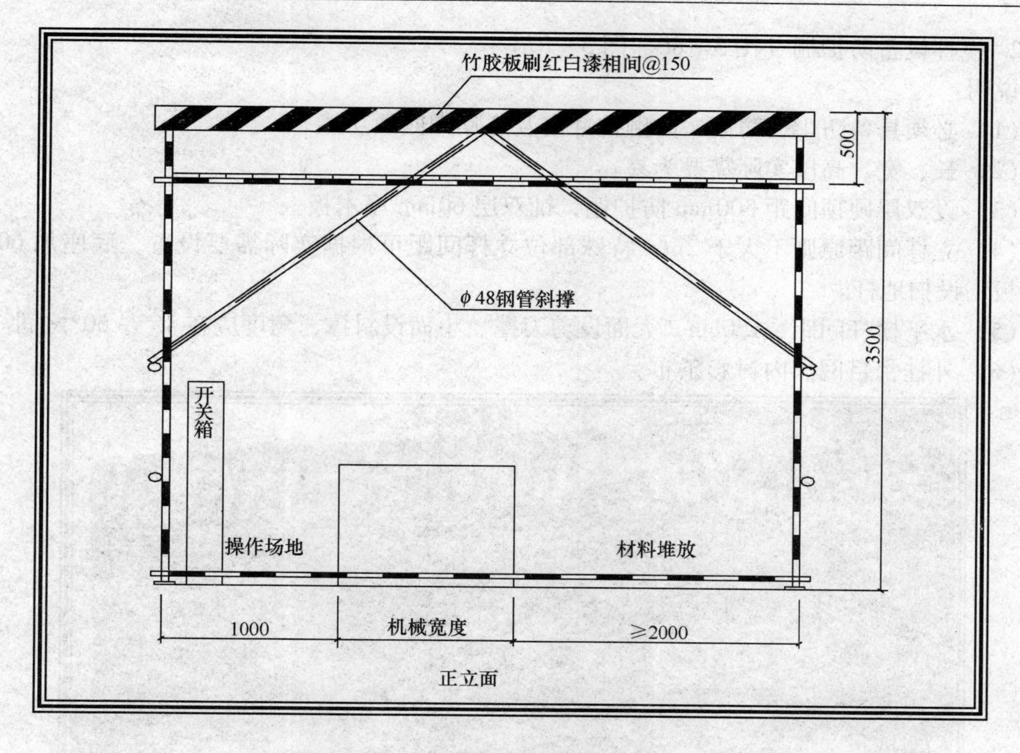

图 3－84　木工、钢筋防护棚示意图（一）

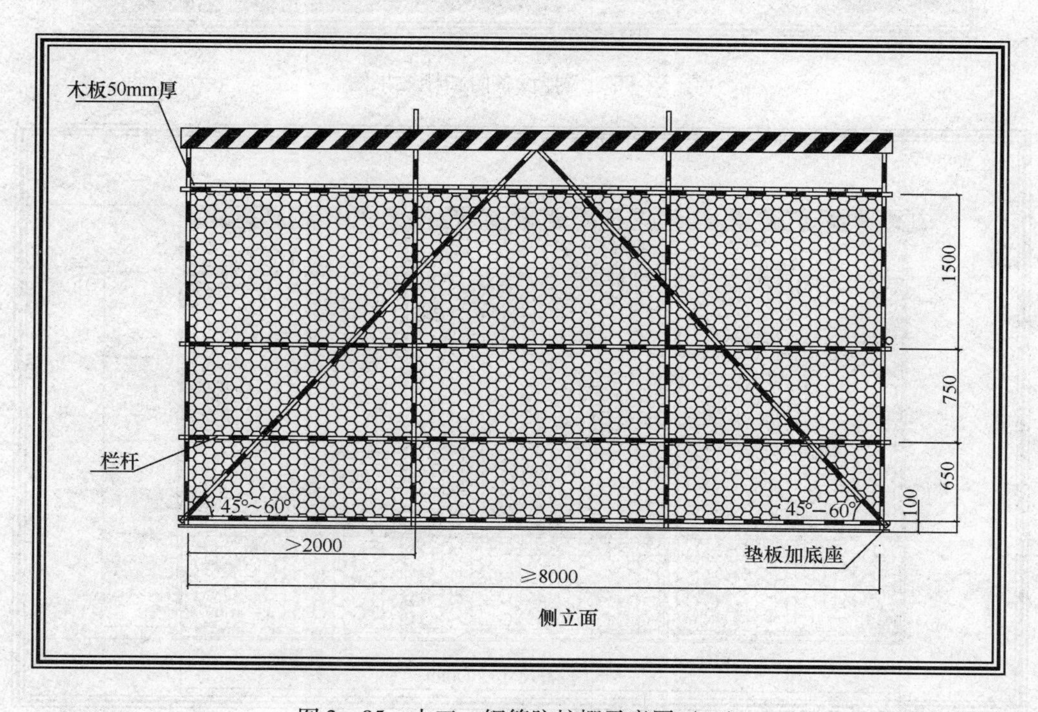

图 3－85　木工、钢筋防护棚示意图（二）

2. 搅拌设备防护棚（图 3－86、图 3－87）

说明：

（1）必须具备防尘、防雨、防砸抗冲击及防噪声四项功能。

（2）长、宽、高以实际需要为易。

（3）设双层硬顶间距 500mm 防护棚，铺双层 60mm 厚木板。

（4）立杆间距原则不大于 2m，特殊部位立杆间距可根据实际需要设置，底座加 60mm 厚垫板，设扫地杆。

（5）水平横杆间距≥150cm，大面设剪刀撑、小面设斜撑，角度应在 45°～60°之间。

（6）外挂密目网、内衬彩条布。

图 3－86　搅拌设备防护棚效果图

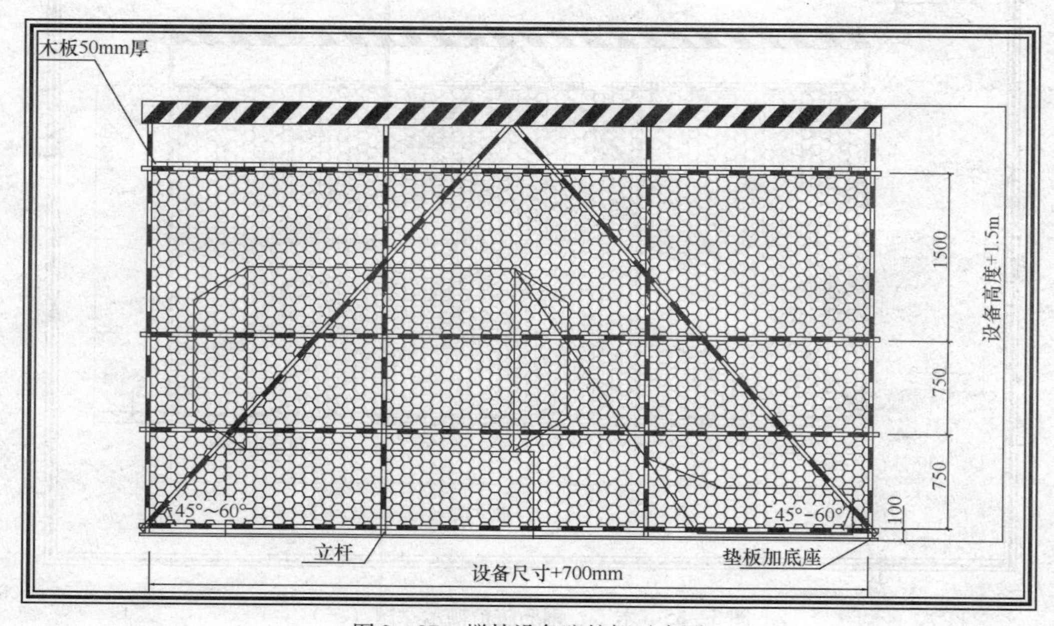

图 3－87　搅拌设备防护棚示意图

（二）临边防护

说明：

（1）临边必须根据实际情况设置符合安全要求的防护设施。

（2）防护设施抗冲击性必须符合安全要求。

（3）临边防护采用钢管、扣件组装，刷红白漆，间距 300mm。防护设置 600mm、1200mm 两道，用密目网封闭或下设 180mm 挡脚板，立柱间距不大于 2m。

1. 基坑临边防护（图 3－88）

说明：

（1）基坑深度大于或等于 2m 时，在距离基坑边缘不小于 500mm 处沿基坑四周设置防护。

（2）设置警示灯，在防护栏杆处每隔 15m 设置 36 V 红色警示灯泡一处。

（3）立杆打入土层深度不小于 700mm，立杆上每间隔 4m 设斜撑。

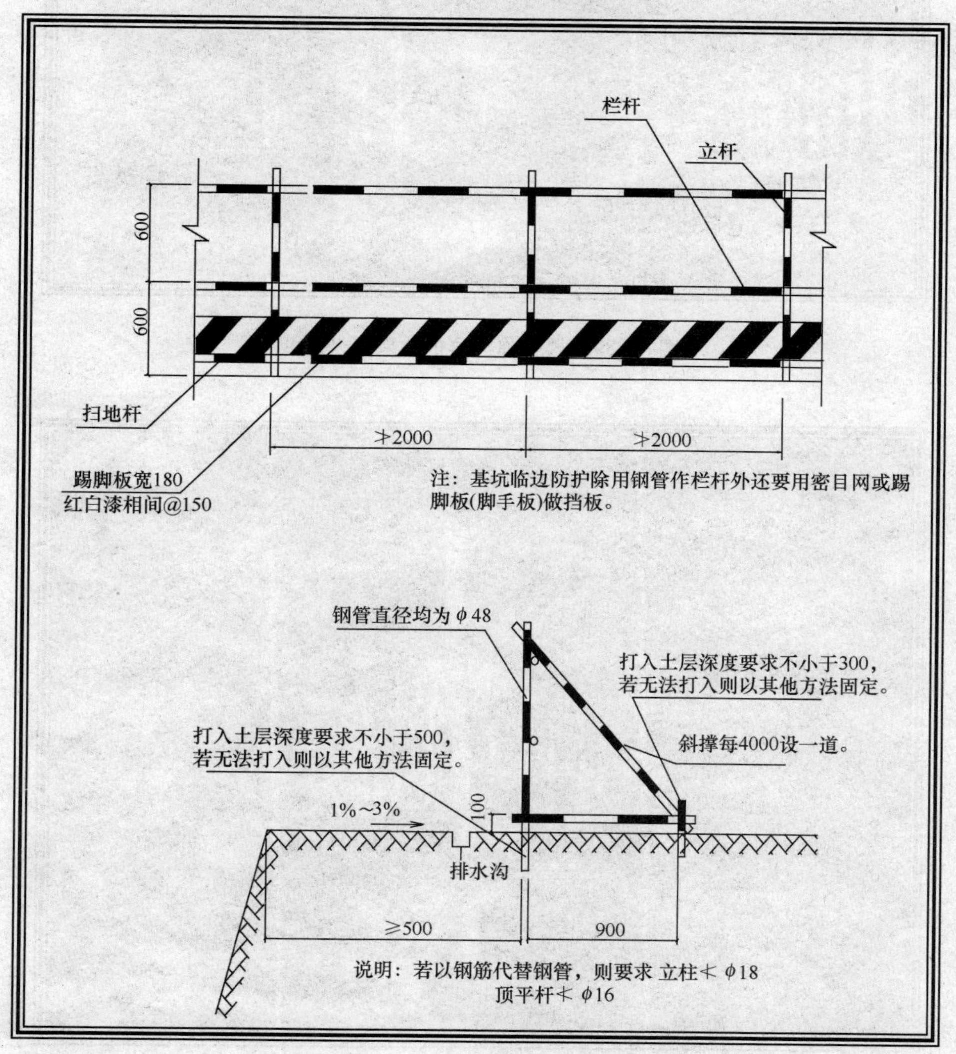

图 3－88　基坑临边防护做法

（4）基坑边缘1.5m之内严禁堆放物料，深基坑3m之内严禁堆放物料。

2. 阳台临边防护

说明：

（1）现浇阳台留有栏板筋，将栏板筋焊成钢筋网；栏板筋的分布筋与外墙预留件焊接，下设180mm高挡脚板。

（2）不能焊阳台钢筋网的按钢管、扣件防护设置。

3. 楼梯临边防护（图3－89～图3－91）

说明：楼梯临边防护可采用两种方法，即：

图3－89　楼梯临边防护效果图（一）

图3－90　楼梯临边防护效果图（二）

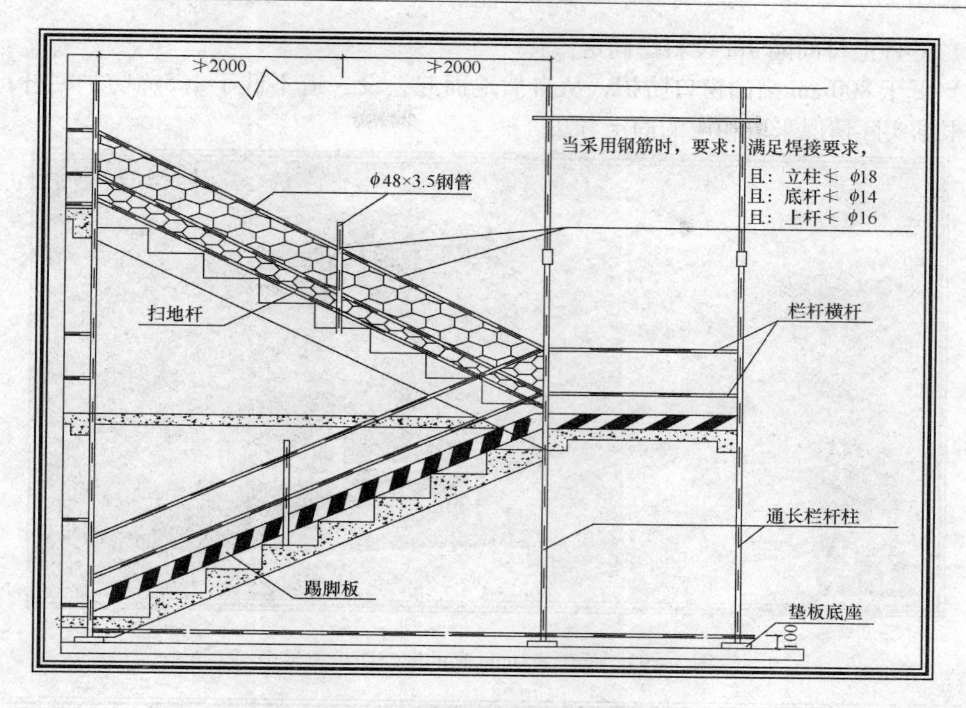

图 3－91　楼梯临边防护示意图

（1）用钢管按 0.6～1.2m 高设两道防护栏杆，并在楼梯斜跑中间设立杆，下设 180mm 高挡脚板。

（2）用 φ16mm 钢筋焊制临时楼梯栏杆，高度 0.6～1.2m，每 1.5m 设 φ18mm 立筋一道，下设 180mm 高挡脚板。

4. 楼层临边防护（图 3－92～图 3－94）

说明：

（1）用钢管设置 0.6～1.2m 高两道防护栏杆、立杆间距为 2m，挂封闭密目网或 180mm 高挡脚板。

图 3－92　楼层临边防护效果图

（2）立杆上每间隔4m设斜撑固定。

（3）低于800mm高的窗口防护，从自然地面起，设一道不低于1.5m防护栏杆；立杆固定应根据实际情况采取相应的固定方法。

图3－93　低于800mm高的窗口防护效果图

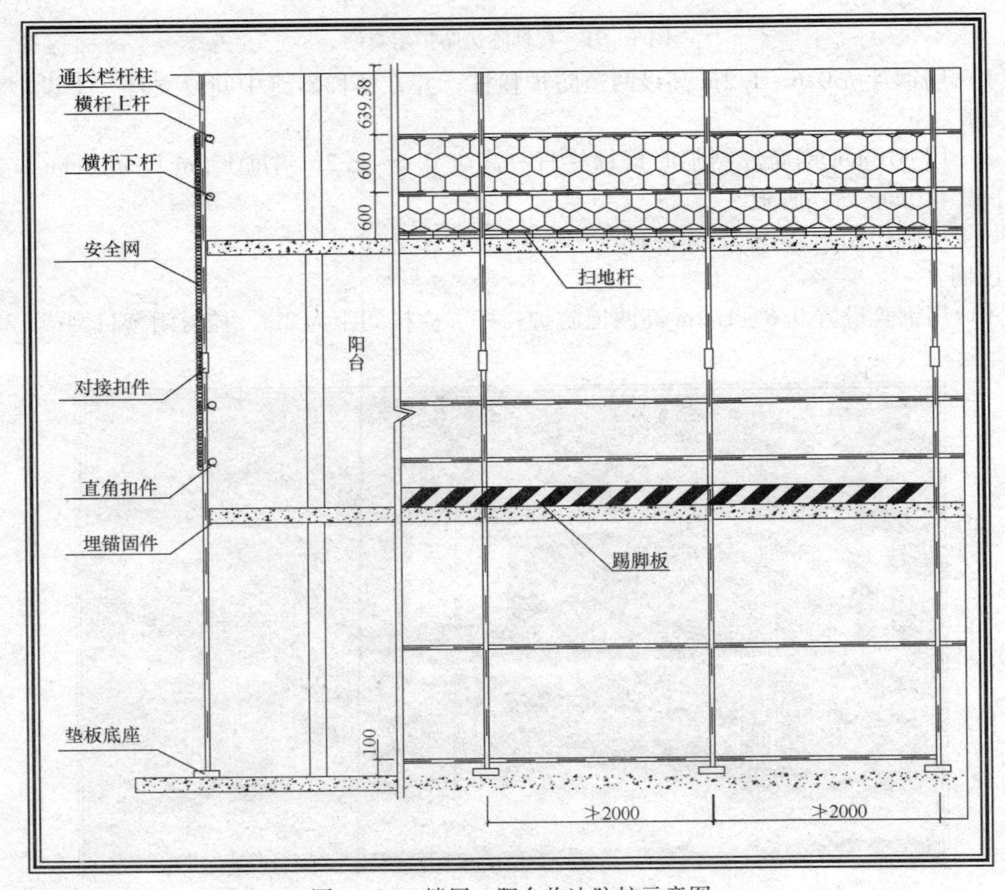

图3－94　楼层、阳台临边防护示意图

5. 屋面临边防护（图3－95、图3－96）

说明：

（1）平屋面：在屋面边缘500mm处，按0.6～1.2m高、立杆间距2m设置两道防护栏杆，并全封闭密目网或设180mm高挡脚板；立杆与层面板预埋件呈45°夹角设斜拉杆。

（2）坡屋面：外脚手架必须超过坡屋面边缘一步架，并用密目网和大眼网全封闭；坡屋面楼板位置，在外脚手架上用跳板交圈设置硬防护。

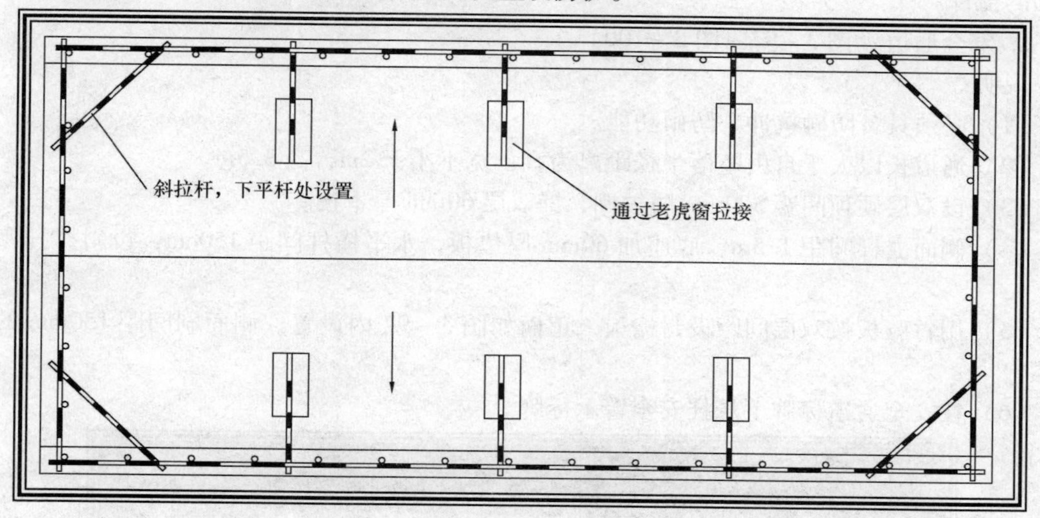

图3－95　平屋面临边防护示意图（一）

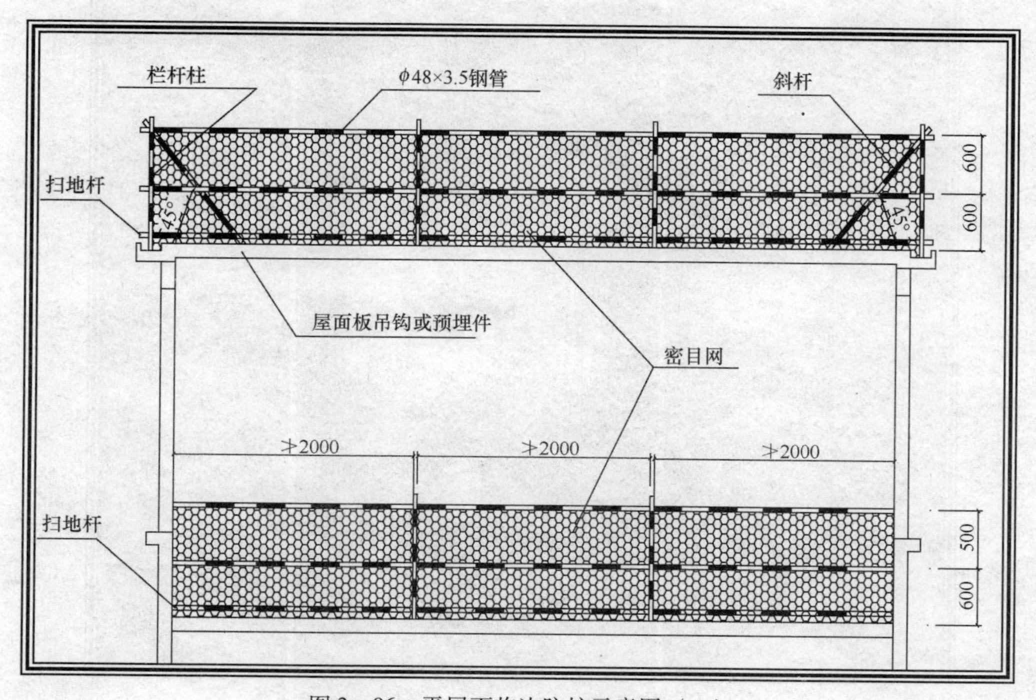

图3－96　平屋面临边防护示意图（二）

（三）洞口防护

说明：

（1）板与墙的洞口，必须设置牢固的盖板、防护栏杆、安全网或其他防坠落的防护设施。

（2）桩基础的桩孔上口，杯形、条形基础上口，未填土的坑槽，均要按洞口防护设置稳固的盖件。

1. 安全通道（图 3 – 97 ~ 图 3 – 100）

说明：

（1）必须具备防砸抗冲、防雨功能。

（2）通道长以大于自由坠落半径距离为宜，宽不小于 2m，高 3.5m。

（3）设双层硬顶间距 500mm 防护棚，铺双层 60mm 厚木板。

（4）侧面立杆间距 1.5m，底座加 60mm 厚垫板，水平横杆间距 150cm，设斜撑挂密目网。

（5）用竹胶板按双层间距设封檐板，正面如图 3 – 97 内设置、侧面刷间距 150mm 的红白漆。

（6）在安全通道标牌下悬挂安全警示标牌。

图 3 – 97　安全通道效果图

（7）推广使用制式安全通道。制式安全通道便于拆装，可多次周转使用，其结构由方钢立柱、角钢横梁、角钢斜支撑、上耳板、下耳板、节点板、底板等部分组成。表3-1为制式安全通道材料表。

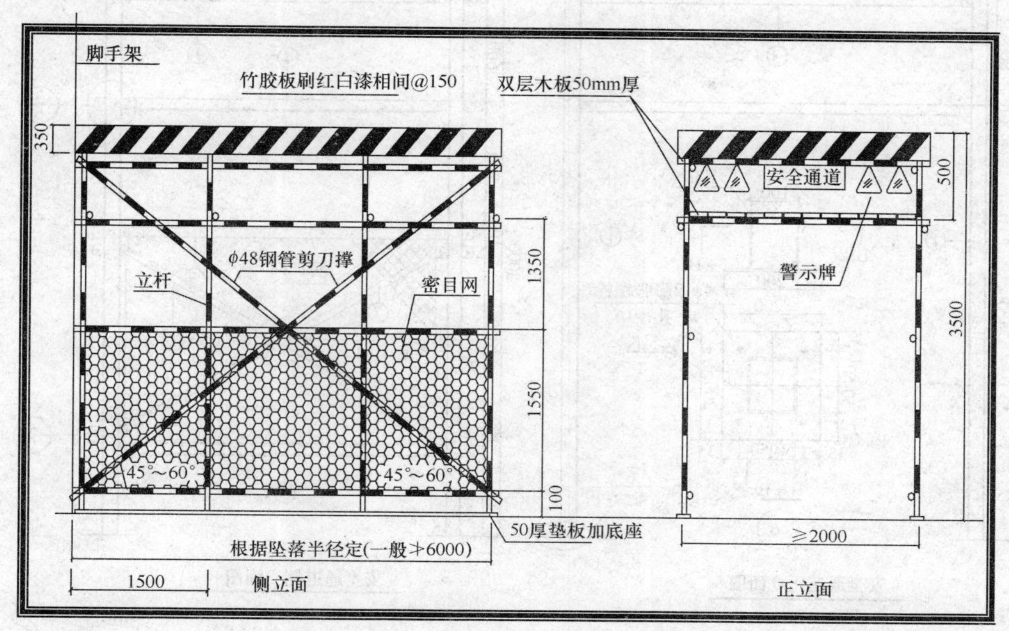

图3-98　安全通道示意图

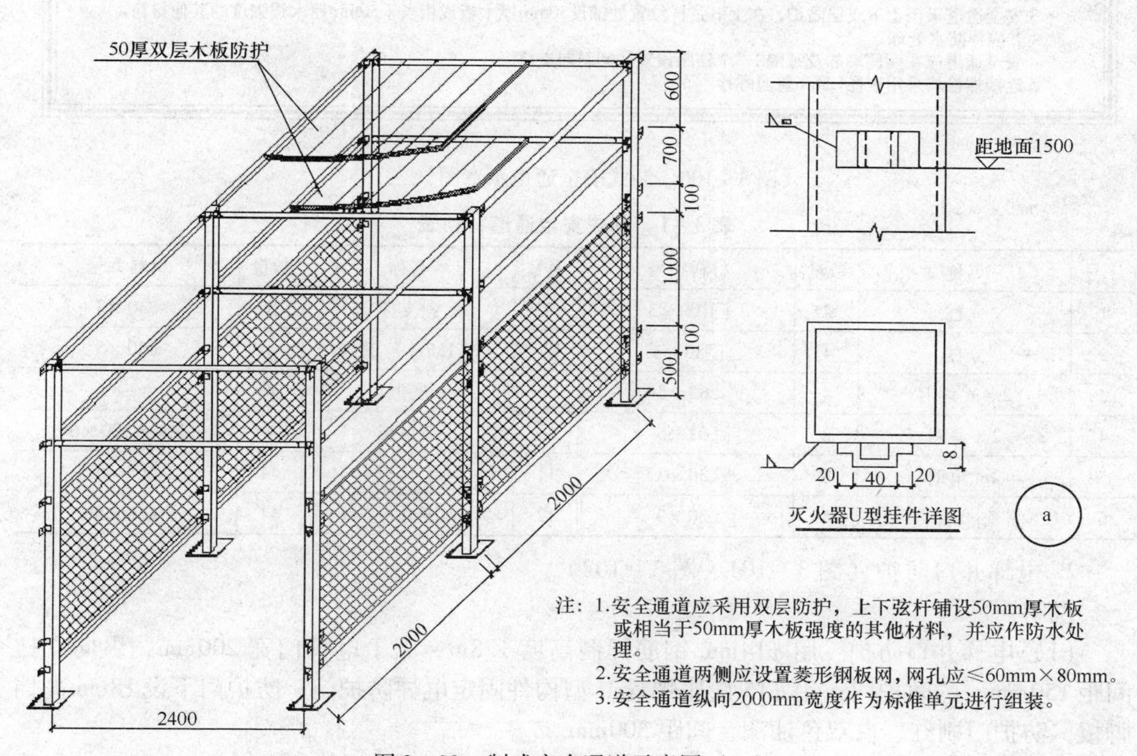

图3-99　制式安全通道示意图（一）

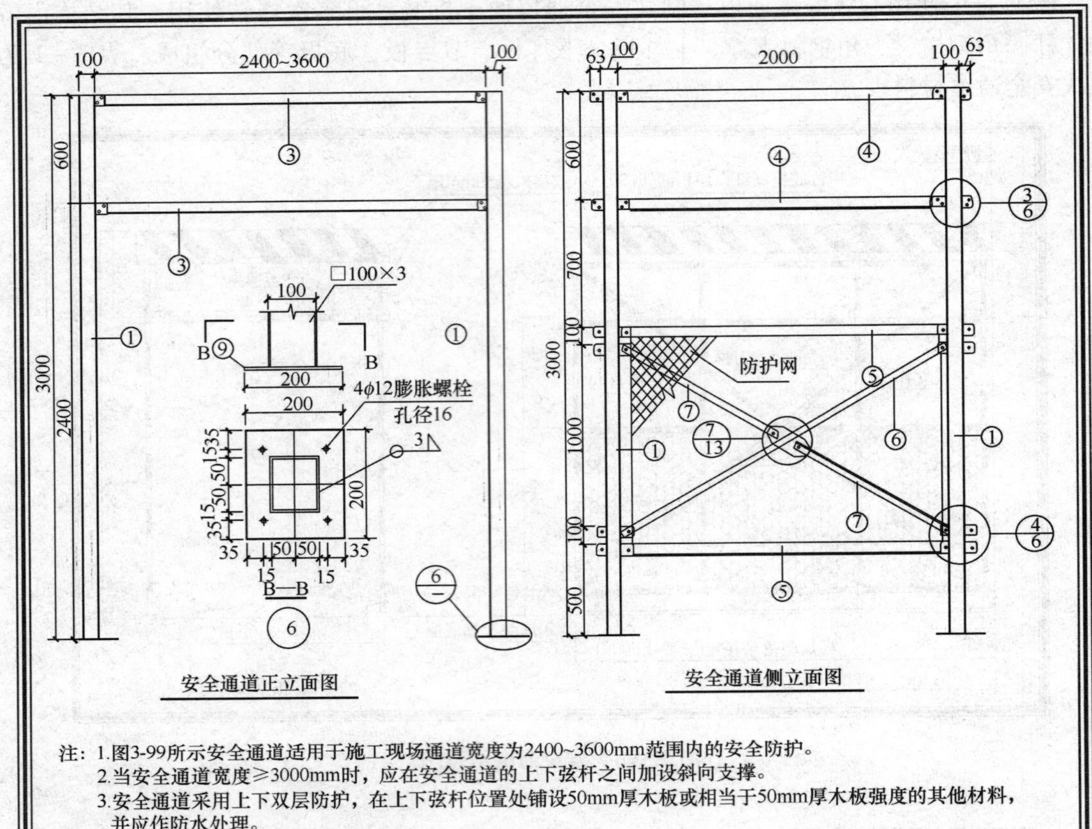

图 3－100　制式安全通道示意图（二）

表 3－1　制式安全通道材料表

序号	名称	数量	材料型号	序号	名称	数量	材料型号
1	立柱	4	□100×3	7	斜支撑	8	L30×3
2	立柱	4	□80×3	8	1.8m 角钢	4	L50×5
3	2.4m 角钢	4	L63×5	9	底扳	8	－8
4	2m 角钢	8	L63×5	10	节点板	4	260×100×6
5	2m 角钢	8	L30×3	11	上耳板	44	L63×5
6	斜支撑	4	L30×3	12	下耳板	44	L50×5

2. 电梯井口防护（图 3－101、图 3－102）

说明：

（1）电梯井口防护：用 φ14mm 钢筋焊制高度 1.8m、大于电梯门宽 200mm，纵向立柱间距 150mm，的防护门；用 φ15 膨胀螺栓 U 型构件固定电梯防护门；防护门下设 18cm 高挡脚板，防护门刷红、白双色油漆，间距 300mm。

（2）电梯井内楼层防护：每隔 3 层设置一道水平防护网，平网与井壁间隙小于 100mm。

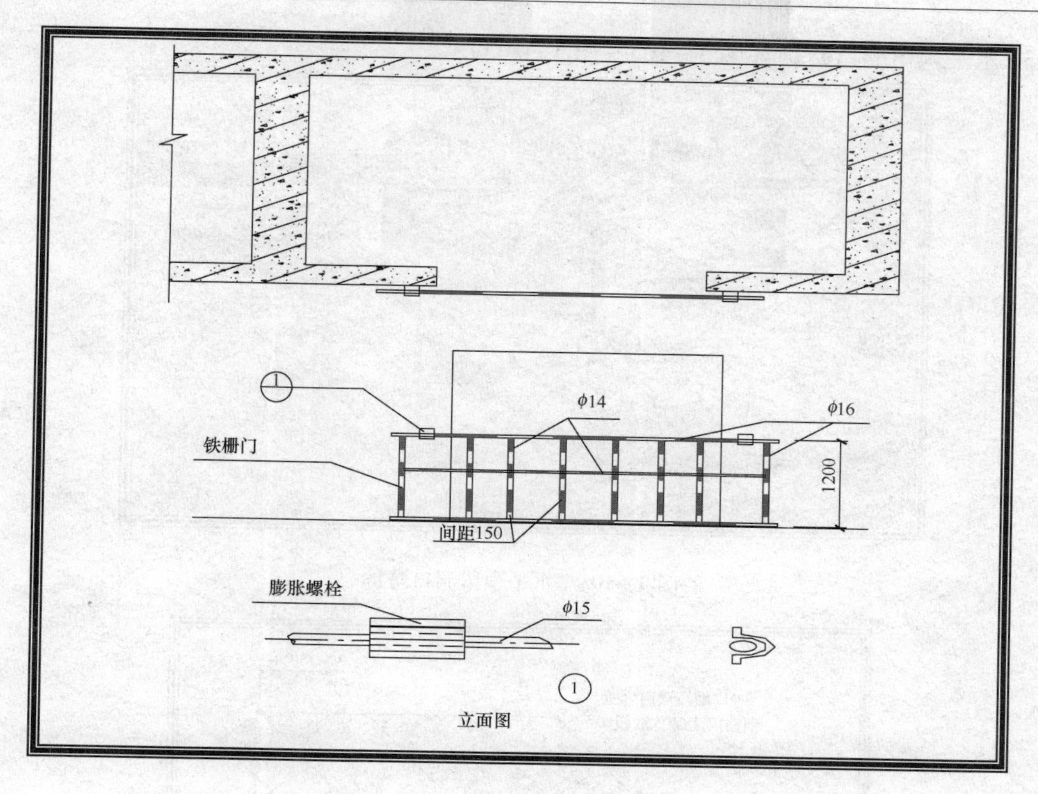

图 3－101　电梯井口防护示意图

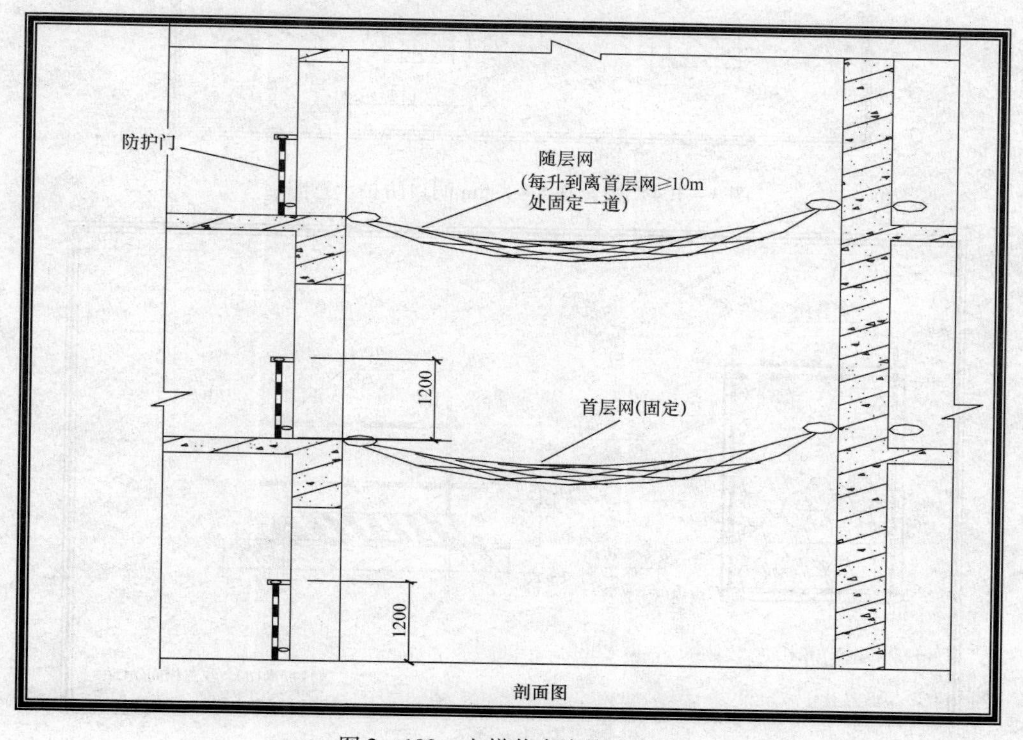

图 3－102　电梯井内防护示意图

3. 水平预留洞口防护（图 3 - 103 ~ 图 3 - 105）

图 3 - 103　水平预留洞口防护

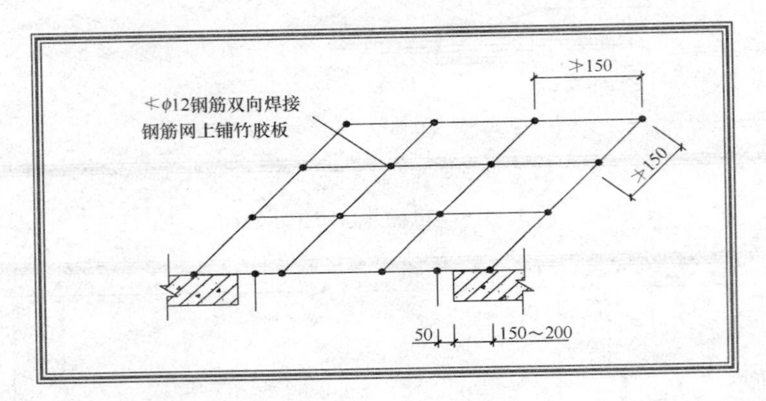

图 3 - 104　边长 0.5 ~ 1.5m 洞口防护示意图

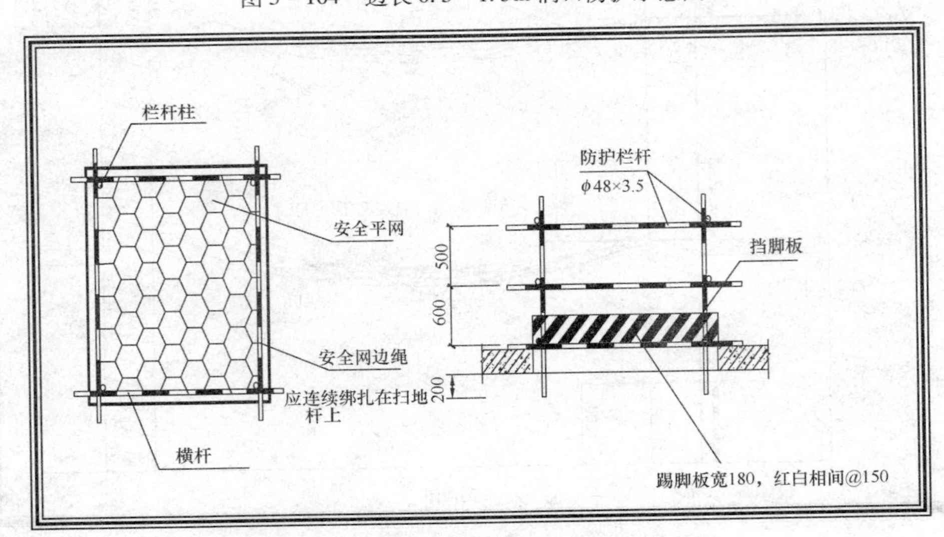

图 3 - 105　边长 1.5m 以上洞口防护示意图

说明：

（1）边长≤250mm 的水平洞口，用≥1/3 洞口面积、25mm 厚的木板，木板下钉牢稍大于洞口面积的 120mm 高的木框，然后将盖板盖牢在洞口上。

（2）边长 250～500mm 的水平洞口，用≥1/3 洞口面积、25mm 厚的木板，木板下钉牢稍大于洞口面积的 120mm 高的木框，然后将盖板盖牢在洞口上。

（3）边长 0.5～1.5m 的水平洞口，用≥ϕ14mm 的钢筋，焊制网格纵横间距 150mm、面积大于洞口面积的钢筋网；将钢筋网焊在洞口的预埋件上，用 25mm 厚木板满铺在钢筋网上并用“8#”线绑牢。

（4）边长≥1.5m 的水平洞口，洞口上设置防护平网；洞口四周用钢管设置 0.6～1.2m 高两道封闭防护栏及 180mm 高挡脚板。

（5）垃圾井、电缆井及竖向管道口，用 ϕ12mm 钢筋按其面积焊制纵横间距 150mm 钢筋网；在洞口内圈打孔安装 ϕ12mm 的预埋钢筋，将钢筋网与预埋钢筋焊接牢固。

（6）车辆行驶道路旁的洞口、深沟或管道坑、槽等处，在四周用钢管设置 0.6～1.2m 高两道封闭防护栏及 180mm 高挡脚板。

（四）悬挑接料平台（图 3－106～图 3－108）

说明：

（1）悬挑接料平台要经过技术人员设计、计算并经过项目技术负责人审批后制作。

（2）悬挑接料平台受力要以悬挑梁为主，斜拉吊索为辅助。

（3）悬挑梁要使用 ϕ16mm 圆钢预埋件锚固三道。

（4）斜拉吊索为钢丝绳，两端连接点要使用三个 U 型卡固定，并设安全弯。

（5）平台三面设置载重标志牌。

图 3－106　悬挑接料平台正面效果图

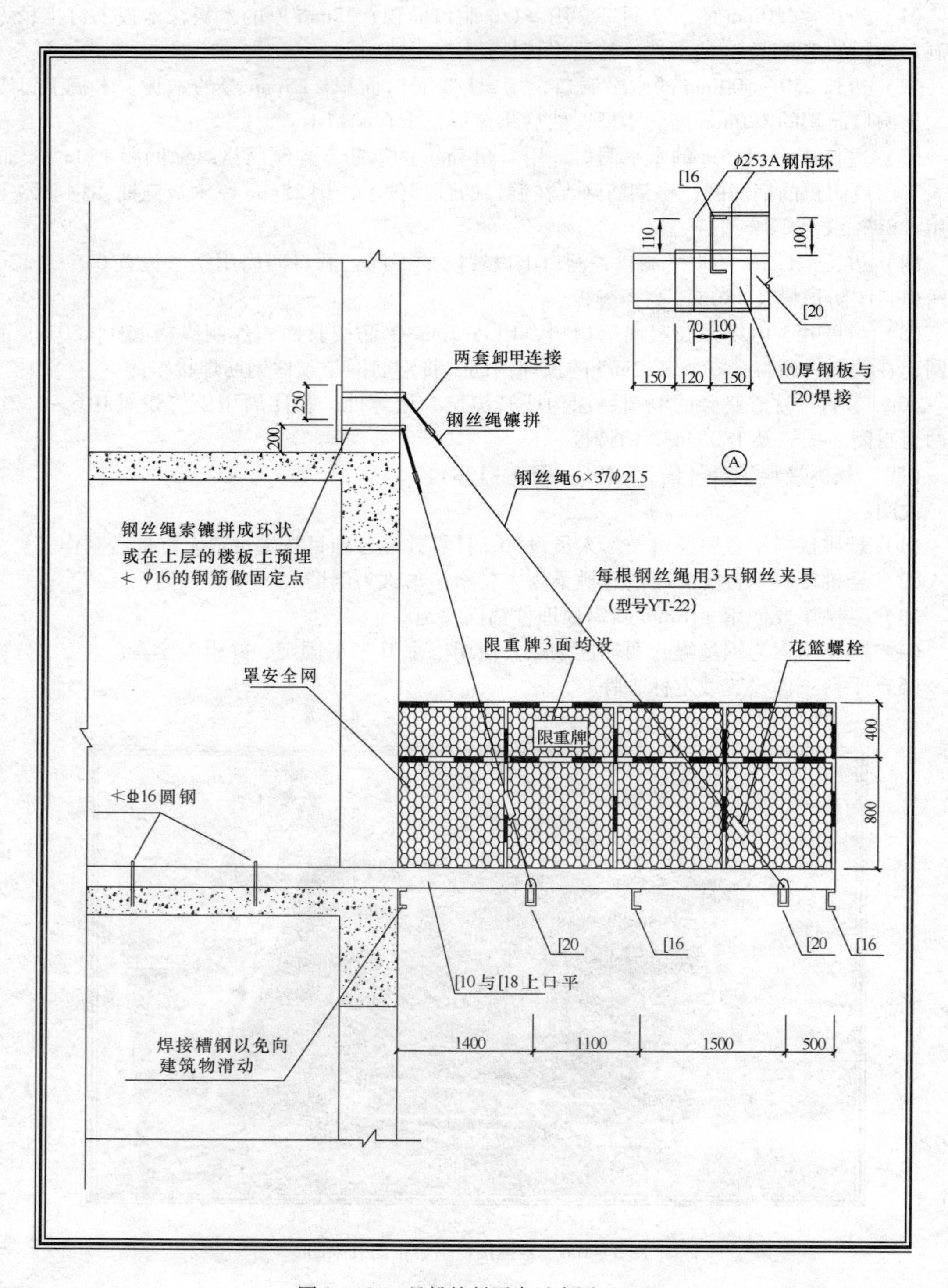

图3－107　悬挑接料平台示意图（一）

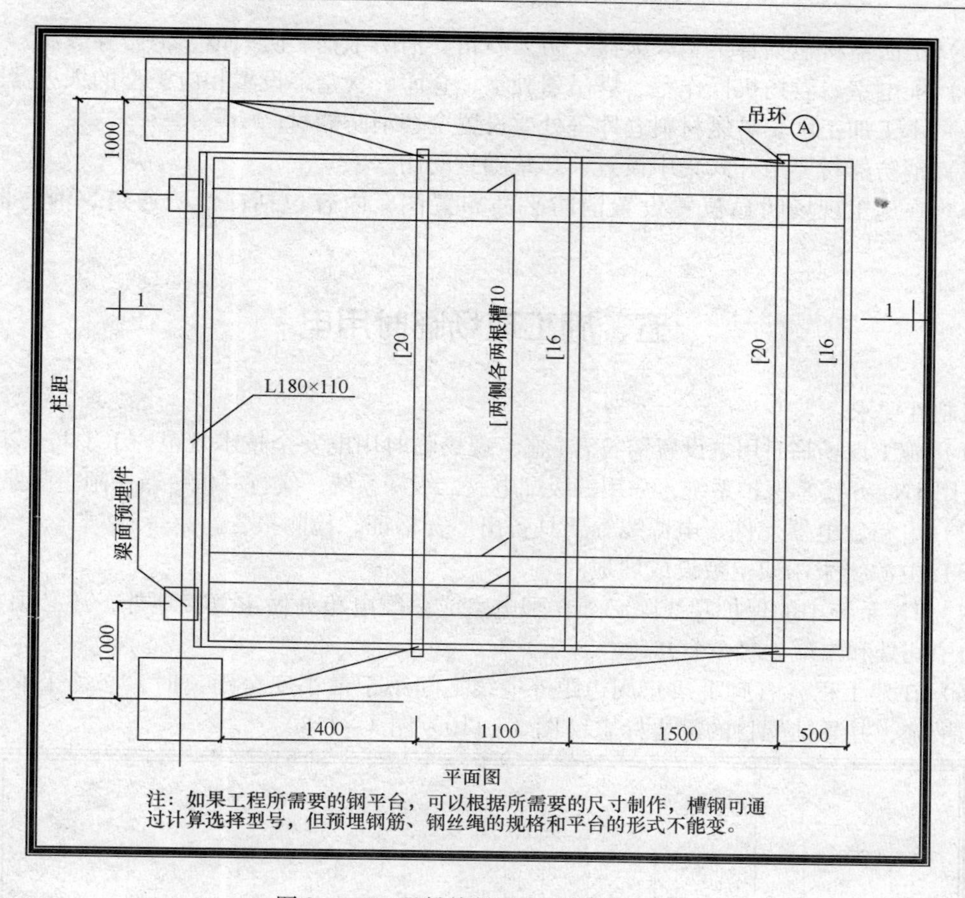

图3－108　悬挑接料平台示意图（二）

四、消防器材

说明：

（1）在存在火灾隐患部位配备相应的消防器材（图3－109）。

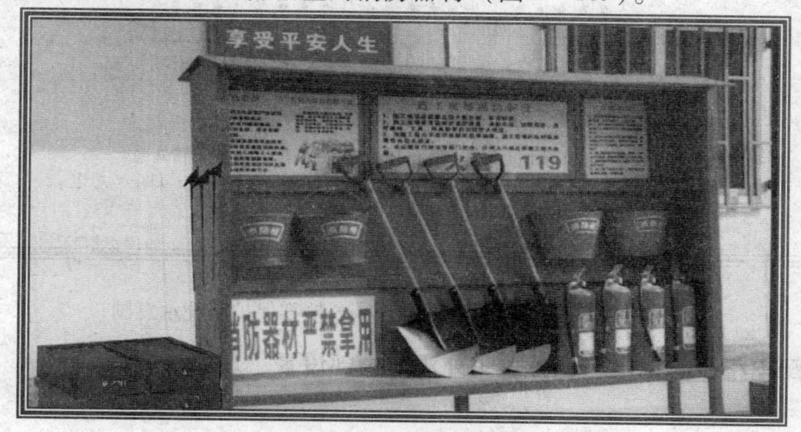

图3－109　消防器材设置

（2）消防器材包括各类型灭火器、防火砂箱、消防水桶、防火锹、消防斧等。

（3）配电室、卷扬机操作室、塔吊驾驶室、仓库、食堂，设置相应类型的灭火器。

（4）木工加工区、易燃材料仓库等处要设置全套消防器材。

（5）消防器材要敞开式集中设置，严禁随意动用。

（6）在施工现场明显位置设置消防平面布置图，内容包括：消防通道、消防器材设置点。

五、施工现场临时用电

强制性要求：

（1）施工现场临时用电设置需符合《施工现场临时用电安全技术规范》(JGJ 46—2005)要求，采用 TN－S 接零保护系统；采用三级配电、二级漏系统；实行一机一箱一闸一漏保。

（2）电箱、电器元件、电源线等要具备出厂合格证、检测报告。

（3）电源线采用架空敷设或埋地。

（4）TN 系统中的保护零线除必须在配电室或总配电箱处做重复接地外，还必须在配电系统的中间处和末端处做重复接地。

（5）在建工程（含脚手架）周边距外电线之间小于最小安全距离时，必须采取绝缘隔离防护措施，并悬挂醒目的警告标志（图 3－110～图 3－118）。

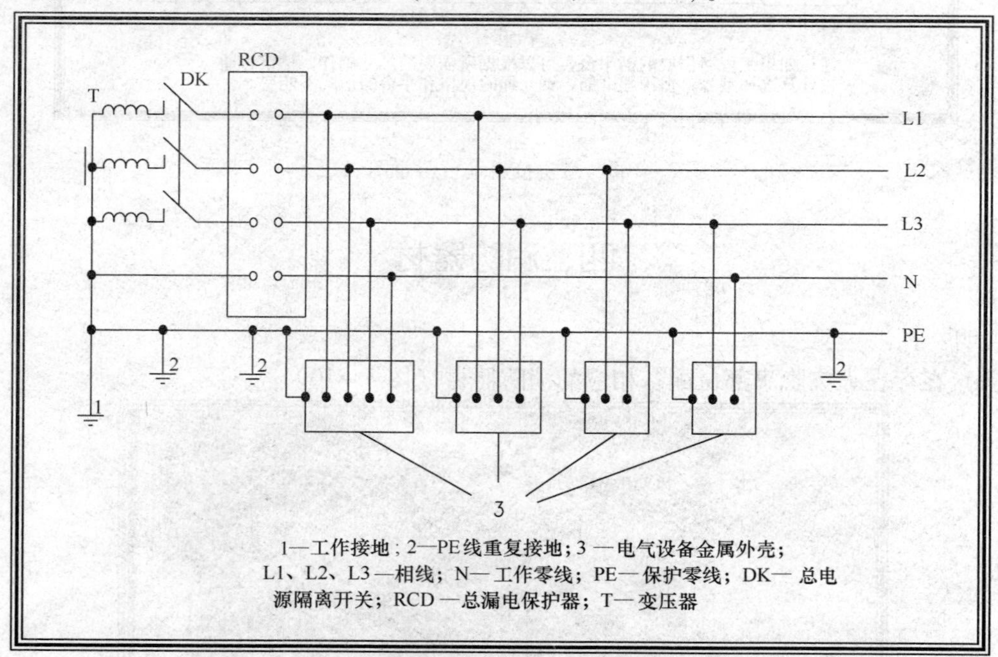

图 3－110　专用变压器供电 TN－S 接零保护系统示意图

（一）总配电柜、分配电箱、开关箱外观与内部设置

说明：

（1）电箱内的电器应先安装在金属或非木质阻燃绝缘电器安装板上，然后方可整体紧

固在电箱内。金属电器安装板与金属箱体应做电气连接。

（2）电箱内的电器应按其规定位置紧固在电器安装板上，不得歪斜和松动。

（3）电箱的电器安装板上必须分设N线端了板和PE线端了板。N线端子板必须与金属电器安装板绝缘；PE线端子板必须与金属电器安装板做电气连接。进出线中的N线必须通过N线端子板连接；PE线必须通过PE线端子板连接。

（4）电箱的进、出线口应配置固定线卡和绝缘护套，不得与箱体直接接触。

图3－111　总配电柜外观效果图

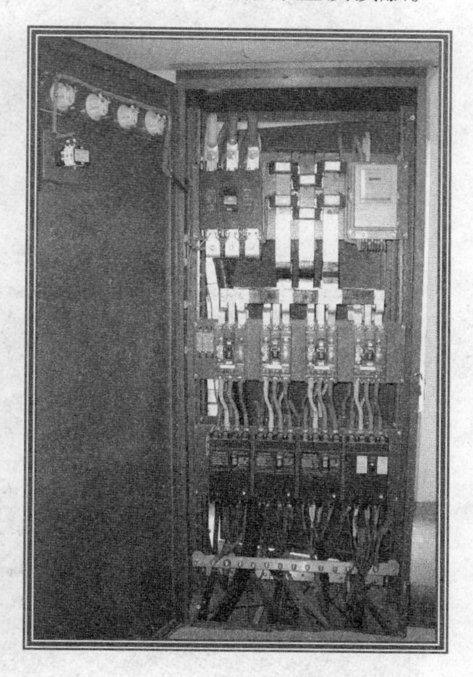

图3－112　总配电柜电器配置效果图（一）

图3－113　总配电柜电器配置效果图（二）

图 3－114　分配电箱外观效果图

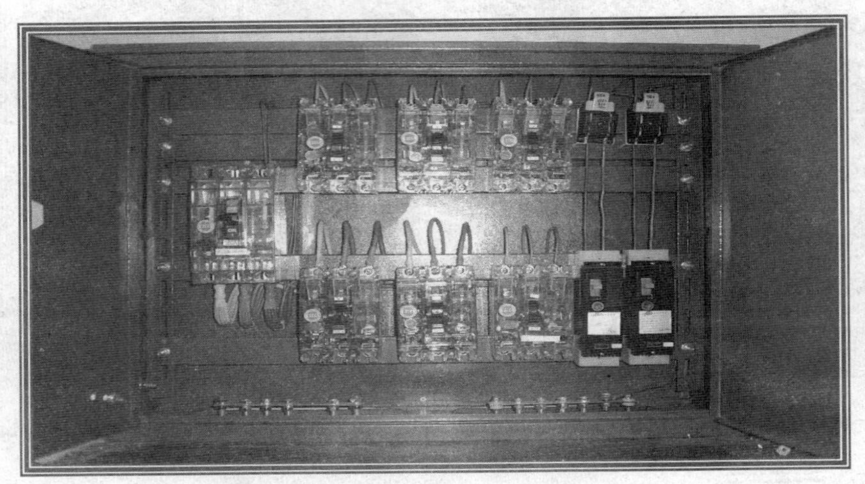

图 3－115　分配电箱电器配置效果图

图 3－116　开关箱外观效果图（一）

图 3－117　开关箱外观效果图（二）

图3－118　开关箱电器配置效果图

(二）总配电柜、分配电箱、开关箱设置（图3－119～图3－121）

说明：

（1）总配电柜必须设在符合标准的配电室内，严禁露天设置，并严禁无关人员进入配电室。

（2）配电箱、开关箱要设在干燥、通风及常温场所。

（3）箱体周围要有足够两人同时工作的空间和通道，并不得有任何障碍物存在。

（4）固定式箱体中心点与地面垂直距离1.4～1.6m。移动式箱体与地面垂直距离为0.8～1.6m。

图3－119　总配电柜设置效果图

（5）支架采用 ϕ14mm 螺纹钢焊制，并刷间距 300mm 红白漆。

（6）配电箱、电闸箱必须具备防雨、防尘、防砸抗冲击功能。

（7）在配电箱、开关箱门内侧粘贴电气系统图。

图 3－120　分配电箱设置效果图

图 3－121　开关箱设置效果图

（三）电器原件（图 3－122～图 3－124）

图 3－122　总配电柜用可视性自动开关效果图

图 3－123　配电箱用可视性自动开关效果图

图 3－124　漏电保护器效果图

注：电器原件必须使用建设部推荐经“CCC 认证”的产品。

六、扣件式双排钢管脚手架

强制性要求：

1. 脚手架必须编制脚手架施工方案。按照《建筑施工扣件式钢管脚手架安全技术规范》(JGJ 130—2011)的规定，进行设计计算，编制出能够指导施工的搭设和拆除方案，并履行审批手续。

2. 脚手架的钢管、扣件要有产品质量合格证和质量检测报告，并按规定进行检测。

3. 脚手架内侧采用密目式安全网全封闭，水平面挂大网眼安全网。

4. 搭设

(1) 脚手架必须配合施工进度搭设，一次搭设高度不应超过相邻连墙件以上两步。

(2) 每搭设完一步脚手架后，应校正步距、纵距、横距及立杆的垂直度。验收合格后方可投入使用。

(3) 严禁将外径48mm与51mm的钢管混合使用。

(4) 小横杆伸出立杆100mm。

(5) 高度在24m以下的脚手架，必须在外侧立面的两端各设置一道剪刀撑，并且应由底至顶连续设置；中间各道剪刀撑之间的净距不大于15m。每道剪刀撑宽度不小于4跨，且不小于6m，斜杆与地面的倾角在45°~60°之间。高度在24m以上的脚手架应在外侧立面整个长度和高度上连续设置剪刀撑。

(6) 脚手架宜采用刚性连墙件与建筑物可靠拉结，严禁刚性和柔性拉结混合使用。拉结杆件必须水平设置。

(7) 作业层必须满铺跳板并索牢，外侧必须应装高度为180mm高的踢脚板。

(8) 密目式安全网要求在每100cm^{2}的面积上，不少于2000目，网与网之间连接使用尼龙线。脚手架内立杆与建筑物之间用水平安全网要进行封闭，建筑物首层顶板处设置一道，以上每隔10m设一道，施工层脚手板下面也要设一道。

(一) 落地式脚手架 (图3-125、图3-126)

1. 基础

说明：

(1) 脚手架地基与基础施工，必须根据脚手架搭设高度、搭设场地、土质情况与现行国家标准有关规定进行（图3-127)。

(2) 脚手架底座底面标高宜高于自然地坪50mm。

(3) 基础必须素土夯实，上垫60mm木板并设钢板底座与垫板或仰卧槽钢。

(4) 当脚手架基础下有设备基础、管构时，在脚手架使用过程中不应开挖，否则必须采取加固措施。

(5) 落地式脚手架基础必须有可靠的排水措施（图3-128)。

(6) 基础必须连续设置，高低差不得低于1m。

2. 立杆

说明：

(1) 立杆是脚手架的主要受力构件，要计算其稳定性，选取受力最大的底层立杆段进行计算。

图 3－125　脚手架效果图

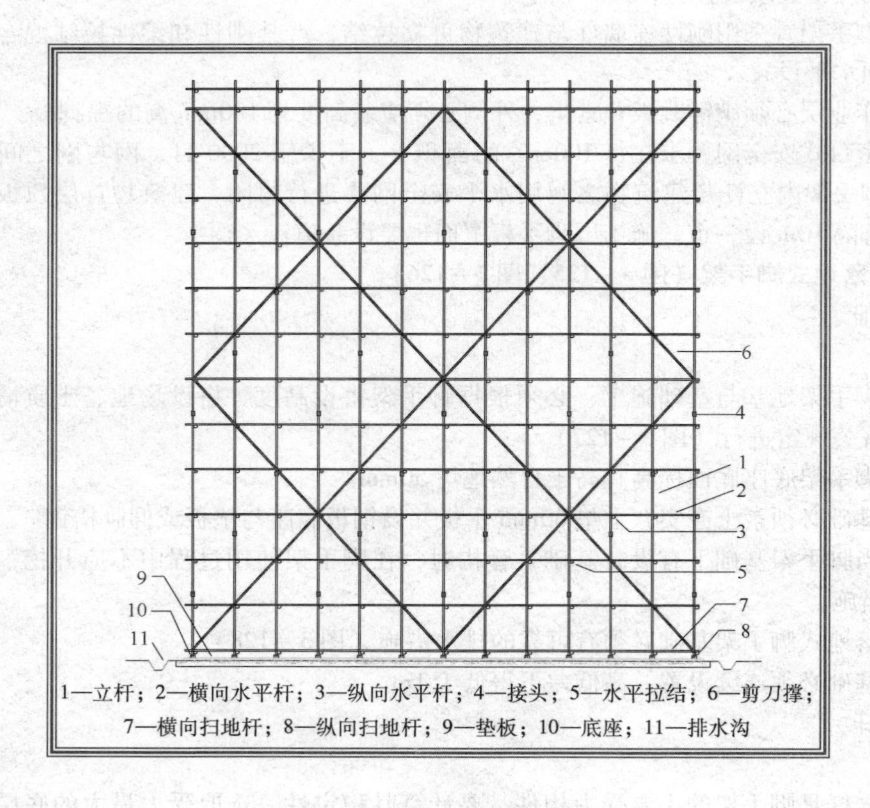

1—立杆；2—横向水平杆；3—纵向水平杆；4—接头；5—水平拉结；6—剪刀撑；
7—横向扫地杆；8—纵向扫地杆；9—垫板；10—底座；11—排水沟

图 3－126　脚手架结构示意图

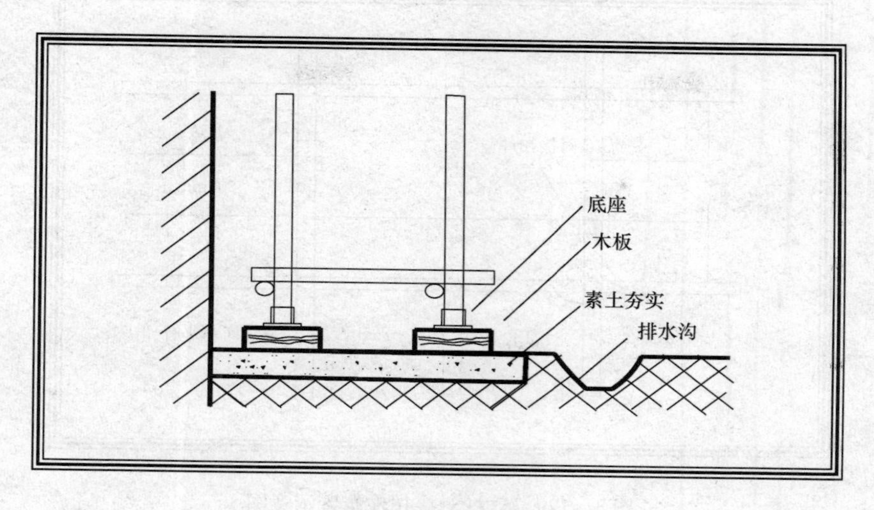

图 3－127　脚手架基础底座示意图

图 3－128　落地式脚手架基础及排水效果图

（2）立杆上的接头处应交错布置；两根相邻立杆的接头不应设置在同步内，同步内隔一根立杆的两个相隔接头在高度方向错开的距离不宜小于 500mm；各接头中心至主节点的距离不宜大于步距的 1/3（图 3－129）。

3. 连墙件设置（图 3－130）

说明：

（1）连墙件是承受脚手架的荷载，保证架体稳定的杆件。连墙件中的连墙杆宜呈水平设置，当不能水平设置时，与脚手架连接的一端应下斜连接，不应采用上斜连接。

（2）对高度在 24m 以下的脚手架，宜采用刚性连墙件与建筑物可靠连接，亦可采用拉

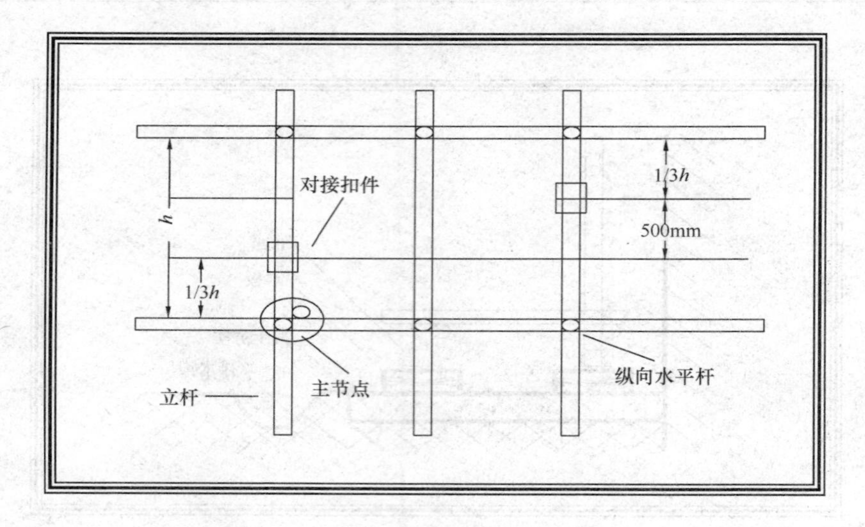

图 3－129　立杆对接扣件布置示意图

图 3－130　连墙件设置效果图

筋和顶撑配合使用的附墙连接方式。严禁使用仅有拉筋的柔性墙件；对高度在 24m 以上的脚手架，必须采用刚性连墙件与建筑物可靠连接。

（3）脚手架高度在 50m 以下的连墙件可按三步三跨或两步三跨设置，高度在 50m 及其以上的连墙件必须按两步三跨设置。连墙件宜靠近主节点设置，偏离主节点的距离不应大于 300mm。

4. 小横杆设置（图 3－131）

5. 操作层防护（图 3－132）

6. 杆件搭接（图 3－133）

图 3－131　小横杆伸出架体长度一致

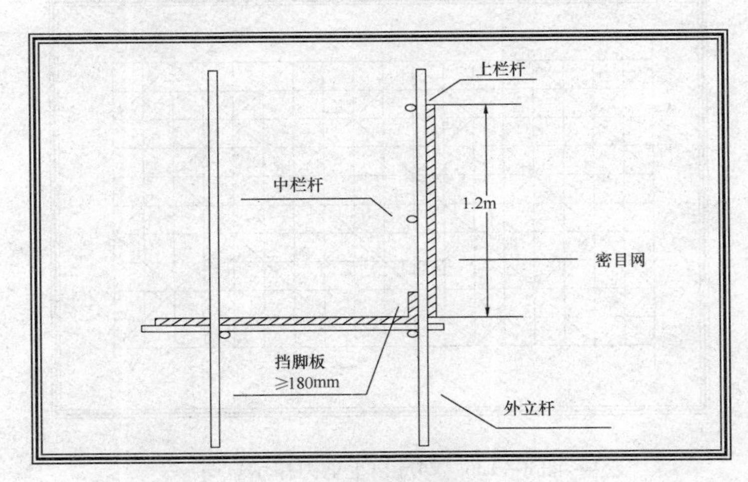

图 3－132　操作层防护示意图

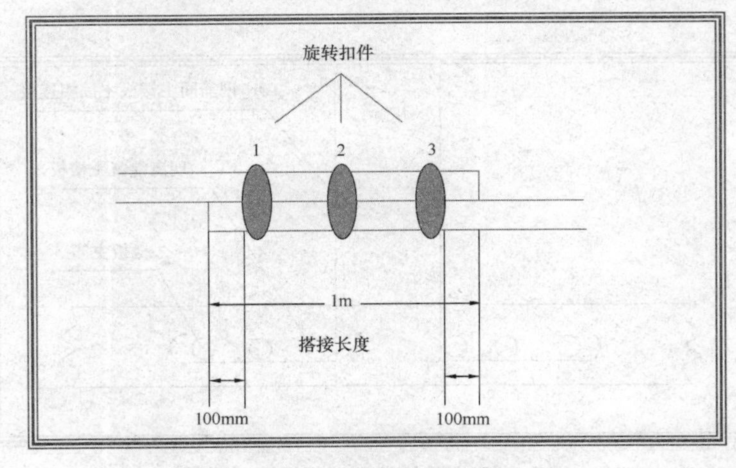

图 3－133　杆件搭接示意图

7. 剪刀撑设置（图 3－134、图 3－135）

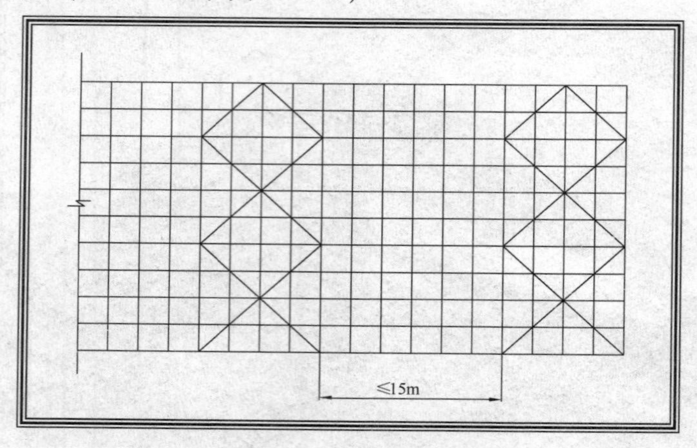

图 3－134　24m 以下剪刀撑示意图

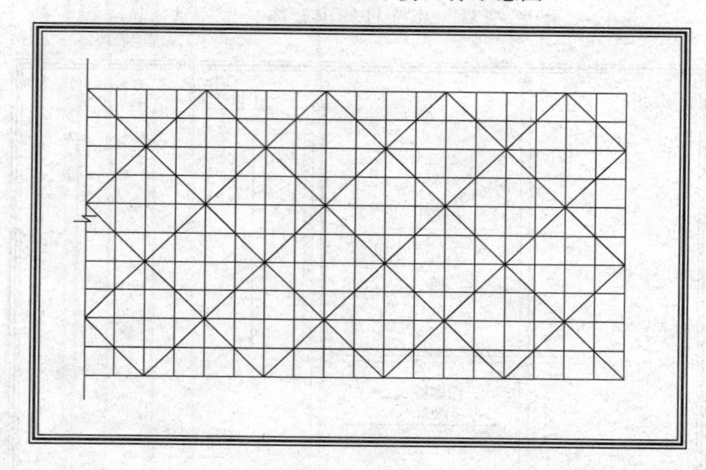

图 3－135　24m 以上剪刀撑示意图

（二）悬挑式脚手架（图 3－136、图 3－137）

说明：

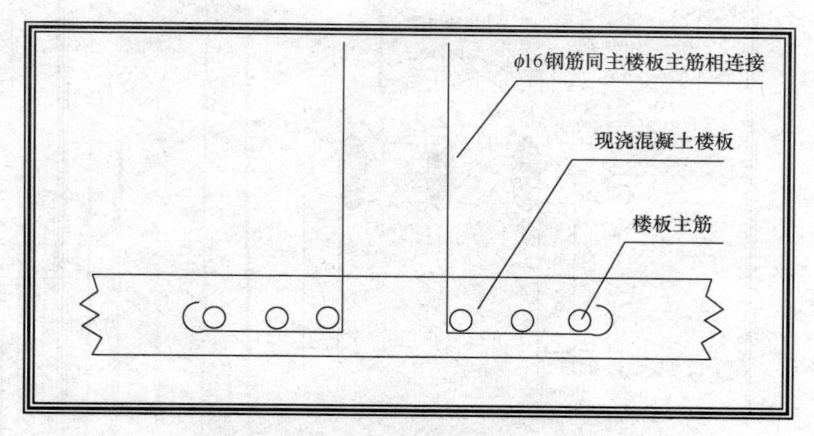

图 3－136　悬挑梁预埋件锚固示意图

图 3－137　悬挑式脚手架采用的工字钢和预埋件

（1）悬挑式脚手架采用的工字钢与预埋件，必须按照脚手架搭设方案中计算的可承受上部荷载的型号使用。

（2）悬挑工字钢的间距与立杆间距相同。

（3）悬挑长度与预留长度为 1∶2。

（4）首层必须设置硬防护，以上每隔 10m 设一道水平网。

（5）搭设方式与落地式脚手架相同。

七、模板支撑系统

强制性要求：

1. 现浇混凝土的梁、板模板支撑系统不仅要有计算书，还要有细部构造大样图，对材料规格尺寸、接头方法、间距及剪刀撑设置等均应详细注明（图 3－138～图 3－141）。

图 3－138　悬挑式脚手架首层的硬防护

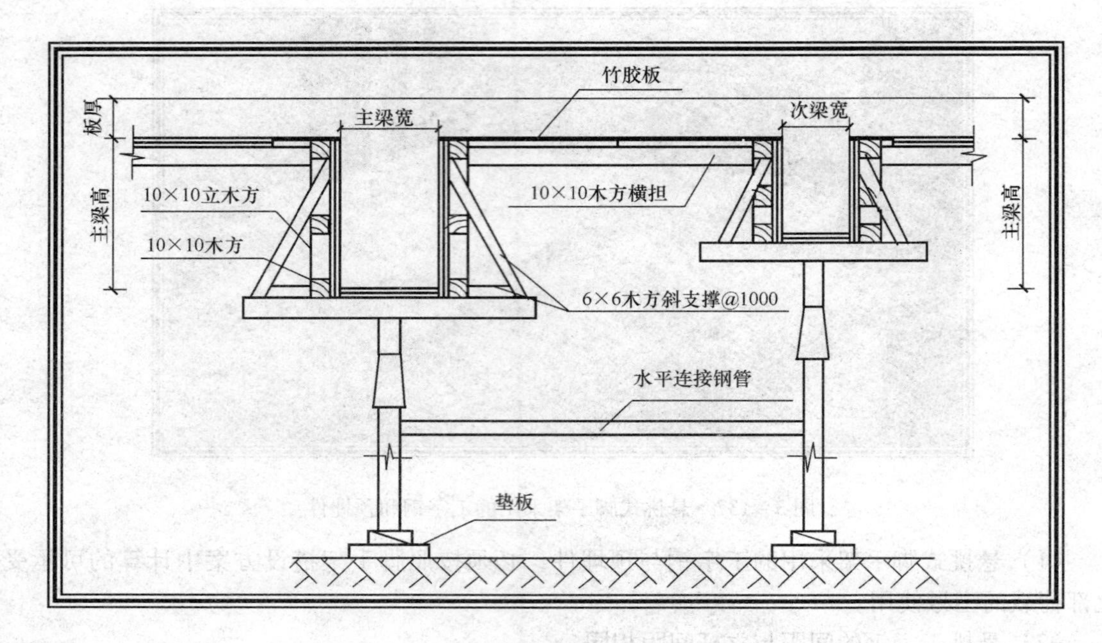

图 3－139　梁模板支撑示意图

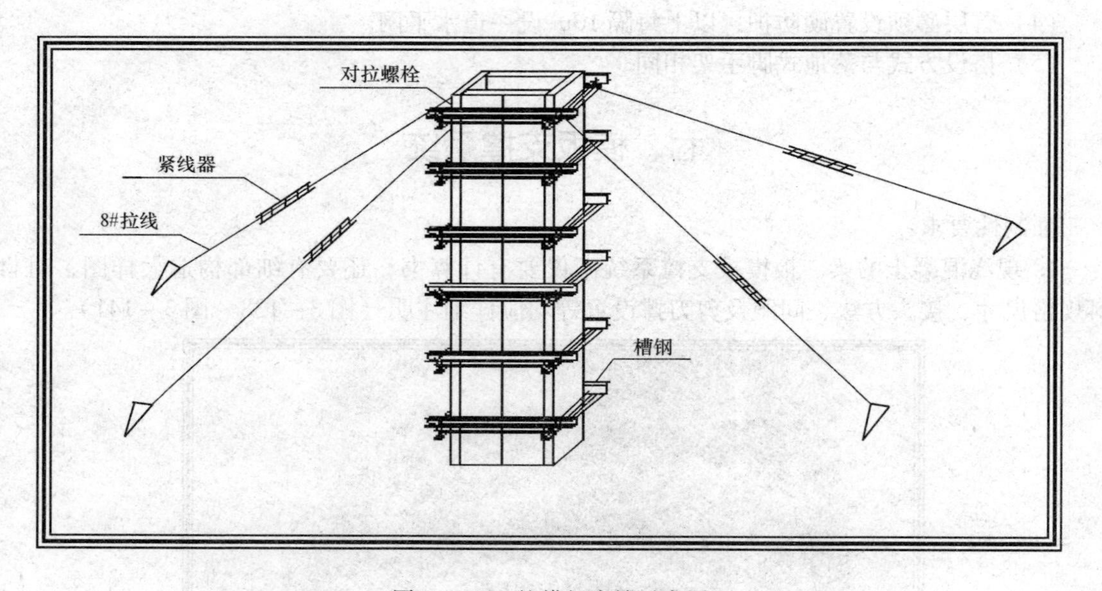

图 3－140　柱模板支撑示意图

2. 模板支撑体系中的立柱及其间距、水平杆及斜撑和剪刀撑等设置，必须经过设计计算确定。支撑系统必须形成一个整体，用同一种材料搭设，立杆底部要加上底座和垫板。

3. 模板支撑立杆应竖直设置，2m 高度的垂直允许偏差为 15mm。如使用钢管做立杆底部要设置底座和垫木。

4. 设在支撑立杆根部的可调底座，当伸出长度超过 300mm 时，应采取可靠措施固定。

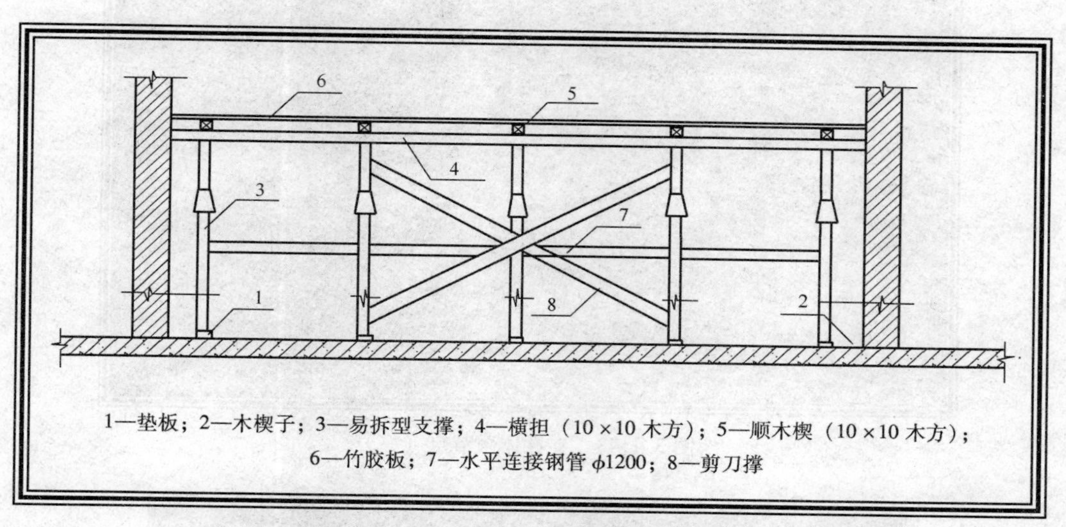

图 3－141　板模板支撑示意图

5. 当梁模板支撑立杆采用单根立杆时，立杆应设在梁模板中心线处，其偏心距不应大于 25mm。

6. 满堂模板支撑四边与中间每隔 4 排支撑立杆设置一道纵向剪刀撑，由底至顶连续设置；高于 4m 的模板支撑，其两端与中间每隔 4 排立杆从顶层开始向下每隔 2 步设置一道水平剪刀撑。

7. 模板支撑体系宜采用碗扣式脚手架支撑体系。碗扣式脚手架由 ϕ48mm 钢管，与上碗、下碗、碗扣焊制组成。杆件节点处采用碗扣承插连接，连接牢固，便于拆装（图 3-142～图 3-148）。

图 3－142　碗扣式脚手架支撑体系

图 3－143　支撑体系节点（一）

图 3－144　支撑体系节点（二）

图 3－145　构件（一）

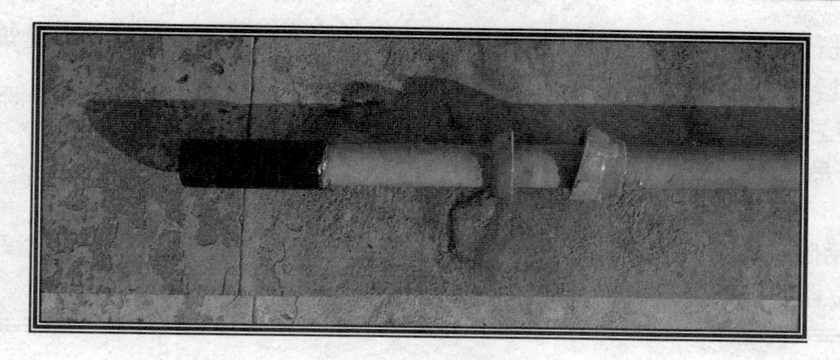

图 3－146　构件（二）

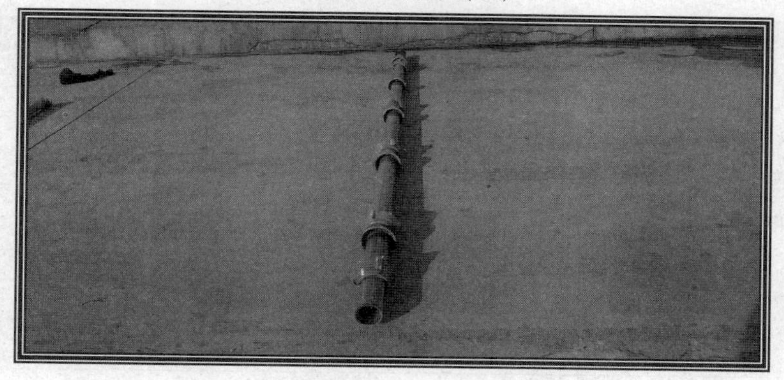

图 3－147　构件（三）

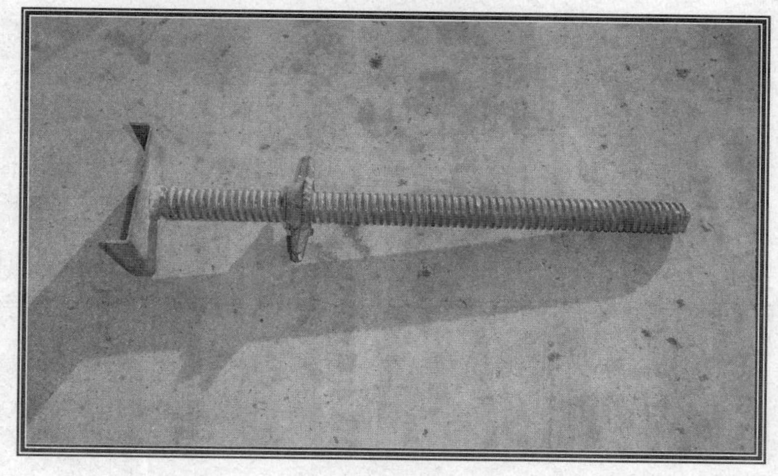

图 3－148　构件（四）

八、起重机械设备

强制性要求：

1. 起重机械设备必须具备生产（制造）许可证、产品质量合格证明、安装及使用维修说明、监督检验证明、定期检验证明等文件。

2. 建筑起重机械设备安装结束后，安装单位应严格按照安全技术规范的要求对建筑起重机械设备进行检验和调试，合格后，由施工方案编制人员或技术负责人向建筑起重机械设备操作人员进行安全技术使用说明。

3. 建筑起重机械设备经具有资质的检验检测机构检验合格后，方可使用。

（一）塔吊

说明：

（1）塔吊除设置力矩限制器（图 3－149）外，还要有控制超高、超载、变幅、行走的限位器，限位器要经常进行检查，确保灵敏、可靠。吊钩要有保险装置。

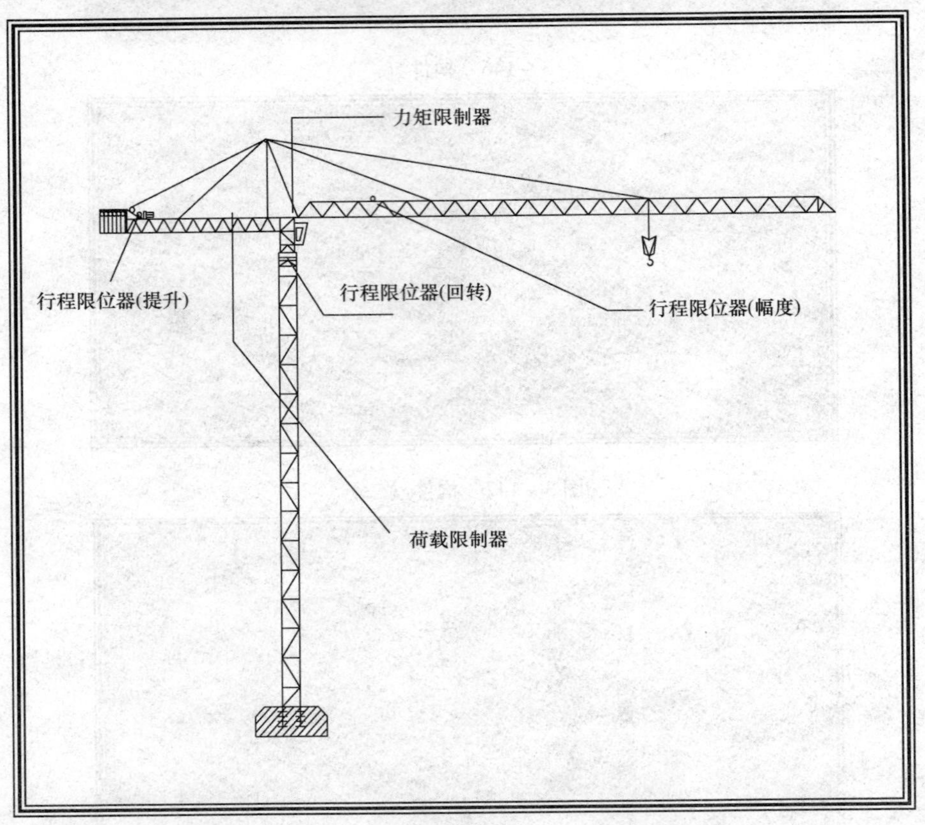

图 3－149　塔吊限制器、限位器设置示意图

（2）塔吊与外电线间要保证足够的安全操作距离，当小于安全距离时要有符合要求的防护措施（图 3－150）。

（3）多塔同时作业，要保证上下左右安全距离，要有方案和可靠的防碰撞安全措施（图 3－151）。

（4）塔吊基础部分要做防雨、防腐处理（图 3－152）。

（二）物料提升机（图 3－153）

说明：

（1）物料提升机应安装超高限位器，高架提升机还应安装低限位器和缓冲器，电动可逆式卷扬机的高度限位器应采取切断电流的方式，电动摩擦式卷扬机应采取高度限位报警的方式，吊篮不能只用断绳保护装置，要楼层停靠时必须要有定型化的、可靠的停靠装置。

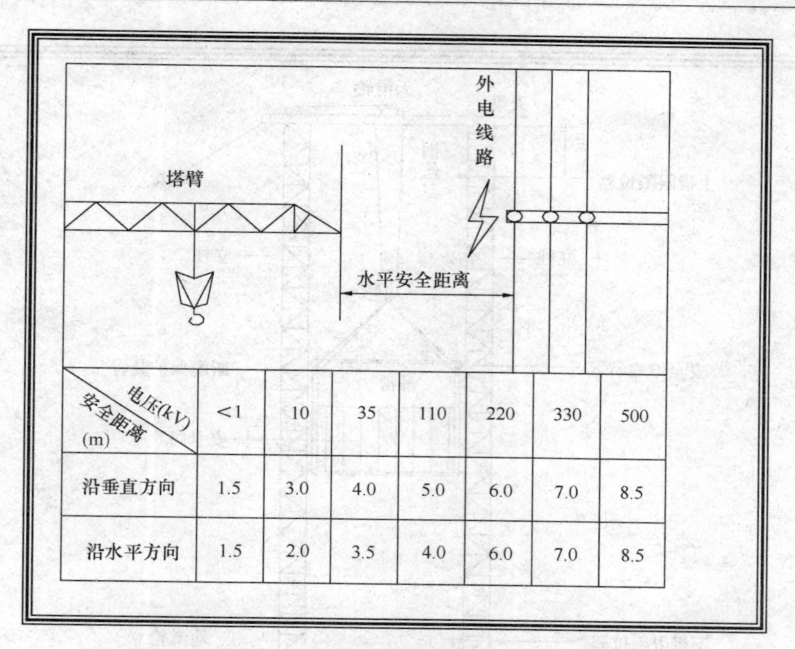

电压(kV) 安全距离(m)	<1	10	35	110	220	330	500
沿垂直方向	1.5	3.0	4.0	5.0	6.0	7.0	8.5
沿水平方向	1.5	2.0	3.5	4.0	6.0	7.0	8.5

图 3－150　塔吊与外电线路安全距离示意图

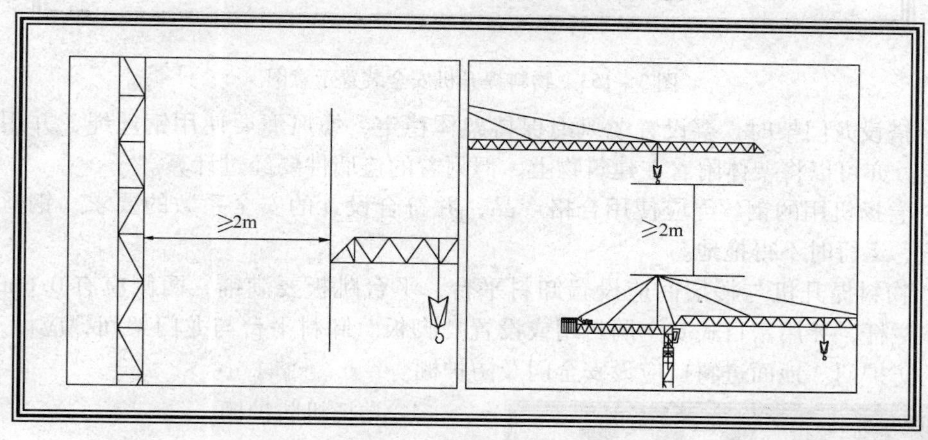

图 3－151　多塔作业安全距离示意图

图 3－152　塔吊基础防雨图

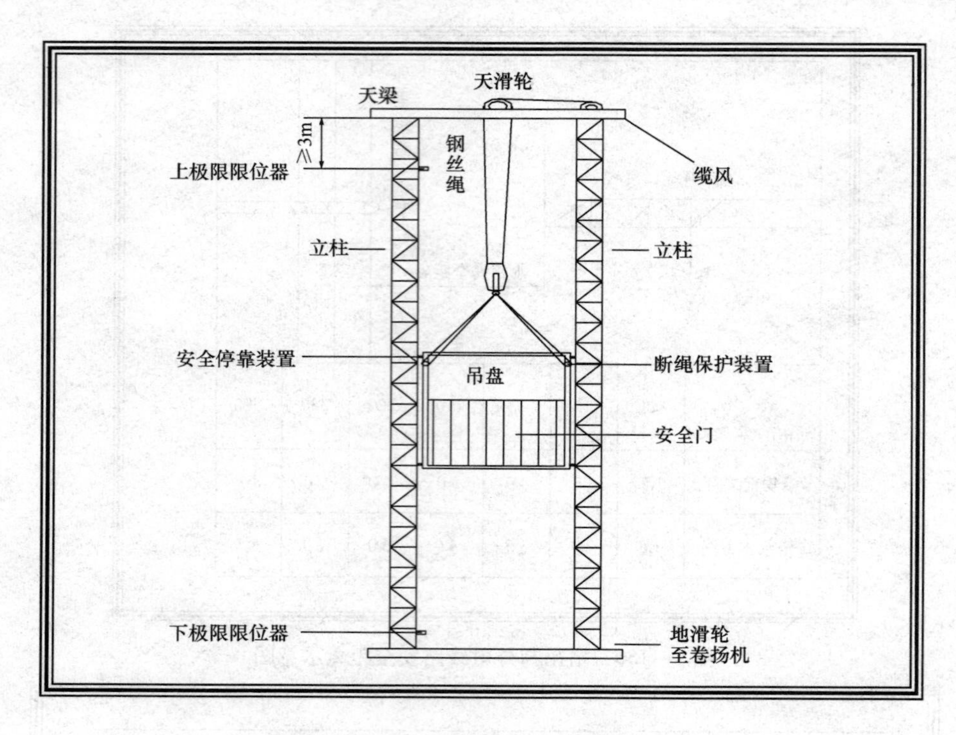

图 3－153　物料提升机安全装置示意图

（2）搭设龙门架时，要设置缆风绳保持架体稳定，缆风绳要使用钢丝绳，并用地锚在地面固定。亦可以将架体附着在建筑物上，但附着的连墙件要经过计算。

（3）卷扬机用的钢丝绳应使用合格产品，并符合设计的安全系数的要求，钢丝绳要有过路保护，运行时不得拖地。

（4）物料提升机与楼层间应设置卸料平台，平台跳板要满铺，两侧应有 0.6m、1.2m 高两道护栏杆，并用密目式安全网封闭或设置挡脚板。卸料平台与龙门架间，应设定型化、工具化的防护门。地面进料口应设安全门及防护棚。

图 3－154　卷扬机防护棚

1. 卷扬机防护棚

说明：

（1）必须具备防砸抗冲功能。

（2）长、宽、高以覆盖卷扬机操作室为易。

（3）设双层硬顶间距 500mm 防护棚，铺双层 60mm 厚木板。

（4）侧面立杆间距不大于 2m，底座加 60mm 厚垫板，设扫地杆。

（5）水平横杆、斜撑设置如图 3－154 所示。

2. 楼层接料平台防护

说明：

（1）楼层接料平台必须设置工具式安全防护门（图3－155、图3－156），防护门要向内开启，并刷红白相间油漆。接料平台门上要设置楼层标志牌。当为双开时则两边固定，中间加插销固定。

图3－155　楼层接料平台防护门效果图

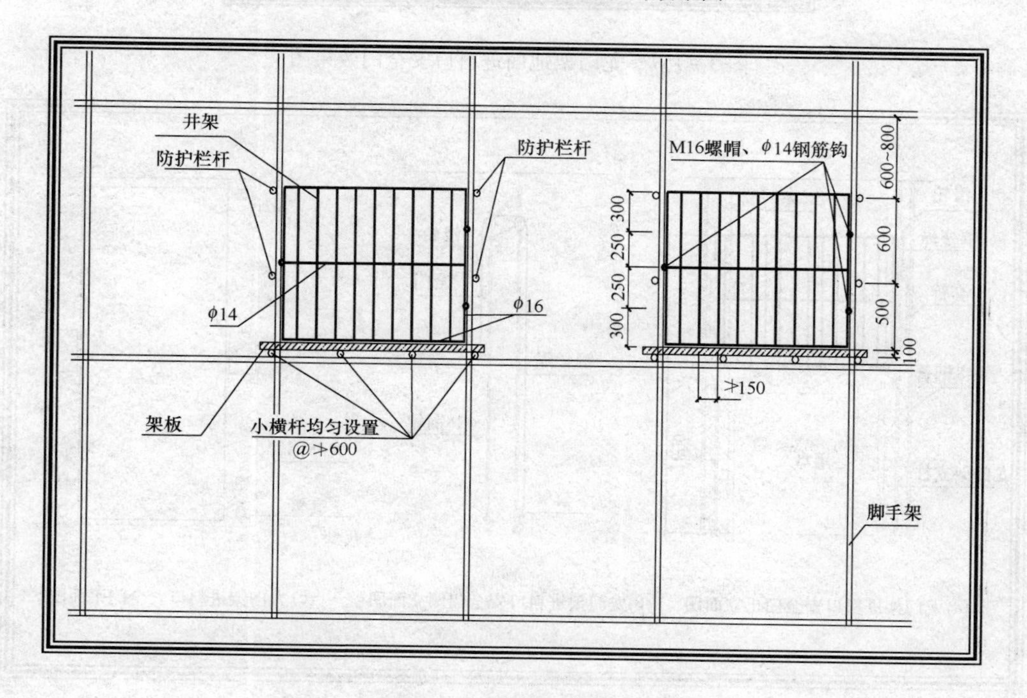

图3－156　接料平台防护门示意图

（2）如果双笼间距比较近，两个接料平台中间应该分隔开，必须一个吊笼走一个接料口，双笼间距比较远的按单笼防护要求做。

3. 龙门架地面进料口防护（图3－157、图3－158）

说明：

（1）龙门架地面进料口部位要设置防护棚。

图 3－157　龙门架地面进料口安全门效果图

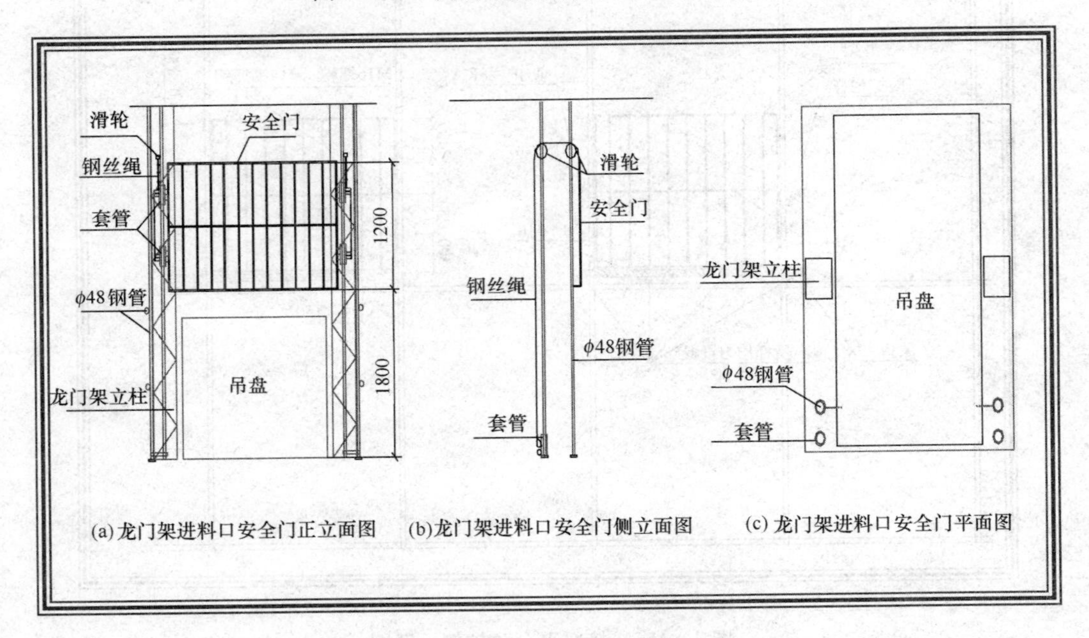

图 3－158　龙门架地面进料口安全门示意图

（2）进料口必须设置自动开启的工具式防护门。

附　　录

附录一　中华人民共和国安全生产法

第一章　总　　则

第一条　为了加强安全生产监督管理，防止和减少生产安全事故，保障人民群众生命和财产安全，促进经济发展，制定本法。

第二条　在中华人民共和国领域内从事生产经营活动的单位（以下统称生产经营单位）的安全生产，适用本法；有关法律、行政法规对消防安全和道路交通安全、铁路交通安全、水上交通安全、民用航空安全另有规定的，适用其规定。

第三条　安全生产管理，坚持安全第一、预防为主的方针。

第四条　生产经营单位必须遵守本法和其他有关安全生产的法律、法规，加强安全生产管理，建立、健全安全生产责任制度，完善安全生产条件，确保安全生产。

第五条　生产经营单位的主要负责人对本单位的安全生产工作全面负责。

第六条　生产经营单位的从业人员有依法获得安全生产保障的权利，并应当依法履行安全生产方面的义务。

第七条　工会依法组织职工参加本单位安全生产工作的民主管理和民主监督，维护职工在安全生产方面的合法权益。

第八条　国务院和地方各级人民政府应当加强对安全生产工作的领导，支持、督促各有关部门依法履行安全生产监督管理职责。

县级以上人民政府对安全生产监督管理中存在的重大问题应当及时予以协调、解决。

第九条　国务院负责安全生产监督管理的部门依照本法，对全国安全生产工作实施综合监督管理；县级以上地方各级人民政府负责安全生产监督管理的部门依照本法，对本行政区域内安全生产工作实施综合监督管理。

国务院有关部门依照本法和其他有关法律、行政法规的规定，在各自的职责范围内对有关的安全生产工作实施监督管理；县级以上地方各级人民政府有关部门依照本法和其他有关法律、法规的规定，在各自的职责范围内对有关的安全生产工作实施监督管理。

第十条　国务院有关部门应当按照保障安全生产的要求，依法及时制定有关的国家标准或者行业标准，并根据科技进步和经济发展适时修订。

生产经营单位必须执行依法制定的保障安全生产的国家标准或者行业标准。

第十一条　各级人民政府及其有关部门应当采取多种形式，加强对有关安全生产的法律、法规和安全生产知识的宣传，提高职工的安全生产意识。

第十二条　依法设立的为安全生产提供技术服务的中介机构，依照法律、行政法规和执业准则，接受生产经营单位的委托为其安全生产工作提供技术服务。

第十三条 国家实行生产安全事故责任追究制度，依照本法和有关法律、法规的规定，追究生产安全事故责任人员的法律责任。

第十四条 国家鼓励和支持安全生产科学技术研究和安全生产先进技术的推广应用，提高安全生产水平。

第十五条 国家对在改善安全生产条件、防止生产安全事故、参加抢险救护等方面取得显著成绩的单位和个人，给予奖励。

第二章 生产经营单位的安全生产保障

第十六条 生产经营单位应当具备本法和有关法律、行政法规和国家标准或者行业标准规定的安全生产条件；不具备安全生产条件的，不得从事生产经营活动。

第十七条 生产经营单位的主要负责人对本单位安全生产工作负有下列职责：

（一）建立、健全本单位安全生产责任制；

（二）组织制定本单位安全生产规章制度和操作规程；

（三）保证本单位安全生产投入的有效实施；

（四）督促、检查本单位的安全生产工作，及时消除生产安全事故隐患；

（五）组织制定并实施本单位的生产安全事故应急救援预案；

（六）及时、如实报告生产安全事故。

第十八条 生产经营单位应当具备的安全生产条件所必需的资金投入，由生产经营单位的决策机构、主要负责人或者个人经营的投资人予以保证，并对由于安全生产所必需的资金投入不足导致的后果承担责任。

第十九条 矿山、建筑施工单位和危险物品的生产、经营、储存单位，应当设置安全生产管理机构或者配备专职安全生产管理人员。

前款规定以外的其他生产经营单位，从业人员超过三百人的，应当设置安全生产管理机构或者配备专职安全生产管理人员；从业人员在三百人以下的，应当配备专职或者兼职的安全生产管理人员，或者委托具有国家规定的相关专业技术资格的工程技术人员提供安全生产管理服务。

生产经营单位依照前款规定委托工程技术人员提供安全生产管理服务的，保证安全生产的责任仍由本单位负责。

第二十条 生产经营单位的主要负责人和安全生产管理人员必须具备与本单位所从事的生产经营活动相应的安全生产知识和管理能力。

危险物品的生产、经营、储存单位以及矿山、建筑施工单位的主要负责人和安全生产管理人员，应当由有关主管部门对其安全生产知识和管理能力考核合格后方可任职。考核不得收费。

第二十一条 生产经营单位应当对从业人员进行安全生产教育和培训，保证从业人员具备必要的安全生产知识，熟悉有关的安全生产规章制度和安全操作规程，掌握本岗位的安全操作技能。未经安全生产教育和培训合格的从业人员，不得上岗作业。

第二十二条 生产经营单位采用新工艺、新技术、新材料或者使用新设备，必须了解、掌握其安全技术特性，采取有效的安全防护措施，并对从业人员进行专门的安全生产教育和培训。

第二十三条　生产经营单位的特种作业人员必须按照国家有关规定经专门的安全作业培训，取得特种作业操作资格证书，方可上岗作业。

特种作业人员的范围由国务院负责安全生产监督管理的部门会同国务院有关部门确定。

第二十四条　生产经营单位新建、改建、扩建工程项目（以下统称建设项目）的安全设施，必须与主体工程同时设计、同时施工、同时投入生产和使用。安全设施投资应当纳入建设项目概算。

第二十五条　矿山建设项目和用于生产、储存危险物品的建设项目，应当分别按照国家有关规定进行安全条件论证和安全评价。

第二十六条　建设项目安全设施的设计人、设计单位应当对安全设施设计负责。

矿山建设项目和用于生产、储存危险物品的建设项目的安全设施设计应当按照国家有关规定报经有关部门审查，审查部门及其负责审查的人员对审查结果负责。

第二十七条　矿山建设项目和用于生产、储存危险物品的建设项目的施工单位必须按照批准的安全设施设计施工，并对安全设施的工程质量负责。

矿山建设项目和用于生产、储存危险物品的建设项目竣工投入生产或者使用前，必须依照有关法律、行政法规的规定对安全设施进行验收；验收合格后，方可投入生产和使用。验收部门及其验收人员对验收结果负责。

第二十八条　生产经营单位应当在有较大危险因素的生产经营场所和有关设施、设备上，设置明显的安全警示标志。

第二十九条　安全设备的设计、制造、安装、使用、检测、维修、改造和报废，应当符合国家标准或者行业标准。

生产经营单位必须对安全设备进行经常性维护、保养，并定期检测，保证正常运转。维护、保养、检测应当做好记录，并由有关人员签字。

第三十条　生产经营单位使用的涉及生命安全、危险性较大的特种设备，以及危险物品的容器、运输工具，必须按照国家有关规定，由专业生产单位生产，并经取得专业资质的检测、检验机构检测、检验合格，取得安全使用证或者安全标志，方可投入使用。检测、检验机构对检测、检验结果负责。

涉及生命安全、危险性较大的特种设备的目录由国务院负责特种设备安全监督管理的部门制定，报国务院批准后执行。

第三十一条　国家对严重危及生产安全的工艺、设备实行淘汰制度。

生产经营单位不得使用国家明令淘汰、禁止使用的危及生产安全的工艺、设备。

第三十二条　生产、经营、运输、储存、使用危险物品或者处置废弃危险物品的，由有关主管部门依照有关法律、法规的规定和国家标准或者行业标准审批并实施监督管理。

生产经营单位生产、经营、运输、储存、使用危险物品或者处置废弃危险物品，必须执行有关法律、法规和国家标准或者行业标准，建立专门的安全管理制度，采取可靠的安全措施，接受有关主管部门依法实施的监督管理。

第三十三条　生产经营单位对重大危险源应当登记建档，进行定期检测、评估、监控，并制定应急预案，告知从业人员和相关人员在紧急情况下应当采取的应急措施。

生产经营单位应当按照国家有关规定将本单位重大危险源及有关安全措施、应急措施报有关地方人民政府负责安全生产监督管理的部门和有关部门备案。

第三十四条 生产、经营、储存、使用危险物品的车间、商店、仓库不得与员工宿舍在同一座建筑物内，并应当与员工宿舍保持安全距离。

生产经营场所和员工宿舍应当设有符合紧急疏散要求、标志明显、保持畅通的出口。禁止封闭、堵塞生产经营场所或者员工宿舍的出口。

第三十五条 生产经营单位进行爆破、吊装等危险作业，应当安排专门人员进行现场安全管理，确保操作规程的遵守和安全措施的落实。

第三十六条 生产经营单位应当教育和督促从业人员严格执行本单位的安全生产规章制度和安全操作规程；并向从业人员如实告知作业场所和工作岗位存在的危险因素、防范措施以及事故应急措施。

第三十七条 生产经营单位必须为从业人员提供符合国家标准或者行业标准的劳动防护用品，并监督、教育从业人员按照使用规则佩戴、使用。

第三十八条 生产经营单位的安全生产管理人员应当根据本单位的生产经营特点，对安全生产状况进行经常性检查；对检查中发现的安全问题，应当立即处理；不能处理的，应当及时报告本单位有关负责人。检查及处理情况应当记录在案。

第三十九条 生产经营单位应当安排用于配备劳动防护用品、进行安全生产培训的经费。

第四十条 两个以上生产经营单位在同一作业区域内进行生产经营活动，可能危及对方生产安全的，应当签订安全生产管理协议，明确各自的安全生产管理职责和应当采取的安全措施，并指定专职安全生产管理人员进行安全检查与协调。

第四十一条 生产经营单位不得将生产经营项目、场所、设备发包或者出租给不具备安全生产条件或者相应资质的单位或者个人。

生产经营项目、场所有多个承包单位、承租单位的，生产经营单位应当与承包单位、承租单位签订专门的安全生产管理协议，或者在承包合同、租赁合同中约定各自的安全生产管理职责；生产经营单位对承包单位、承租单位的安全生产工作统一协调、管理。

第四十二条 生产经营单位发生重大生产安全事故时，单位的主要负责人应当立即组织抢救，并不得在事故调查处理期间擅离职守。

第四十三条 生产经营单位必须依法参加工伤社会保险，为从业人员缴纳保险费。

第三章　从业人员的权利和义务

第四十四条 生产经营单位与从业人员订立的劳动合同，应当载明有关保障从业人员劳动安全、防止职业危害的事项，以及依法为从业人员办理工伤社会保险的事项。

生产经营单位不得以任何形式与从业人员订立协议，免除或者减轻其对从业人员因生产安全事故伤亡依法应承担的责任。

第四十五条 生产经营单位的从业人员有权了解其作业场所和工作岗位存在的危险因素、防范措施及事故应急措施，有权对本单位的安全生产工作提出建议。

第四十六条 从业人员有权对本单位安全生产工作中存在的问题提出批评、检举、控告；有权拒绝违章指挥和强令冒险作业。

生产经营单位不得因从业人员对本单位安全生产工作提出批评、检举、控告或者拒绝违章指挥、强令冒险作业而降低其工资、福利等待遇或者解除与其订立的劳动合同。

第四十七条　从业人员发现直接危及人身安全的紧急情况时，有权停止作业或者在采取可能的应急措施后撤离作业场所。

生产经营单位不得因从业人员在前款紧急情况下停止作业或者采取紧急撤离措施而降低其工资、福利等待遇或者解除与其订立的劳动合同。

第四十八条　因生产安全事故受到损害的从业人员，除依法享有工伤社会保险外，依照有关民事法律尚有获得赔偿的权利的，有权向本单位提出赔偿要求。

第四十九条　从业人员在作业过程中，应当严格遵守本单位的安全生产规章制度和操作规程，服从管理，正确佩戴和使用劳动防护用品。

第五十条　从业人员应当接受安全生产教育和培训，掌握本职工作所需的安全生产知识，提高安全生产技能，增强事故预防和应急处理能力。

第五十一条　从业人员发现事故隐患或者其他不安全因素，应当立即向现场安全生产管理人员或者本单位负责人报告；接到报告的人员应当及时予以处理。

第五十二条　工会有权对建设项目的安全设施与主体工程同时设计、同时施工、同时投入生产和使用进行监督，提出意见。

工会对生产经营单位违反安全生产法律、法规，侵犯从业人员合法权益的行为，有权要求纠正；发现生产经营单位违章指挥、强令冒险作业或者发现事故隐患时，有权提出解决的建议，生产经营单位应当及时研究答复；发现危及从业人员生命安全的情况时，有权向生产经营单位建议组织从业人员撤离危险场所，生产经营单位必须立即作出处理。

工会有权依法参加事故调查，向有关部门提出处理意见，并要求追究有关人员的责任。

第四章　安全生产的监督管理

第五十三条　县级以上地方各级人民政府应当根据本行政区域内的安全生产状况，组织有关部门按照职责分工，对本行政区域内容易发生重大生产安全事故的生产经营单位进行严格检查；发现事故隐患，应当及时处理。

第五十四条　依照本法第九条规定对安全生产负有监督管理职责的部门（以下统称负有安全生产监督管理职责的部门）依照有关法律、法规的规定，对涉及安全生产的事项需要审查批准（包括批准、核准、许可、注册、认证、颁发证照等，下同）或者验收的，必须严格依照有关法律、法规和国家标准或者行业标准规定的安全生产条件和程序进行审查；不符合有关法律、法规和国家标准或者行业标准规定的安全生产条件的，不得批准或者验收通过。对未依法取得批准或者验收合格的单位擅自从事有关活动的，负责行政审批的部门发现或者接到举报后应当立即予以取缔，并依法予以处理。对已经依法取得批准的单位，负责行政审批的部门发现其不再具备安全生产条件的，应当撤销原批准。

第五十五条　负有安全生产监督管理职责的部门对涉及安全生产的事项进行审查、验收，不得收取费用；不得要求接受审查、验收的单位购买其指定品牌或者指定生产、销售单位的安全设备、器材或者其他产品。

第五十六条 负有安全生产监督管理职责的部门依法对生产经营单位执行有关安全生产的法律、法规和国家标准或者行业标准的情况进行监督检查，行使以下职权：

（一）进入生产经营单位进行检查，调阅有关资料，向有关单位和人员了解情况。

（二）对检查中发现的安全生产违法行为，当场予以纠正或者要求限期改正；对依法应当给予行政处罚的行为，依照本法和其他有关法律、行政法规的规定作出行政处罚决定。

（三）对检查中发现的事故隐患，应当责令立即排除；重大事故隐患排除前或者排除过程中无法保证安全的，应当责令从危险区域内撤出作业人员，责令暂时停产停业或者停止使用；重大事故隐患排除后，经审查同意，方可恢复生产经营和使用。

（四）对有根据认为不符合保障安全生产的国家标准或者行业标准的设施、设备、器材予以查封或者扣押，并应当在十五日内依法作出处理决定。

监督检查不得影响被检查单位的正常生产经营活动。

第五十七条 生产经营单位对负有安全生产监督管理职责的部门的监督检查人员（以下统称安全生产监督检查人员）依法履行监督检查职责，应当予以配合，不得拒绝、阻挠。

第五十八条 安全生产监督检查人员应当忠于职守，坚持原则，秉公执法。

安全生产监督检查人员执行监督检查任务时，必须出示有效的监督执法证件；对涉及被检查单位的技术秘密和业务秘密，应当为其保密。

第五十九条 安全生产监督检查人员应当将检查的时间、地点、内容、发现的问题及其处理情况，作出书面记录，并由检查人员和被检查单位的负责人签字；被检查单位的负责人拒绝签字的，检查人员应当将情况记录在案，并向负有安全生产监督管理职责的部门报告。

第六十条 负有安全生产监督管理职责的部门在监督检查中，应当互相配合，实行联合检查；确需分别进行检查的，应当互通情况，发现存在的安全问题应当由其他有关部门进行处理的，应当及时移送其他有关部门并形成记录备查，接受移送的部门应当及时进行处理。

第六十一条 监察机关依照行政监察法的规定，对负有安全生产监督管理职责的部门及其工作人员履行安全生产监督管理职责实施监察。

第六十二条 承担安全评价、认证、检测、检验的机构应当具备国家规定的资质条件，并对其作出的安全评价、认证、检测、检验的结果负责。

第六十三条 负有安全生产监督管理职责的部门应当建立举报制度，公开举报电话、信箱或者电子邮件地址，受理有关安全生产的举报；受理的举报事项经调查核实后，应当形成书面材料；需要落实整改措施的，报经有关负责人签字并督促落实。

第六十四条 任何单位或者个人对事故隐患或者安全生产违法行为，均有权向负有安全生产监督管理职责的部门报告或者举报。

第六十五条 居民委员会、村民委员会发现其所在区域内的生产经营单位存在事故隐患或者安全生产违法行为时，应当向当地人民政府或者有关部门报告。

第六十六条 县级以上各级人民政府及其有关部门对报告重大事故隐患或者举报安全生产违法行为的有功人员，给予奖励。具体奖励办法由国务院负责安全生产监督管理的部门会同国务院财政部门制定。

第六十七条　新闻、出版、广播、电影、电视等单位有进行安全生产宣传教育的义务，有对违反安全生产法律、法规的行为进行舆论监督的权利。

第五章　生产安全事故的应急救援与调查处理

第六十八条　县级以上地方各级人民政府应当组织有关部门制定本行政区域内特大生产安全事故应急救援预案，建立应急救援体系。

第六十九条　危险物品的生产、经营、储存单位以及矿山、建筑施工单位应当建立应急救援组织；生产经营规模较小，可以不建立应急救援组织的，应当指定兼职的应急救援人员。

危险物品的生产、经营、储存单位以及矿山、建筑施工单位应当配备必要的应急救援器材、设备，并进行经常性维护、保养，保证正常运转。

第七十条　生产经营单位发生生产安全事故后，事故现场有关人员应当立即报告本单位负责人。

单位负责人接到事故报告后，应当迅速采取有效措施，组织抢救，防止事故扩大，减少人员伤亡和财产损失，并按照国家有关规定立即如实报告当地负有安全生产监督管理职责的部门，不得隐瞒不报、谎报或者拖延不报，不得故意破坏事故现场、毁灭有关证据。

第七十一条　负有安全生产监督管理职责的部门接到事故报告后，应当立即按照国家有关规定上报事故情况。负有安全生产监督管理职责的部门和有关地方人民政府对事故情况不得隐瞒不报、谎报或者拖延不报。

第七十二条　有关地方人民政府和负有安全生产监督管理职责的部门的负责人接到重大生产安全事故报告后，应当立即赶到事故现场，组织事故抢救。

任何单位和个人都应当支持、配合事故抢救，并提供一切便利条件。

第七十三条　事故调查处理应当按照实事求是、尊重科学的原则，及时、准确地查清事故原因，查明事故性质和责任，总结事故教训，提出整改措施，并对事故责任者提出处理意见。事故调查和处理的具体办法由国务院制定。

第七十四条　生产经营单位发生生产安全事故，经调查确定为责任事故的，除了应当查明事故单位的责任并依法予以追究外，还应当查明对安全生产的有关事项负有审查批准和监督职责的行政部门的责任，对有失职、渎职行为的，依照本法第七十七条的规定追究法律责任。

第七十五条　任何单位和个人不得阻挠和干涉对事故的依法调查处理。

第七十六条　县级以上地方各级人民政府负责安全生产监督管理的部门应当定期统计分析本行政区域内发生生产安全事故的情况，并定期向社会公布。

第六章　法 律 责 任

第七十七条　负有安全生产监督管理职责的部门的工作人员，有下列行为之一的，给予降级或者撤职的行政处分；构成犯罪的，依照刑法有关规定追究刑事责任：

（一）对不符合法定安全生产条件的涉及安全生产的事项予以批准或者验收通过的；

（二）发现未依法取得批准、验收的单位擅自从事有关活动或者接到举报后不予取缔或者不依法予以处理的；

（三）对已经依法取得批准的单位不履行监督管理职责，发现其不再具备安全生产条件而不撤销原批准或者发现安全生产违法行为不予查处的。

第七十八条 负有安全生产监督管理职责的部门，要求被审查、验收的单位购买其指定的安全设备、器材或者其他产品的，在对安全生产事项的审查、验收中收取费用的，由其上级机关或者监察机关责令改正，责令退还收取的费用；情节严重的，对直接负责的主管人员和其他直接责任人员依法给予行政处分。

第七十九条 承担安全评价、认证、检测、检验工作的机构，出具虚假证明，构成犯罪的，依照刑法有关规定追究刑事责任；尚不够刑事处罚的，没收违法所得，违法所得在五千元以上的，并处违法所得二倍以上五倍以下的罚款，没有违法所得或者违法所得不足五千元的，单处或者并处五千元以上二万元以下的罚款，对其直接负责的主管人员和其他直接责任人员处五千元以上五万元以下的罚款；给他人造成损害的，与生产经营单位承担连带赔偿责任。

对有前款违法行为的机构，撤销其相应资格。

第八十条 生产经营单位的决策机构、主要负责人、个人经营的投资人不依照本法规定保证安全生产所必需的资金投入，致使生产经营单位不具备安全生产条件的，责令限期改正，提供必需的资金；逾期未改正的，责令生产经营单位停产停业整顿。

有前款违法行为，导致发生生产安全事故，构成犯罪的，依照刑法有关规定追究刑事责任；尚不够刑事处罚的，对生产经营单位的主要负责人给予撤职处分，对个人经营的投资人处二万元以上二十万元以下的罚款。

第八十一条 生产经营单位的主要负责人未履行本法规定的安全生产管理职责的，责令限期改正；逾期未改正的，责令生产经营单位停产停业整顿。

生产经营单位的主要负责人有前款违法行为，导致发生生产安全事故，构成犯罪的，依照刑法有关规定追究刑事责任；尚不够刑事处罚的，给予撤职处分或者处二万元以上二十万元以下的罚款。

生产经营单位的主要负责人依照前款规定受刑事处罚或者撤职处分的，自刑罚执行完毕或者受处分之日起，五年内不得担任任何生产经营单位的主要负责人。

第八十二条 生产经营单位有下列行为之一的，责令限期改正；逾期未改正的，责令停产停业整顿，可以并处二万元以下的罚款：

（一）未按照规定设立安全生产管理机构或者配备安全生产管理人员的；

（二）危险物品的生产、经营、储存单位以及矿山、建筑施工单位的主要负责人和安全生产管理人员未按照规定经考核合格的；

（三）未按照本法第二十一条、第二十二条的规定对从业人员进行安全生产教育和培训，或者未按照本法第三十六条的规定如实告知从业人员有关的安全生产事项的；

（四）特种作业人员未按照规定经专门的安全作业培训并取得特种作业操作资格证书，上岗作业的。

第八十三条 生产经营单位有下列行为之一的，责令限期改正；逾期未改正的，责令停止建设或者停产停业整顿，可以并处五万元以下的罚款；造成严重后果，构成犯罪的，依照刑法有关规定追究刑事责任：

（一）矿山建设项目或者用于生产、储存危险物品的建设项目没有安全设施设计或者安全设施设计未按照规定报经有关部门审查同意的；

（二）矿山建设项目或者用于生产、储存危险物品的建设项目的施工单位未按照批准的安全设施设计施工的；

（三）矿山建设项目或者用于生产、储存危险物品的建设项目竣工投入生产或者使用前，安全设施未经验收合格的；

（四）未在有较大危险因素的生产经营场所和有关设施、设备上设置明显的安全警示标志的；

（五）安全设备的安装、使用、检测、改造和报废不符合国家标准或者行业标准的；

（六）未对安全设备进行经常性维护、保养和定期检测的；

（七）未为从业人员提供符合国家标准或者行业标准的劳动防护用品的；

（八）特种设备以及危险物品的容器、运输工具未经取得专业资质的机构检测、检验合格，取得安全使用证或者安全标志，投入使用的；

（九）使用国家明令淘汰、禁止使用的危及生产安全的工艺、设备的。

第八十四条　未经依法批准，擅自生产、经营、储存危险物品的，责令停止违法行为或者予以关闭，没收违法所得，违法所得十万元以上的，并处违法所得一倍以上五倍以下的罚款，没有违法所得或者违法所得不足十万元的，单处或者并处二万元以上十万元以下的罚款；造成严重后果，构成犯罪的，依照刑法有关规定追究刑事责任。

第八十五条　生产经营单位有下列行为之一的，责令限期改正；逾期未改正的，责令停产停业整顿，可以并处二万元以上十万元以下的罚款；造成严重后果，构成犯罪的，依照刑法有关规定追究刑事责任：

（一）生产、经营、储存、使用危险物品，未建立专门安全管理制度、未采取可靠的安全措施或者不接受有关主管部门依法实施的监督管理的；

（二）对重大危险源未登记建档，或者未进行评估、监控，或者未制定应急预案的；

（三）进行爆破、吊装等危险作业，未安排专门管理人员进行现场安全管理的。

第八十六条　生产经营单位将生产经营项目、场所、设备发包或者出租给不具备安全生产条件或者相应资质的单位或者个人的，责令限期改正，没收违法所得；违法所得五万元以上的，并处违法所得一倍以上五倍以下的罚款；没有违法所得或者违法所得不足五万元的，单处或者并处一万元以上五万元以下的罚款；导致发生生产安全事故给他人造成损害的，与承包方、承租方承担连带赔偿责任。

生产经营单位未与承包单位、承租单位签订专门的安全生产管理协议或者未在承包合同、租赁合同中明确各自的安全生产管理职责，或者未对承包单位、承租单位的安全生产统一协调、管理的，责令限期改正；逾期未改正的，责令停产停业整顿。

第八十七条　两个以上生产经营单位在同一作业区域内进行可能危及对方安全生产的生产经营活动，未签订安全生产管理协议或者未指定专职安全生产管理人员进行安全检查与协调的，责令限期改正；逾期未改正的，责令停产停业。

第八十八条　生产经营单位有下列行为之一的，责令限期改正；逾期未改正的，责令停产停业整顿；造成严重后果，构成犯罪的，依照刑法有关规定追究刑事责任：

（一）生产、经营、储存、使用危险物品的车间、商店、仓库与员工宿舍在同一座建筑内，或者与员工宿舍的距离不符合安全要求的；

（二）生产经营场所和员工宿舍未设有符合紧急疏散需要、标志明显、保持畅通的出口，或者封闭、堵塞生产经营场所或者员工宿舍出口的。

第八十九条 生产经营单位与从业人员订立协议，免除或者减轻其对从业人员因生产安全事故伤亡依法应承担的责任的，该协议无效；对生产经营单位的主要负责人、个人经营的投资人处二万元以上十万元以下的罚款。

第九十条 生产经营单位的从业人员不服从管理，违反安全生产规章制度或者操作规程的，由生产经营单位给予批评教育，依照有关规章制度给予处分；造成重大事故，构成犯罪的，依照刑法有关规定追究刑事责任。

第九十一条 生产经营单位主要负责人在本单位发生重大生产安全事故时，不立即组织抢救或者在事故调查处理期间擅离职守或者逃匿的，给予降职、撤职的处分，对逃匿的处十五日以下拘留；构成犯罪的，依照刑法有关规定追究刑事责任。

生产经营单位主要负责人对生产安全事故隐瞒不报、谎报或者拖延不报的，依照前款规定处罚。

第九十二条 有关地方人民政府、负有安全生产监督管理职责的部门，对生产安全事故隐瞒不报、谎报或者拖延不报的，对直接负责的主管人员和其他直接责任人员依法给予行政处分；构成犯罪的，依照刑法有关规定追究刑事责任。

第九十三条 生产经营单位不具备本法和其他有关法律、行政法规和国家标准或者行业标准规定的安全生产条件，经停产停业整顿仍不具备安全生产条件的，予以关闭；有关部门应当依法吊销其有关证照。

第九十四条 本法规定的行政处罚，由负责安全生产监督管理的部门决定；予以关闭的行政处罚由负责安全生产监督管理的部门报请县级以上人民政府按照国务院规定的权限决定；给予拘留的行政处罚由公安机关依照治安管理处罚条例的规定决定。有关法律、行政法规对行政处罚的决定机关另有规定的，依照其规定。

第九十五条 生产经营单位发生生产安全事故造成人员伤亡、他人财产损失的，应当依法承担赔偿责任；拒不承担或者其负责人逃匿的，由人民法院依法强制执行。

生产安全事故的责任人未依法承担赔偿责任，经人民法院依法采取执行措施后，仍不能对受害人给予足额赔偿的，应当继续履行赔偿义务；受害人发现责任人有其他财产的，可以随时请求人民法院执行。

第七章 附 则

第九十六条 本法下列用语的含义：

危险物品，是指易燃易爆物品、危险化学品、放射性物品等能够危及人身安全和财产安全的物品。

重大危险源，是指长期地或者临时地生产、搬运、使用或者储存危险物品，且危险物品的数量等于或者超过临界量的单元（包括场所和设施）。

第九十七条 本法自2002年11月1日起施行。

附录二　建设工程安全生产管理条例

第一章　总　　则

第一条　为了加强建设工程安全生产监督管理，保障人民群众生命和财产安全，根据《中华人民共和国建筑法》《中华人民共和国安全生产法》，制定本条例。

第二条　在中华人民共和国境内从事建设工程的新建、扩建、改建和拆除等有关活动及实施对建设工程安全生产的监督管理，必须遵守本条例。

本条例所称建设工程，是指土木工程、建筑工程、线路管道和设备安装工程及装修工程。

第三条　建设工程安全生产管理，坚持安全第一、预防为主的方针。

第四条　建设单位、勘察单位、设计单位、施工单位、工程监理单位及其他与建设工程安全生产有关的单位，必须遵守安全生产法律、法规的规定，保证建设工程安全生产，依法承担建设工程安全生产责任。

第五条　国家鼓励建设工程安全生产的科学技术研究和先进技术的推广应用，推进建设工程安全生产的科学管理。

第二章　建设单位的安全责任

第六条　建设单位应当向施工单位提供施工现场及毗邻区域内供水、排水、供电、供气、供热、通信、广播电视等地下管线资料，气象和水文观测资料，相邻建筑物和构筑物、地下工程的有关资料，并保证资料的真实、准确、完整。

建设单位因建设工程需要，向有关部门或者单位查询前款规定的资料时，有关部门或者单位应当及时提供。

第七条　建设单位不得对勘察、设计、施工、工程监理等单位提出不符合建设工程安全生产法律、法规和强制性标准规定的要求，不得压缩合同约定的工期。

第八条　建设单位在编制工程概算时，应当确定建设工程安全作业环境及安全施工措施所需费用。

第九条　建设单位不得明示或者暗示施工单位购买、租赁、使用不符合安全施工要求的安全防护用具、机械设备、施工机具及配件、消防设施和器材。

第十条　建设单位在申请领取施工许可证时，应当提供建设工程有关安全施工措施的资料。

依法批准开工报告的建设工程，建设单位应当自开工报告批准之日起 15 日内，将保证安全施工的措施报送建设工程所在地的县级以上地方人民政府建设行政主管部门或者其他有关部门备案。

第十一条 建设单位应当将拆除工程发包给具有相应资质等级的施工单位。

建设单位应当在拆除工程施工15日前，将下列资料报送建设工程所在地的县级以上地方人民政府建设行政主管部门或者其他有关部门备案：

（一）施工单位资质等级证明；

（二）拟拆除建筑物、构筑物及可能危及毗邻建筑的说明；

（三）拆除施工组织方案；

（四）堆放、清除废弃物的措施。

实施爆破作业的，应当遵守国家有关民用爆炸物品管理的规定。

第三章 勘察、设计、工程监理及其他有关单位的安全责任

第十二条 勘察单位应当按照法律、法规和工程建设强制性标准进行勘察，提供的勘察文件应当真实、准确，满足建设工程安全生产的需要。

勘察单位在勘察作业时，应当严格执行操作规程，采取措施保证各类管线、设施和周边建筑物、构筑物的安全。

第十三条 设计单位应当按照法律、法规和工程建设强制性标准进行设计，防止因设计不合理导致生产安全事故的发生。

设计单位应当考虑施工安全操作和防护的需要，对涉及施工安全的重点部位和环节在设计文件中注明，并对防范生产安全事故提出指导意见。

采用新结构、新材料、新工艺的建设工程和特殊结构的建设工程，设计单位应当在设计中提出保障施工作业人员安全和预防生产安全事故的措施建议。

设计单位和注册建筑师等注册执业人员应当对其设计负责。

第十四条 工程监理单位应当审查施工组织设计中的安全技术措施或者专项施工方案是否符合工程建设强制性标准。

工程监理单位在实施监理过程中，发现存在安全事故隐患的，应当要求施工单位整改；情况严重的，应当要求施工单位暂时停止施工，并及时报告建设单位。施工单位拒不整改或者不停止施工的，工程监理单位应当及时向有关主管部门报告。

工程监理单位和监理工程师应当按照法律、法规和工程建设强制性标准实施监理，并对建设工程安全生产承担监理责任。

第十五条 为建设工程提供机械设备和配件的单位，应当按照安全施工的要求配备齐全有效的保险、限位等安全设施和装置。

第十六条 出租的机械设备和施工机具及配件，应当具有生产（制造）许可证、产品合格证。

出租单位应当对出租的机械设备和施工机具及配件的安全性能进行检测，在签订租赁协议时，应当出具检测合格证明。

禁止出租检测不合格的机械设备和施工机具及配件。

第十七条 在施工现场安装、拆卸施工起重机械和整体提升脚手架、模板等自升式架设设施，必须由具有相应资质的单位承担。

安装、拆卸施工起重机械和整体提升脚手架、模板等自升式架设设施，应当编制拆装方案、制定安全施工措施，并由专业技术人员现场监督。

施工起重机械和整体提升脚手架、模板等自升式架设设施安装完毕后，安装单位应当自检，出具自检合格证明，并向施工单位进行安全使用说明，办理验收手续并签字。

第十八条　施工起重机械和整体提升脚手架、模板等自升式架设设施的使用达到国家规定的检验检测期限的，必须经具有专业资质的检验检测机构检测。经检测不合格的，不得继续使用。

第十九条　检验检测机构对检测合格的施工起重机械和整体提升脚手架、模板等自升式架设设施，应当出具安全合格证明文件，并对检测结果负责。

第四章　施工单位的安全责任

第二十条　施工单位从事建设工程的新建、扩建、改建和拆除等活动，应当具备国家规定的注册资本、专业技术人员、技术装备和安全生产等条件，依法取得相应等级的资质证书，并在其资质等级许可的范围内承揽工程。

第二十一条　施工单位主要负责人依法对本单位的安全生产工作全面负责。施工单位应当建立健全安全生产责任制度和安全生产教育培训制度，制定安全生产规章制度和操作规程，保证本单位安全生产条件所需资金的投入，对所承担的建设工程进行定期和专项安全检查，并做好安全检查记录。

施工单位的项目负责人应当由取得相应执业资格的人员担任，对建设工程项目的安全施工负责，落实安全生产责任制度、安全生产规章制度和操作规程，确保安全生产费用的有效使用，并根据工程的特点组织制定安全施工措施，消除安全事故隐患，及时、如实报告生产安全事故。

第二十二条　施工单位对列入建设工程概算的安全作业环境及安全施工措施所需费用，应当用于施工安全防护用具及设施的采购和更新、安全施工措施的落实、安全生产条件的改善，不得挪作他用。

第二十三条　施工单位应当设立安全生产管理机构，配备专职安全生产管理人员。

专职安全生产管理人员负责对安全生产进行现场监督检查。发现安全事故隐患，应当及时向项目负责人和安全生产管理机构报告；对违章指挥、违章操作的，应当立即制止。

专职安全生产管理人员的配备办法由国务院建设行政主管部门会同国务院其他有关部门制定。

第二十四条　建设工程实行施工总承包的，由总承包单位对施工现场的安全生产负总责。

总承包单位应当自行完成建设工程主体结构的施工。

总承包单位依法将建设工程分包给其他单位的，分包合同中应当明确各自的安全生产方面的权利、义务。总承包单位和分包单位对分包工程的安全生产承担连带责任。

分包单位应当服从总承包单位的安全生产管理，分包单位不服从管理导致生产安全事故的，由分包单位承担主要责任。

第二十五条　垂直运输机械作业人员、安装拆卸工、爆破作业人员、起重信号工、登高架设作业人员等特种作业人员，必须按照国家有关规定经过专门的安全作业培训，并取得特种作业操作资格证书后，方可上岗作业。

第二十六条 施工单位应当在施工组织设计中编制安全技术措施和施工现场临时用电方案，对下列达到一定规模的危险性较大的分部分项工程编制专项施工方案，并附具安全验算结果，经施工单位技术负责人、总监理工程师签字后实施，由专职安全生产管理人员进行现场监督：

（一）基坑支护与降水工程；

（二）土方开挖工程；

（三）模板工程；

（四）起重吊装工程；

（五）脚手架工程；

（六）拆除、爆破工程；

（七）国务院建设行政主管部门或者其他有关部门规定的其他危险性较大的工程。

对前款所列工程中涉及深基坑、地下暗挖工程、高大模板工程的专项施工方案，施工单位还应当组织专家进行论证、审查。

本条第一款规定的达到一定规模的危险性较大工程的标准，由国务院建设行政主管部门会同国务院其他有关部门制定。

第二十七条 建设工程施工前，施工单位负责项目管理的技术人员应当对有关安全施工的技术要求向施工作业班组、作业人员作出详细说明，并由双方签字确认。

第二十八条 施工单位应当在施工现场入口处、施工起重机械、临时用电设施、脚手架、出入通道口、楼梯口、电梯井口、孔洞口、桥梁口、隧道口、基坑边沿、爆破物及有害危险气体和液体存放处等危险部位，设置明显的安全警示标志。安全警示标志必须符合国家标准。

施工单位应当根据不同施工阶段和周围环境及季节、气候的变化，在施工现场采取相应的安全施工措施。施工现场暂时停止施工的，施工单位应当做好现场防护，所需费用由责任方承担，或者按照合同约定执行。

第二十九条 施工单位应当将施工现场的办公、生活区与作业区分开设置，并保持安全距离；办公、生活区的选址应当符合安全性要求。职工的膳食、饮水、休息场所等应当符合卫生标准。施工单位不得在尚未竣工的建筑物内设置员工集体宿舍。

施工现场临时搭建的建筑物应当符合安全使用要求。施工现场使用的装配式活动房屋应当具有产品合格证。

第三十条 施工单位对因建设工程施工可能造成损害的毗邻建筑物、构筑物和地下管线等，应当采取专项防护措施。

施工单位应当遵守有关环境保护法律、法规的规定，在施工现场采取措施，防止或者减少粉尘、废气、废水、固体废物、噪声、振动和施工照明对人和环境的危害和污染。

在城市市区内的建设工程，施工单位应当对施工现场实行封闭围挡。

第三十一条 施工单位应当在施工现场建立消防安全责任制度，确定消防安全责任人，制定用火、用电、使用易燃易爆材料等各项消防安全管理制度和操作规程，设置消防通道、消防水源，配备消防设施和灭火器材，并在施工现场入口处设置明显标志。

第三十二条　施工单位应当向作业人员提供安全防护用具和安全防护服装，并书面告知危险岗位的操作规程和违章操作的危害。

作业人员有权对施工现场的作业条件、作业程序和作业方式中存在的安全问题提出批评、检举和控告，有权拒绝违章指挥和强令冒险作业。

在施工中发生危及人身安全的紧急情况时，作业人员有权立即停止作业或者在采取必要的应急措施后撤离危险区域。

第三十三条　作业人员应当遵守安全施工的强制性标准、规章制度和操作规程，正确使用安全防护用具、机械设备等。

第三十四条　施工单位采购、租赁的安全防护用具、机械设备、施工机具及配件，应当具有生产（制造）许可证、产品合格证，并在进入施工现场前进行查验。

施工现场的安全防护用具、机械设备、施工机具及配件必须由专人管理，定期进行检查、维修和保养，建立相应的资料档案，并按照国家有关规定及时报废。

第三十五条　施工单位在使用施工起重机械和整体提升脚手架、模板等自升式架设设施前，应当组织有关单位进行验收，也可以委托具有相应资质的检验检测机构进行验收；使用承租的机械设备和施工机具及配件的，由施工总承包单位、分包单位、出租单位和安装单位共同进行验收。验收合格的方可使用。

《特种设备安全监察条例》规定的施工起重机械，在验收前应当经有相应资质的检验检测机构监督检验合格。

施工单位应当自施工起重机械和整体提升脚手架、模板等自升式架设设施验收合格之日起 30 日内，向建设行政主管部门或者其他有关部门登记。登记标志应当置于或者附着于该设备的显著位置。

第三十六条　施工单位的主要负责人、项目负责人、专职安全生产管理人员应当经建设行政主管部门或者其他有关部门考核合格后方可任职。

施工单位应当对管理人员和作业人员每年至少进行一次安全生产教育培训，其教育培训情况记入个人工作档案。安全生产教育培训考核不合格的人员，不得上岗。

第三十七条　作业人员进入新的岗位或者新的施工现场前，应当接受安全生产教育培训。未经教育培训或者教育培训考核不合格的人员，不得上岗作业。

施工单位在采用新技术、新工艺、新设备、新材料时，应当对作业人员进行相应的安全生产教育培训。

第三十八条　施工单位应当为施工现场从事危险作业的人员办理意外伤害保险。

意外伤害保险费由施工单位支付。实行施工总承包的，由总承包单位支付意外伤害保险费。意外伤害保险期限自建设工程开工之日起至竣工验收合格止。

第五章　监督管理

第三十九条　国务院负责安全生产监督管理的部门依照《中华人民共和国安全生产法》的规定，对全国建设工程安全生产工作实施综合监督管理。

县级以上地方人民政府负责安全生产监督管理的部门依照《中华人民共和国安全生产法》的规定，对本行政区域内建设工程安全生产工作实施综合监督管理。

第四十条 国务院建设行政主管部门对全国的建设工程安全生产实施监督管理。国务院铁路、交通、水利等有关部门按照国务院规定的职责分工，负责有关专业建设工程安全生产的监督管理。

县级以上地方人民政府建设行政主管部门对本行政区域内的建设工程安全生产实施监督管理。县级以上地方人民政府交通、水利等有关部门在各自的职责范围内，负责本行政区域内的专业建设工程安全生产的监督管理。

第四十一条 建设行政主管部门和其他有关部门应当将本条例第十条、第十一条规定的有关资料的主要内容抄送同级负责安全生产监督管理的部门。

第四十二条 建设行政主管部门在审核发放施工许可证时，应当对建设工程是否有安全施工措施进行审查，对没有安全施工措施的，不得颁发施工许可证。

建设行政主管部门或者其他有关部门对建设工程是否有安全施工措施进行审查时，不得收取费用。

第四十三条 县级以上人民政府负有建设工程安全生产监督管理职责的部门在各自的职责范围内履行安全监督检查职责时，有权采取下列措施：

（一）要求被检查单位提供有关建设工程安全生产的文件和资料；

（二）进入被检查单位施工现场进行检查；

（三）纠正施工中违反安全生产要求的行为；

（四）对检查中发现的安全事故隐患，责令立即排除；重大安全事故隐患排除前或者排除过程中无法保证安全的，责令从危险区域内撤出作业人员或者暂时停止施工。

第四十四条 建设行政主管部门或者其他有关部门可以将施工现场的监督检查委托给建设工程安全监督机构具体实施。

第四十五条 国家对严重危及施工安全的工艺、设备、材料实行淘汰制度。具体目录由国务院建设行政主管部门会同国务院其他有关部门制定并公布。

第四十六条 县级以上人民政府建设行政主管部门和其他有关部门应当及时受理对建设工程生产安全事故及安全事故隐患的检举、控告和投诉。

第六章　生产安全事故的应急救援和调查处理

第四十七条 县级以上地方人民政府建设行政主管部门应当根据本级人民政府的要求，制定本行政区域内建设工程特大生产安全事故应急救援预案。

第四十八条 施工单位应当制定本单位生产安全事故应急救援预案，建立应急救援组织或者配备应急救援人员，配备必要的应急救援器材、设备，并定期组织演练。

第四十九条 施工单位应当根据建设工程施工的特点、范围，对施工现场易发生重大事故的部位、环节进行监控，制定施工现场生产安全事故应急救援预案。实行施工总承包的，由总承包单位统一组织编制建设工程生产安全事故应急救援预案，工程总承包单位和分包单位按照应急救援预案，各自建立应急救援组织或者配备应急救援人员，配备救援器材、设备，并定期组织演练。

第五十条 施工单位发生生产安全事故，应当按照国家有关伤亡事故报告和调查处理的规定，及时、如实地向负责安全生产监督管理的部门、建设行政主管部门或者其他有关部门报告；特种设备发生事故的，还应当同时向特种设备安全监督管理部门报告。接到报告的部门应当按照国家有关规定，如实上报。

实行施工总承包的建设工程，由总承包单位负责上报事故。

第五十一条　发生生产安全事故后，施工单位应当采取措施防止事故扩大，保护事故现场。需要移动现场物品时，应当做出标记和书面记录，妥善保管有关证物。

第五十二条　建设工程生产安全事故的调查、对事故责任单位和责任人的处罚与处理，按照有关法律、法规的规定执行。

第七章　法 律 责 任

第五十三条　违反本条例的规定，县级以上人民政府建设行政主管部门或者其他有关行政管理部门的工作人员，有下列行为之一的，给予降级或者撤职的行政处分；构成犯罪的，依照刑法有关规定追究刑事责任：

（一）对不具备安全生产条件的施工单位颁发资质证书的；

（二）对没有安全施工措施的建设工程颁发施工许可证的；

（三）发现违法行为不予查处的；

（四）不依法履行监督管理职责的其他行为。

第五十四条　违反本条例的规定，建设单位未提供建设工程安全生产作业环境及安全施工措施所需费用的，责令限期改正；逾期未改正的，责令该建设工程停止施工。

建设单位未将保证安全施工的措施或者拆除工程的有关资料报送有关部门备案的，责令限期改正，给予警告。

第五十五条　违反本条例的规定，建设单位有下列行为之一的，责令限期改正，处20万元以上50万元以下的罚款；造成重大安全事故，构成犯罪的，对直接责任人员，依照刑法有关规定追究刑事责任；造成损失的，依法承担赔偿责任：

（一）对勘察、设计、施工、工程监理等单位提出不符合安全生产法律、法规和强制性标准规定的要求的；

（二）要求施工单位压缩合同约定的工期的；

（三）将拆除工程发包给不具有相应资质等级的施工单位的。

第五十六条　违反本条例的规定，勘察单位、设计单位有下列行为之一的，责令限期改正，处10万元以上30万元以下的罚款；情节严重的，责令停业整顿，降低资质等级，直至吊销资质证书；造成重大安全事故，构成犯罪的，对直接责任人员，依照刑法有关规定追究刑事责任；造成损失的，依法承担赔偿责任；

（一）未按照法律、法规和工程建设强制性标准进行勘察、设计的；

（二）采用新结构、新材料、新工艺的建设工程和特殊结构的建设工程，设计单位未在设计中提出保障施工作业人员安全和预防生产安全事故的措施建议的。

第五十七条　违反本条例的规定，工程监理单位有下列行为之一的，责令限期改正；逾期未改正的，责令停业整顿，并处10万元以上30万元以下的罚款；情节严重的，降低资质等级，直至吊销资质证书；造成重大安全事故，构成犯罪的，对直接责任人员，依照刑法有关规定追究刑事责任；造成损失的，依法承担赔偿责任；

（一）未对施工组织设计中的安全技术措施或者专项施工方案进行审查的；

（二）发现安全事故隐患未及时要求施工单位整改或者暂时停止施工的；

（三）施工单位拒不整改或者不停止施工，未及时向有关主管部门报告的；

（四）未依照法律、法规和工程建设强制性标准实施监理的。

第五十八条 注册执业人员未执行法律、法规和工程建设强制性标准的，责令停止执业3个月以上1年以下；情节严重的，吊销执业资格证书，5年内不予注册；造成重大安全事故的，终身不予注册；构成犯罪的，依照刑法有关规定追究刑事责任。

第五十九条 违反本条例的规定，为建设工程提供机械设备和配件的单位，未按照安全施工的要求配备齐全有效的保险、限位等安全设施和装置的，责令限期改正，处合同价款1倍以上3倍以下的罚款；造成损失的，依法承担赔偿责任。

第六十条 违反本条例的规定，出租单位出租未经安全性能检测或者经检测不合格的机械设备和施工机具及配件的，责令停业整顿，并处5万元以上10万元以下的罚款；造成损失的，依法承担赔偿责任。

第六十一条 违反本条例的规定，施工起重机械和整体提升脚手架、模板等自升式架设设施安装、拆卸单位有下列行为之一的，责令限期改正，处5万元以上10万元以下的罚款；情节严重的，责令停业整顿，降低资质等级，直至吊销资质证书；造成损失的，依法承担赔偿责任；

（一）未编制拆装方案、制定安全施工措施的；

（二）未由专业技术人员现场监督的；

（三）未出具自检合格证明或者出具虚假证明的；

（四）未向施工单位进行安全使用说明，办理移交手续的。

施工起重机械和整体提升脚手架、模板等自升式架设设施安装、拆卸单位有前款规定的第（一）项、第（三）项行为，经有关部门或者单位职工提出后，对事故隐患仍不采取措施，因而发生重大伤亡事故或者造成其他严重后果，构成犯罪的，对直接责任人员，依照刑法有关规定追究刑事责任。

第六十二条 违反本条例的规定，施工单位有下列行为之一的，责令限期改正；逾期未改正的，责令停业整顿，依照《中华人民共和国安全生产法》的有关规定处以罚款；造成重大安全事故，构成犯罪的，对直接责任人员，依照刑法有关规定追究刑事责任；

（一）未设立安全生产管理机构、配备专职安全生产管理人员或者分部分项工程施工时无专职安全生产管理人员现场监督的；

（二）施工单位的主要负责人、项目负责人、专职安全生产管理人员、作业人员或者特种作业人员，未经安全教育培训或者经考核不合格即从事相关工作的；

（三）未在施工现场的危险部位设置明显的安全警示标志，或者未按照国家有关规定在施工现场设置消防通道、消防水源、配备消防设施和灭火器材的；

（四）未向作业人员提供安全防护用具和安全防护服装的；

（五）未按照规定在施工起重机械和整体提升脚手架、模板等自升式架设设施验收合格后登记的；

（六）使用国家明令淘汰、禁止使用的危及施工安全的工艺、设备、材料的。

第六十三条 违反本条例的规定，施工单位挪用列入建设工程概算的安全生产作业环境及安全施工措施所需费用的，责令限期改正，处挪用费用20%以上50%以下的罚款；造成损失的，依法承担赔偿责任。

第六十四条 违反本条例的规定，施工单位有下列行为之一的，责令限期改正；逾期未改正的，责令停业整顿，并处5万元以上10万元以下的罚款；造成重大安全事故，构成犯罪的，对直接责任人员，依照刑法有关规定追究刑事责任：

（一）施工前未对有关安全施工的技术要求作出详细说明的；

（二）未根据不同施工阶段和周围环境及季节、气候的变化，在施工现场采取相应的安全施工措施，或者在城市市区内的建设工程的施工现场未实行封闭围挡的；

（三）在尚未竣工的建筑物内设置员工集体宿舍的；

（四）施工现场临时搭建的建筑物不符合安全使用要求的；

（五）未对因建设工程施工可能造成损害的毗邻建筑物、构筑物和地下管线等采取专项防护措施的。

施工单位有前款规定第（四）项、第（五）项行为，造成损失的，依法承担赔偿责任。

第六十五条 违反本条例的规定，施工单位有下列行为之一的，责令限期改正；逾期未改正的，责令停业整顿，并处10万元以上30万元以下的罚款；情节严重的，降低资质等级，直至吊销资质证书；造成重大安全事故，构成犯罪的，对直接责任人员，依照刑法有关规定追究刑事责任；造成损失的，依法承担赔偿责任：

（一）安全防护用具、机械设备、施工机具及配件在进入施工现场前未经查验或者查验不合格即投入使用的；

（二）使用未经验收或者验收不合格的施工起重机械和整体提升脚手架、模板等自升式架设设施的；

（三）委托不具有相应资质的单位承担施工现场安装、拆卸施工起重机械和整体提升脚手架、模板等自升式架设设施的；

（四）在施工组织设计中未编制安全技术措施、施工现场临时用电方案或者专项施工方案的。

第六十六条 违反本条例的规定，施工单位的主要负责人、项目负责人未履行安全生产管理职责的，责令限期改正；逾期未改正的，责令施工单位停业整顿；造成重大安全事故、重大伤亡事故或者其他严重后果，构成犯罪的，依照刑法有关规定追究刑事责任。

作业人员不服管理、违反规章制度和操作规程冒险作业造成重大伤亡事故或者其他严重后果，构成犯罪的，依照刑法有关规定追究刑事责任。

施工单位的主要负责人、项目负责人有前款违法行为，尚不够刑事处罚的，处2万元以上20万元以下的罚款或者按照管理权限给予撤职处分；自刑罚执行完毕或者受处分之日起，5年内不得担任任何施工单位的主要负责人、项目负责人。

第六十七条 施工单位取得资质证书后，降低安全生产条件的，责令限期改正；经整改仍未达到与其资质等级相适应的安全生产条件的，责令停业整顿，降低其资质等级直至吊销资质证书。

第六十八条 本条例规定的行政处罚，由建设行政主管部门或者其他有关部门依照法定职权决定。

违反消防安全管理规定的行为，由公安消防机构依法处罚。

有关法律、行政法规对建设工程安全生产违法行为的行政处罚决定机关另有规定的，从其规定。

第八章　附　则

第六十九条　抢险救灾和农民自建低层住宅的安全生产管理，不适用本条例。

第七十条　军事建设工程的安全生产管理，按照中央军事委员会的有关规定执行。

第七十一条　本条例自2004年2月1日起施行。

附录三　建筑施工企业安全生产许可证管理规定

第一章　总　则

第一条　为了严格规范建筑施工企业安全生产条件，进一步加强安全生产监督管理，防止和减少生产安全事故，根据《安全生产许可证条例》《建设工程安全生产管理条例》等有关行政法规，制定本规定。

第二条　国家对建筑施工企业实行安全生产许可制度。建筑施工企业未取得安全生产许可证的，不得从事建筑施工活动。

本规定所称建筑施工企业，是指从事土木工程、建筑工程、线路管道和设备安装工程及装修工程的新建、扩建、改建和拆除等有关活动的企业。

第三条　国务院建设主管部门负责中央管理的建筑施工企业安全生产许可证的颁发和管理。

省、自治区、直辖市人民政府建设主管部门负责本行政区域内前款规定以外的建筑施工企业安全生产许可证的颁发和管理，并接受国务院建设主管部门的指导和监督。

市、县人民政府建设主管部门负责本行政区域内建筑施工企业安全生产许可证的监督管理，并将监督检查中发现的企业违法行为及时报告安全生产许可证颁发管理机关。

第二章　安全生产条件

第四条　建筑施工企业取得安全生产许可证，应当具备下列安全生产条件：

（一）建立、健全安全生产责任制，制定完备的安全生产规章制度和操作规程；

（二）保证本单位安全生产条件所需资金的投入；

（三）设置安全生产管理机构，按照国家有关规定配备专职安全生产管理人员；

（四）主要负责人、项目负责人、专职安全生产管理人员经建设主管部门或者其他有关部门考核合格；

（五）特种作业人员经有关业务主管部门考核合格，取得特种作业操作资格证书；

（六）管理人员和作业人员每年至少进行一次安全生产教育培训并考核合格；

（七）依法参加工伤保险，依法为施工现场从事危险作业的人员办理意外伤害保险，为从业人员交纳保险费；

（八）施工现场的办公、生活区及作业场所和安全防护用具、机械设备、施工机具及配件符合有关安全生产法律、法规、标准和规程的要求；

（九）有职业危害防治措施，并为作业人员配备符合国家标准或者行业标准的安全防护用具和安全防护服装；

（十）有对危险性较大的分部分项工程及施工现场易发生重大事故的部位、环节的预防、监控措施和应急预案；

（十一）有生产安全事故应急救援预案、应急救援组织或者应急救援人员，配备必要的应急救援器材、设备；

（十二）法律、法规规定的其他条件。

第三章　安全生产许可证的申请与颁发

第五条　建筑施工企业从事建筑施工活动前，应当依照本规定向省级以上建设主管部门申请领取安全生产许可证。

中央管理的建筑施工企业（集团公司、总公司）应当向国务院建设主管部门申请领取安全生产许可证。

前款规定以外的其他建筑施工企业，包括中央管理的建筑施工企业（集团公司、总公司）下属的建筑施工企业，应当向企业注册所在地省、自治区、直辖市人民政府建设主管部门申请领取安全生产许可证。

第六条　建筑施工企业申请安全生产许可证时，应当向建设主管部门提供下列材料：

（一）建筑施工企业安全生产许可证申请表；

（二）企业法人营业执照；

（三）第四条规定的相关文件、材料。

建筑施工企业申请安全生产许可证，应当对申请材料实质内容的真实性负责，不得隐瞒有关情况或者提供虚假材料。

第七条　建设主管部门应当自受理建筑施工企业的申请之日起45日内审查完毕；经审查符合安全生产条件的，颁发安全生产许可证；不符合安全生产条件的，不予颁发安全生产许可证，书面通知企业并说明理由。企业自接到通知之日起应当进行整改，整改合格后方可再次提出申请。

建设主管部门审查建筑施工企业安全生产许可证申请，涉及铁路、交通、水利等有关专业工程时，可以征求铁路、交通、水利等有关部门的意见。

第八条　安全生产许可证的有效期为3年。安全生产许可证有效期满需要延期的，企业应当于期满前3个月向原安全生产许可证颁发管理机关申请办理延期手续。

企业在安全生产许可证有效期内，严格遵守有关安全生产的法律法规，未发生死亡事故的，安全生产许可证有效期届满时，经原安全生产许可证颁发管理机关同意，不再审查，安全生产许可证有效期延期3年。

第九条　建筑施工企业变更名称、地址、法定代表人等，应当在变更后10日内，到原安全生产许可证颁发管理机关办理安全生产许可证变更手续。

第十条　建筑施工企业破产、倒闭、撤销的，应当将安全生产许可证交回原安全生产许可证颁发管理机关予以注销。

第十一条　建筑施工企业遗失安全生产许可证，应当立即向原安全生产许可证颁发管理机关报告，并在公众媒体上声明作废后，方可申请补办。

第十二条　安全生产许可证申请表采用建设部规定的统一式样。

安全生产许可证采用国务院安全生产监督管理部门规定的统一式样。

安全生产许可证分正本和副本，正、副本具有同等法律效力。

第四章　监督管理

第十三条　县级以上人民政府建设主管部门应当加强对建筑施工企业安全生产许可证的监督管理。建设主管部门在审核发放施工许可证时，应当对已经确定的建筑施工企业是否有安全生产许可证进行审查，对没有取得安全生产许可证的，不得颁发施工许可证。

第十四条　跨省从事建筑施工活动的建筑施工企业有违反本规定行为的，由工程所在地的省级人民政府建设主管部门将建筑施工企业在本地区的违法事实、处理结果和处理建议抄告原安全生产许可证颁发管理机关。

第十五条　建筑施工企业取得安全生产许可证后，不得降低安全生产条件，并应当加强日常安全生产管理，接受建设主管部门的监督检查。安全生产许可证颁发管理机关发现企业不再具备安全生产条件的，应当暂扣或者吊销安全生产许可证。

第十六条　安全生产许可证颁发管理机关或者其上级行政机关发现有下列情形之一的，可以撤销已经颁发的安全生产许可证：

（一）安全生产许可证颁发管理机关工作人员滥用职权、玩忽职守颁发安全生产许可证的；

（二）超越法定职权颁发安全生产许可证的；

（三）违反法定程序颁发安全生产许可证的；

（四）对不具备安全生产条件的建筑施工企业颁发安全生产许可证的；

（五）依法可以撤销已经颁发的安全生产许可证的其他情形。

依照前款规定撤销安全生产许可证，建筑施工企业的合法权益受到损害的，建设主管部门应当依法给予赔偿。

第十七条　安全生产许可证颁发管理机关应当建立、健全安全生产许可证档案管理制度，定期向社会公布企业取得安全生产许可证的情况，每年向同级安全生产监督管理部门通报建筑施工企业安全生产许可证颁发和管理情况。

第十八条　建筑施工企业不得转让、冒用安全生产许可证或者使用伪造的安全生产许可证。

第十九条　建设主管部门工作人员在安全生产许可证颁发、管理和监督检查工作中，不得索取或者接受建筑施工企业的财物，不得谋取其他利益。

第二十条　任何单位或者个人对违反本规定的行为，有权向安全生产许可证颁发管理机关或者监察机关等有关部门举报。

第五章　罚　则

第二十一条　违反本规定，建设主管部门工作人员有下列行为之一的，给予降级或者撤职的行政处分；构成犯罪的，依法追究刑事责任：

（一）向不符合安全生产条件的建筑施工企业颁发安全生产许可证的；

（二）发现建筑施工企业未依法取得安全生产许可证擅自从事建筑施工活动，不依法处理的；

（三）发现取得安全生产许可证的建筑施工企业不再具备安全生产条件，不依法处理的；

（四）接到对违反本规定行为的举报后，不及时处理的；

（五）在安全生产许可证颁发、管理和监督检查工作中，索取或者接受建筑施工企业的财物，或者谋取其他利益的。

由于建筑施工企业弄虚作假，造成前款第（一）项行为的，对建设主管部门工作人员不予处分。

第二十二条 取得安全生产许可证的建筑施工企业，发生重大安全事故的，暂扣安全生产许可证并限期整改。

第二十三条 建筑施工企业不再具备安全生产条件的，暂扣安全生产许可证并限期整改；情节严重的，吊销安全生产许可证。

第二十四条 违反本规定，建筑施工企业未取得安全生产许可证擅自从事建筑施工活动的，责令其在建项目停止施工，没收违法所得，并处10万元以上50万元以下的罚款；造成重大安全事故或者其他严重后果，构成犯罪的，依法追究刑事责任。

第二十五条 违反本规定，安全生产许可证有效期满未办理延期手续，继续从事建筑施工活动的，责令其在建项目停止施工，限期补办延期手续，没收违法所得，并处5万元以上10万元以下的罚款；逾期仍不办理延期手续，继续从事建筑施工活动的，依照本规定第二十四条的规定处罚。

第二十六条 违反本规定，建筑施工企业转让安全生产许可证的，没收违法所得，处10万元以上50万元以下的罚款，并吊销安全生产许可证；构成犯罪的，依法追究刑事责任；接受转让的，依照本规定第二十四条的规定处罚。

冒用安全生产许可证或者使用伪造的安全生产许可证的，依照本规定第二十四条的规定处罚。

第二十七条 违反本规定，建筑施工企业隐瞒有关情况或者提供虚假材料申请安全生产许可证的，不予受理或者不予颁发安全生产许可证，并给予警告，1年内不得申请安全生产许可证。

建筑施工企业以欺骗、贿赂等不正当手段取得安全生产许可证的，撤销安全生产许可证，3年内不得再次申请安全生产许可证；构成犯罪的，依法追究刑事责任。

第二十八条 本规定的暂扣、吊销安全生产许可证的行政处罚，由安全生产许可证的颁发管理机关决定；其他行政处罚，由县级以上地方人民政府建设主管部门决定。

第六章 附 则

第二十九条 本规定施行前已依法从事建筑施工活动的建筑施工企业，应当自《安全生产许可证条例》施行之日起(2004年1月13日起)1年内向建设主管部门申请办理建筑施工企业安全生产许可证；逾期不办理安全生产许可证，或者经审查不符合本规定的安全生产条件，未取得安全生产许可证，继续进行建筑施工活动的，依照本规定第二十四条的规定处罚。

第三十条 本规定自公布之日起施行。

附录四　建设工程施工现场管理规定

第一章　总　　则

第一条　为加强建设工程施工现场管理，保障建设工程施工顺利进行，制定本规定。

第二条　本规定所称建设工程施工现场，是指进行工业和民用项目的房屋建筑、土木工程、设备安装、管线敷设等施工活动，经批准占用的施工场地。

第三条　一切与建设工程施工活动有关的单位和个人，必须遵守本规定。

第四条　国务院建设行政主管部门归口负责全国建设工程施工现场的管理工作。

国务院各有关部门负责其直属施工单位施工现场的管理工作。

县级以上地方人民政府建设行政主管部门负责本行政区域内建设工程施工现场的管理工作。

第二章　一 般 规 定

第五条　建设工程开工实行施工许可证制度。建设单位应当按计划批准的开工项目向工程所在地县级以上地方人民政府建设行政主管部门办理施工许可证手续。申请施工许可证应当具备下列条件：

（一）设计图纸供应已落实；

（二）征地拆迁手续已完成；

（三）施工单位已确定；

（四）资金、物资和为施工服务的市政公用设施等已落实；

（五）其他应当具备的条件已落实。

未取得施工许可证的建设单位不得擅自组织开工。

第六条　建设单位经批准取得施工许可证后，应当自批准之日起两个月内组织开工；因故不能按期开工的，建设单位应当在期满前向发证部门说明理由，申请延期。不按期开工又不按期申请延期的，已批准的施工许可证失效。

第七条　建设工程开工前，建设单位或者发包单位应当指定施工现场总代表人，施工单位应当指定项目经理，并分别将总代表人和项目经理的姓名及授权事项书面通知对方，同时报第五条规定的发证部门备案。

在施工过程中，总代表人或各项目经理发生变更的，应当按照前款规定重新通知对方和备案。

第八条　项目经理全面负责施工过程中的现场管理，并根据工程规模、技术复杂程度和施工现场的具体情况，建立施工现场管理责任制，并组织实施。

第九条 建设工程实行总包和分包的，由总包单位负责施工现场的统一管理，监督检查分包单位的施工现场活动。分包单位应当在总包单位的统一管理下，在其分包范围内建立施工现场管理责任制，并组织实施。

总包单位可以受建设单位的委托，负责协调该施工现场内由建设单位直接发包的其他单位的施工现场活动。

第十条 施工单位必须编制建设工程施工组织设计。建设工程实行总包和分包的，由总包单位负责编制施工组织设计或者分阶段施工组织设计。分包单位在总包单位的总体部署下，负责编制分包工程的施工组织设计。

施工组织设计按照施工单位隶属关系及工程的性质、规模、技术繁简程度实行分级审批。具体审批权限由国务院各有关部门和省、自治区、直辖市人民政府建设行政主管部门规定。

第十一条 施工组织设计应当包括下列主要内容：

（一）工程任务情况；

（二）施工总方案、主要施工方法、工程施工进度计划、主要单位工程综合进度计划和施工力量、机具及部署；

（三）施工组织技术措施，包括工程质量、安全防护以及环境污染防护等各种措施；

（四）施工总平面布置图；

（五）总包和分包的分工范围及交叉施工部署等。

第十二条 建设工程施工必须按照批准的施工组织设计进行。在施工过程中确需对施工组织设计进行重大修改的，必须报经批准部门同意。

第十三条 建设工程施工应当在批准的施工场地内组织进行。需要临时征用施工场地或者临时占用道路的，应当依法办理有关批准手续。

第十四条 由于特殊原因，建设工程需要停止施工两个月以上的，建设单位或施工单位应当将停工原因及停工时间向当地人民政府建设行政主管部门报告。

第十五条 建设工程施工中需要进行爆破作业的，必须经上级主管部门审查同意，并持说明使用爆破器材的地点、品名、数量、用途、四邻距离的文件和安全操作规程，向所在地县、市公安局申请《爆破物品使用许可证》，方可使用。进行爆破作业时，必须遵守爆破安全规程。

第十六条 建设工程施工中需要架设临时电网、移动电缆等，施工单位应当向有关主管部门提出申请，经批准后在有关专业技术人员指导下进行。

施工中需要停水、停电、封路而影响到施工现场周围地区的单位和居民时，必须经有关主管部门批准，并事先通告受影响的单位和居民。

第十七条 施工单位进行地下工程或者基础工程施工时，发现文物、古化石、爆炸物、电缆等应当暂停施工，保护好现场，并及时向有关部门报告，在按照有关规定处理后，方可继续施工。

第十八条 建设工程竣工后，建设单位应当组织设计、施工单位共同编制工程竣工图，进行工程质量评议，整理各种技术资料，及时完成工程初验，并向有关主管部门提交竣工验收报告。

单项工程竣工验收合格的，施工单位可以将该单项工程移交建设单位管理。全部工程验收合格后，施工单位方可解除施工现场的全部管理责任。

第三章　文明施工管理

第十九条　施工单位应当贯彻文明施工的要求，推行现代管理方法，科学组织施工，做好施工现场的各项管理工作。

第二十条　施工单位应当按照施工总平面布置图设置各项临时设施。堆放大宗材料、成品、半成品和机具设备，不得侵占场内道路及安全防护等设施。

建设工程实行总包和分包的，分包单位确需进行改变施工总平面布置图活动的，应当先向总包单位提出申请，经总包单位同意后方可实施。

第二十一条　施工现场必须设置明显的标牌，标明工程项目名称、建设单位、设计单位施工单位、项目经理和施工现场总代表人的姓名、开、竣工日期、施工许可证批准文号等。施工单位负责施工现场标牌的保护工作。

施工现场的主要管理人员在施工现场应当佩戴证明其身份的证卡。

第二十二条　施工现场的用电线路、用电设施的安装和使用必须符合安装规范和安全操作规程，并按照施工组织设计进行架设，严禁任意拉线接电。施工现场必须设有保证施工安全要求的夜间照明；危险潮湿场所的照明以及手持照明灯具，必须采用符合安全要求的电压。

第二十三条　施工机构应当按照施工总平面置图规定的位置和线路设置，不得任意侵占场内道路。施工机械进场的须经过安全检查，经检查合格的方能使用。施工机械操作人员必须建立机组责任制，并依照有关规定持证上岗，禁止无证人员操作。

第二十四条　施工单位应该保证施工现场道路畅通，排水系统处于良好的使用状态；保持场容场貌的整洁，随时清理建筑垃圾。在车辆、行人通行的地方施工，应当设置沟井坎穴覆盖物和施工标志。

第二十五条　施工单位必须执行国家有关安全生产和劳动保护的法规，建立安全生产责任制，加强规范化管理，进行安全交底、安全教育和安全宣传，严格执行安全技术方案。施工现场的各种安全设施和劳动保护器具，必须定期进行检查和维护，及时消除隐患，保证其安全有效。

第二十六条　施工现场应当设置各类必要的职工生活设施，并符合卫生、通风、照明等要求。职工的膳食、饮水供应等应当符合卫生要求。

第二十七条　建设单位或者施工单位应当做好施工现场安全保卫工作，采取必要的防盗措施，在现场周边设立围护设施。施工现场在市区的，周围应当设置遮挡围栏，临街的脚手架也应当设置相应的围护设施，非施工人员不得擅自进入施工现场。

第二十八条　非建设行政主管部门对建设工程施工现场实施监督检查时，应当通过或者会同当地人民政府建设行政主管部门进行。

第二十九条　施工单位应当严格依照《中华人民共和国消防条例》的规定，在施工现场建立和执行防火管理制度，设置符合消防要求的消防设施，并保持完好的备用状态。在容易发生火灾的地区施工或者储存、使用易燃易爆器材时，施工单位应当采取特殊的消防安全措施。

第三十条　施工现场发生的工程建设重大事故的处理，依照《工程建设重大事故报告和调查程序规定》执行。

第四章 环 境 管 理

第三十一条 施工单位应当遵守国家有关环境保护的法律规定，采取措施控制施工现场的各种粉尘、废气、废水、固体废弃物以及噪声、振动对环境的污染和危害。

第三十二条 施工单位应当采取下列防止环境污染的措施：

（一）妥善处理泥浆水，未经处理不得直接排入城市排水设施和河流；

（二）除设有符合规定的装置外，不得在施工现场熔融沥青或者焚烧油毡、油漆以及其他会产生有毒有害烟尘和恶臭气体的物质；

（三）使用密封式的圈筒或者采取其他措施处理高空废弃物；

（四）采取有效措施控制施工过程中的扬尘；

（五）禁止将有毒有害废弃物用作土方回填；

（六）对产生噪声、振动的施工机械，应采取有效控制措施，减轻噪声扰民。

第三十三条 建设工程施工由于受技术、经济条件限制，对环境的污染不能控制在规定范围内的，建设单位应当会同施工单位事先报请当地人民政府建设行政主管部门和环境行政主管部门批准。

第五章 罚　　则

第三十四条 违反本规定，有下列行为之一的，由县级以上地方人民政府建设行政主管部门根据情节轻重，给予警告、通报批评、责令限期改正、责令停止施工整顿，吊销施工许可证。并可处以罚款：

（一）未取得施工许可证而擅自开工的；

（二）施工现场的安全设施不符合规定或者管理不善的；

（三）施工现场的生活设施不符合卫生要求的；

（四）施工现场管理混乱，不符合保卫、场容等管理要求的；

（五）其他违反本规定的行为。

第三十五条 违反本规定，构成治安管理处罚的，由公安机关依照《中华人民共和国治安管理处罚条例》处罚；构成犯罪的，由司法机关依法追究其刑事责任。

第三十六条 当事人对行政处罚决定不服的，可以在接到处罚通知之日起十五日内，向作出处罚决定机关的上一级机关申请复议，对复议决定不服的，可以在接到复议决定之日起向人民法院起诉；也可以直接向人民法院起诉。逾期不申请复议，也不向人民法院起诉，又不履行处罚决定的，由作出处罚决定的机关申请人民法院强制执行。

对治安管理处罚不服的，依照《中华人民共和国治安管理处罚条例》的规定处理。

第六章 附　　则

第三十七条 国务院各有关部门和省、自治区、直辖市人民政府建设行政主管部门可以根据本规定制定实施细则。

第三十八条　本规定由国务院建设行政主管部门负责解释。

第三十九条　本规定自一九九二年一月一日起施行。原国家建工总局一九八一年五月十一日发布的《关于施工管理的若干规定》与本规定相抵触的，按照本规定执行。

附录五　生产安全事故报告和调查处理条例

第一章　总　　则

第一条　为了规范生产安全事故的报告和调查处理，落实生产安全事故责任追究制度，防止和减少生产安全事故，根据《中华人民共和国安全生产法》和有关法律，制定本条例。

第二条　生产经营活动中发生的造成人身伤亡或者直接经济损失的生产安全事故的报告和调查处理，适用本条例；环境污染事故、核设施事故、国防科研生产事故的报告和调查处理不适用本条例。

第三条　根据生产安全事故（以下简称事故）造成的人员伤亡或者直接经济损失，事故一般分为以下等级：

（一）特别重大事故，是指造成30人以上死亡，或者100人以上重伤（包括急性工业中毒，下同），或者1亿元以上直接经济损失的事故；

（二）重大事故，是指造成10人以上30人以下死亡，或者50人以上100人以下重伤，或者5000万元以上1亿元以下直接经济损失的事故；

（三）较大事故，是指造成3人以上10人以下死亡，或者10人以上50人以下重伤，或者1000万元以上5000万元以下直接经济损失的事故；

（四）一般事故，是指造成3人以下死亡，或者10人以下重伤，或者1000万元以下直接经济损失的事故。

国务院安全生产监督管理部门可以会同国务院有关部门，制定事故等级划分的补充性规定。

本条第一款所称的“以上”包括本数，所称的“以下”不包括本数。

第四条　事故报告应当及时、准确、完整，任何单位和个人对事故不得迟报、漏报、谎报或者瞒报。

事故调查处理应当坚持实事求是、尊重科学的原则，及时、准确地查清事故经过、事故原因和事故损失，查明事故性质，认定事故责任，总结事故教训，提出整改措施，并对事故责任者依法追究责任。

第五条　县级以上人民政府应当依照本条例的规定，严格履行职责，及时、准确地完成事故调查处理工作。

事故发生地有关地方人民政府应当支持、配合上级人民政府或者有关部门的事故调查处理工作，并提供必要的便利条件。

参加事故调查处理的部门和单位应当互相配合，提高事故调查处理工作的效率。

第六条　工会依法参加事故调查处理，有权向有关部门提出处理意见。

第七条　任何单位和个人不得阻挠和干涉对事故的报告和依法调查处理。

第八条　对事故报告和调查处理中的违法行为，任何单位和个人有权向安全生产监督管理部门、监察机关或者其他有关部门举报，接到举报的部门应当依法及时处理。

第二章　事故报告

第九条　事故发生后，事故现场有关人员应当立即向本单位负责人报告；单位负责人接到报告后，应当于 1 小时内向事故发生地县级以上人民政府安全生产监督管理部门和负有安全生产监督管理职责的有关部门报告。

情况紧急时，事故现场有关人员可以直接向事故发生地县级以上人民政府安全生产监督管理部门和负有安全生产监督管理职责的有关部门报告。

第十条　安全生产监督管理部门和负有安全生产监督管理职责的有关部门接到事故报告后，应当依照下列规定上报事故情况，并通知公安机关、劳动保障行政部门、工会和人民检察院：

（一）特别重大事故、重大事故逐级上报至国务院安全生产监督管理部门和负有安全生产监督管理职责的有关部门；

（二）较大事故逐级上报至省、自治区、直辖市人民政府安全生产监督管理部门和负有安全生产监督管理职责的有关部门；

（三）一般事故上报至设区的市级人民政府安全生产监督管理部门和负有安全生产监督管理职责的有关部门。

安全生产监督管理部门和负有安全生产监督管理职责的有关部门依照前款规定上报事故情况，应当同时报告本级人民政府。国务院安全生产监督管理部门和负有安全生产监督管理职责的有关部门以及省级人民政府接到发生特别重大事故、重大事故的报告后，应当立即报告国务院。

必要时，安全生产监督管理部门和负有安全生产监督管理职责的有关部门可以越级上报事故情况。

第十一条　安全生产监督管理部门和负有安全生产监督管理职责的有关部门逐级上报事故情况，每级上报的时间不得超过 2 小时。

第十二条　报告事故应当包括下列内容：

（一）事故发生单位概况；

（二）事故发生的时间、地点以及事故现场情况；

（三）事故的简要经过；

（四）事故已经造成或者可能造成的伤亡人数（包括下落不明的人数）和初步估计的直接经济损失；

（五）已经采取的措施；

（六）其他应当报告的情况。

第十三条　事故报告后出现新情况的，应当及时补报。

自事故发生之日起 30 日内，事故造成的伤亡人数发生变化的，应当及时补报。道路交通事故、火灾事故自发生之日起 7 日内，事故造成的伤亡人数发生变化的，应当及时补报。

第十四条　事故发生单位负责人接到事故报告后，应当立即启动事故相应应急预案，或者采取有效措施，组织抢救，防止事故扩大，减少人员伤亡和财产损失。

第十五条 事故发生地有关地方人民政府、安全生产监督管理部门和负有安全生产监督管理职责的有关部门接到事故报告后，其负责人应当立即赶赴事故现场，组织事故救援。

第十六条 事故发生后，有关单位和人员应当妥善保护事故现场以及相关证据，任何单位和个人不得破坏事故现场、毁灭相关证据。

因抢救人员、防止事故扩大以及疏通交通等原因，需要移动事故现场物件的，应当做出标志，绘制现场简图并做出书面记录，妥善保存现场重要痕迹、物证。

第十七条 事故发生地公安机关根据事故的情况，对涉嫌犯罪的，应当依法立案侦查，采取强制措施和侦查措施。犯罪嫌疑人逃匿的，公安机关应当迅速追捕归案。

第十八条 安全生产监督管理部门和负有安全生产监督管理职责的有关部门应当建立值班制度，并向社会公布值班电话，受理事故报告和举报。

第三章 事 故 调 查

第十九条 特别重大事故由国务院或者国务院授权有关部门组织事故调查组进行调查。

重大事故、较大事故、一般事故分别由事故发生地省级人民政府、设区的市级人民政府、县级人民政府负责调查。省级人民政府、设区的市级人民政府、县级人民政府可以直接组织事故调查组进行调查，也可以授权或者委托有关部门组织事故调查组进行调查。

未造成人员伤亡的一般事故，县级人民政府也可以委托事故发生单位组织事故调查组进行调查。

第二十条 上级人民政府认为必要时，可以调查由下级人民政府负责调查的事故。

自事故发生之日起30日内（道路交通事故、火灾事故自发生之日起7日内），因事故伤亡人数变化导致事故等级发生变化，依照本条例规定应当由上级人民政府负责调查的，上级人民政府可以另行组织事故调查组进行调查。

第二十一条 特别重大事故以下等级事故，事故发生地与事故发生单位不在同一个县级以上行政区域的，由事故发生地人民政府负责调查，事故发生单位所在地人民政府应当派人参加。

第二十二条 事故调查组的组成应当遵循精简、效能的原则。

根据事故的具体情况，事故调查组由有关人民政府、安全生产监督管理部门、负有安全生产监督管理职责的有关部门、监察机关、公安机关以及工会派人组成，并应当邀请人民检察院派人参加。

事故调查组可以聘请有关专家参与调查。

第二十三条 事故调查组成员应当具有事故调查所需要的知识和专长，并与所调查的事故没有直接利害关系。

第二十四条 事故调查组组长由负责事故调查的人民政府指定。事故调查组组长主持事故调查组的工作。

第二十五条 事故调查组履行下列职责：

（一）查明事故发生的经过、原因、人员伤亡情况及直接经济损失；

（二）认定事故的性质和事故责任；

（三）提出对事故责任者的处理建议；

（四）总结事故教训，提出防范和整改措施；

（五）提交事故调查报告。

第二十六条　事故调查组有权向有关单位和个人了解与事故有关的情况，并要求其提供相关文件、资料，有关单位和个人不得拒绝。

事故发生单位的负责人和有关人员在事故调查期间不得擅离职守，并应当随时接受事故调查组的询问，如实提供有关情况。

事故调查中发现涉嫌犯罪的，事故调查组应当及时将有关材料或者其复印件移交司法机关处理。

第二十七条　事故调查中需要进行技术鉴定的，事故调查组应当委托具有国家规定资质的单位进行技术鉴定。必要时，事故调查组可以直接组织专家进行技术鉴定。技术鉴定所需时间不计入事故调查期限。

第二十八条　事故调查组成员在事故调查工作中应当诚信公正、恪尽职守，遵守事故调查组的纪律，保守事故调查的秘密。

未经事故调查组组长允许，事故调查组成员不得擅自发布有关事故的信息。

第二十九条　事故调查组应当自事故发生之日起60日内提交事故调查报告；特殊情况下，经负责事故调查的人民政府批准，提交事故调查报告的期限可以适当延长，但延长的期限最长不超过60日。

第三十条　事故调查报告应当包括下列内容：

（一）事故发生单位概况；

（二）事故发生经过和事故救援情况；

（三）事故造成的人员伤亡和直接经济损失；

（四）事故发生的原因和事故性质；

（五）事故责任的认定以及对事故责任者的处理建议；

（六）事故防范和整改措施。

事故调查报告应当附具有关证据材料。事故调查组成员应当在事故调查报告上签名。

第三十一条　事故调查报告报送负责事故调查的人民政府后，事故调查工作即告结束。事故调查的有关资料应当归档保存。

第四章　事 故 处 理

第三十二条　重大事故、较大事故、一般事故，负责事故调查的人民政府应当自收到事故调查报告之日起15日内做出批复；特别重大事故，30日内做出批复，特殊情况下，批复时间可以适当延长，但延长的时间最长不超过30日。

有关机关应当按照人民政府的批复，依照法律、行政法规规定的权限和程序，对事故发生单位和有关人员进行行政处罚，对负有事故责任的国家工作人员进行处分。

事故发生单位应当按照负责事故调查的人民政府的批复，对本单位负有事故责任的人员进行处理。

负有事故责任的人员涉嫌犯罪的，依法追究刑事责任。

第三十三条 事故发生单位应当认真吸取事故教训，落实防范和整改措施，防止事故再次发生。防范和整改措施的落实情况应当接受工会和职工的监督。

安全生产监督管理部门和负有安全生产监督管理职责的有关部门应当对事故发生单位落实防范和整改措施的情况进行监督检查。

第三十四条 事故处理的情况由负责事故调查的人民政府或者其授权的有关部门、机构向社会公布，依法应当保密的除外。

第五章 法律责任

第三十五条 事故发生单位主要负责人有下列行为之一的，处上一年年收入40%至80%的罚款；属于国家工作人员的，并依法给予处分；构成犯罪的，依法追究刑事责任：

（一）不立即组织事故抢救的；

（二）迟报或者漏报事故的；

（三）在事故调查处理期间擅离职守的。

第三十六条 事故发生单位及其有关人员有下列行为之一的，对事故发生单位处100万元以上500万元以下的罚款；对主要负责人、直接负责的主管人员和其他直接责任人员处上一年年收入60%至100%的罚款；属于国家工作人员的，并依法给予处分；构成违反治安管理行为的，由公安机关依法给予治安管理处罚；构成犯罪的，依法追究刑事责任：

（一）谎报或者瞒报事故的；

（二）伪造或者故意破坏事故现场的；

（三）转移、隐匿资金、财产，或者销毁有关证据、资料的；

（四）拒绝接受调查或者拒绝提供有关情况和资料的；

（五）在事故调查中作伪证或者指使他人作伪证的；

（六）事故发生后逃匿的。

第三十七条 事故发生单位对事故发生负有责任的，依照下列规定处以罚款：

（一）发生一般事故的，处10万元以上20万元以下的罚款；

（二）发生较大事故的，处20万元以上50万元以下的罚款；

（三）发生重大事故的，处50万元以上200万元以下的罚款；

（四）发生特别重大事故的，处200万元以上500万元以下的罚款。

第三十八条 事故发生单位主要负责人未依法履行安全生产管理职责，导致事故发生的，依照下列规定处以罚款；属于国家工作人员的，并依法给予处分；构成犯罪的，依法追究刑事责任：

（一）发生一般事故的，处上一年年收入30%的罚款；

（二）发生较大事故的，处上一年年收入40%的罚款；

（三）发生重大事故的，处上一年年收入60%的罚款；

（四）发生特别重大事故的，处上一年年收入80%的罚款。

第三十九条 有关地方人民政府、安全生产监督管理部门和负有安全生产监督管理职责的有关部门有下列行为之一的，对直接负责的主管人员和其他直接责任人员依法给予处分；构成犯罪的，依法追究刑事责任：

（一）不立即组织事故抢救的；

（二）迟报、漏报、谎报或者瞒报事故的；

（三）阻碍、干涉事故调查工作的；

（四）在事故调查中作伪证或者指使他人作伪证的。

第四十条　事故发生单位对事故发生负有责任的，由有关部门依法暂扣或者吊销其有关证照；对事故发生单位负有事故责任的有关人员，依法暂停或者撤销其与安全生产有关的执业资格、岗位证书；事故发生单位主要负责人受到刑事处罚或者撤职处分的，自刑罚执行完毕或者受处分之日起，5 年内不得担任任何生产经营单位的主要负责人。

为发生事故的单位提供虚假证明的中介机构，由有关部门依法暂扣或者吊销其有关证照及其相关人员的执业资格；构成犯罪的，依法追究刑事责任。

第四十一条　参与事故调查的人员在事故调查中有下列行为之一的，依法给予处分；构成犯罪的，依法追究刑事责任：

（一）对事故调查工作不负责任，致使事故调查工作有重大疏漏的；

（二）包庇、袒护负有事故责任的人员或者借机打击报复的。

第四十二条　违反本条例规定，有关地方人民政府或者有关部门故意拖延或者拒绝落实经批复的对事故责任人的处理意见的，由监察机关对有关责任人员依法给予处分。

第四十三条　本条例规定的罚款的行政处罚，由安全生产监督管理部门决定。

法律、行政法规对行政处罚的种类、幅度和决定机关另有规定的，依照其规定。

第六章　附　　则

第四十四条　没有造成人员伤亡，但是社会影响恶劣的事故，国务院或者有关地方人民政府认为需要调查处理的，依照本条例的有关规定执行。

国家机关、事业单位、人民团体发生的事故的报告和调查处理，参照本条例的规定执行。

第四十五条　特别重大事故以下等级事故的报告和调查处理，有关法律、行政法规或者国务院另有规定的，依照其规定。

第四十六条　本条例自 2007 年 6 月 1 日起施行。国务院 1989 年 3 月 29 日公布的《特别重大事故调查程序暂行规定》和 1991 年 2 月 22 日公布的《企业职工伤亡事故报告和处理规定》同时废止。

附录六　建筑安全生产监督管理规定

第一条　为了加强建筑安全生产的监督管理，保护职工人身安全、健康和国家财产，制定本规定。

第二条　本规定所称建筑安全生产监督管理，是指各级人民政府建设行政主管部门及其授权的建筑安全生产监督机构，对于建筑安全生产所实施的行业监督管理。

第三条　凡从事房屋建筑、土木工程、设备安装、管线敷设等施工和构配件生产活动的单位及个人，都必须接受建设行政主管部门及其授权的建筑安全生产监督机构的行业监督管理，并依法接受国家安全监察。

第四条　建筑安全生产监督管理，应当根据“管生产必须管安全”的原则，贯彻“预防为主”的方针，依靠科学管理和技术进步，推动建筑安全生产工作的开展，控制人身伤亡事故的发生。

第五条　国务院建设行政主管部门主管全国建筑安全生产的行业监督管理工作。其主要职责是：

（一）贯彻执行国家有关安全生产的法规和方针、政策，起草或者制定建筑安全生产管理的法规、标准；

（二）统一监督管理全国工程建设方面的安全生产工作，完善建筑安全生产的组织保证体系；

（三）制定建筑安全生产管理的中、长期规划和近期目标，组织建筑安全生产技术的开发与推广应用；

（四）指导和监督检查省、自治区、直辖市人民政府建筑行政主管部门开展建筑安全生产的行业监督管理工作；

（五）统计全国建筑职工因工伤亡人数，掌握并发布全国建筑安全生产动态；

（六）负责对申报资质等级一级企业和国家一、二级企业以及国家和部级先进建筑企业进行安全资格审查或者审批，行使安全生产否决权；

（七）组织全国建筑安全生产检查，总结交流建筑安全生产管理经验，并表彰先进；

（八）检查和督促工程建设重大事故的调查处理，组织或者参与工程建设特别重大事故的调查。

第六条　国务院各有关主管部门负责所属建筑企业的建筑安全生产管理工作，其职责由国务院各有关主管部门自行确定。

第七条　县级以上地方人民政府建设行政主管部门负责本行政区域建筑安全生产的行业监督管理工作。其主要职责是：

（一）贯彻执行国家和地方有关安全生产的法规、标准和方针、政策，起草或者制定本行政区域建筑安全生产管理的实施细则或者实施办法；

（二）制定本行政区域建筑安全生产管理的中、长期规划和近期目标，组织建筑安全生产技术的开发与推广应用；

（三）建立建筑安全生产的监督管理体系，制定本行政区域建筑安全生产监督管理工作制度，组织落实各级领导分工负责的建筑安全生产责任制；

（四）负责本行政区域建筑职工因工伤亡的统计和上报工作，掌握和发布本行政区域建筑安全生产动态；

（五）负责对申报晋升企业资质等级、企业升级和报评先进企业的安全资格进行审查或者审批，行使安全生产否决权；

（六）组织或者参与本行政区域工程建设中人身伤亡事故的调查处理工作，并依照有关规定上报重大伤亡事故；

（七）组织开展本行政区域建筑安全生产检查，总结交流建筑安全生产管理经验，并表彰先进；

（八）监督检查施工现场、构配件生产车间等安全管理和防护措施，纠正违章指挥和违章作业；

（九）组织开展本行政区域建筑企业的生产管理人员、作业人员的安全生产教育、培训、考核及发证工作，监督检查建筑企业对安全技术措施费的提取和使用；

（十）领导和管理建筑安全生产监督机构的工作。

第八条 建筑安全生产监督机构根据同级人民政府建设行政主管部门的授权，依据有关的法规、标准，对本行政区域内建筑安全生产实施监督管理。

第九条 建筑企业必须贯彻执行国家和地方有关安全生产的法规、标准，建立健全安全生产责任制和安全生产组织保证体系，按照安全技术规范的要求组织施工或者构配件生产，并按照国务院关于加强厂矿企业防尘防毒工作的规定提取和使用安全技术措施费，保证职工在施工或者生产过程中的安全和健康。

第十条 县级以上人民政府建设行政主管部门对于在下列方面做出成绩或者贡献的，应当给予表彰和奖励：

（一）在建筑安全生产中取得显著成绩的；

（二）在建筑安全科学研究、劳动保护、安全技术等方面有发明、技术改造或者提出合理化建议，并在生产或者工作中取得明显实效的；

（三）防止重大事故发生或者在重大事故抢救中有功的。

第十一条 县级以上人民政府建设行政主管部门对于有下列行为之一的，应当依据本规定和其他有关规定，分别给予警告、通报批评、责令限期改正、限期不准承包工程或者停产整顿、降低企业资质等级的处罚；构成犯罪的，由司法机关依法追究刑事责任：

（一）安全生产规章制度不落实或者违章指挥、违章作业的；

（二）不按照建筑安全生产技术标准施工或者构配件生产，存在着严重事故隐患或者发生伤亡事故的；

（三）不按照规定提取和使用安全技术措施费，安全技术措施不落实，连续发生伤亡事故的；

（四）连续发生同类伤亡事故或者伤亡事故连年超标，或者发生重大死亡事故的；

（五）对发生重大伤亡事故抢救不力，致使伤亡人数增多的；

（六）对于伤亡事故隐匿不报或者故意拖延不报的。

第十二条 当事人对行政处罚决定不服的，可以依照《中华人民共和国行政诉讼法》和《行政复议条例》的有关规定，申请行政复议或者向人民法院起诉。逾期不申请复议或者不向人民法院起诉，又不履行处罚决定的，由作出处罚决定的机关申请人民法院强制执行。

第十三条 省、自治区、直辖市人民政府建设行政主管部门可以根据本规定制定实施细则，并报国务院建设行政主管部门备案。

第十四条 本规定由国务院建设行政主管部门负责解释。

第十五条 本规定自发布之日起施行。

附录七　工程建设重大事故报告和调查程序规定

第一章　总　　则

第一条　为了保证工程建设重大事故及时报告和顺利调查，维护国家财产和人民生命安全，制定本规定。

第二条　本规定所称重大事故，系指在工程建设过程中由于责任过失造成工程倒塌或报废、机械设备毁坏和安全设施失当造成人身伤亡或者重大经济损失的事故。

第三条　重大事故分为四个等级：

（一）具备以下条件之一者为一级重大事故：

1. 死亡 30 人以上；
2. 直接经济损失 300 万元以上。

（二）具备下列条件之一者为二级重大事故：

1. 死亡 10 人以上，29 人以下；
2. 直接经济损失 100 万元以上，不满 300 万元。

（三）具备下列条件之一者为三级重大事故：

1. 死亡 3 人以上，9 人以下；
2. 重伤 20 人以上；
3. 直接经济损失 30 万元以上，不满 100 万元。

（四）具备下列条件之一者为四级重大事故：

1. 死亡 2 人以下；
2. 重伤 3 人以上，19 人以下；
3. 直接经济损失 10 万元以上，不满 30 万元。

第四条　重大事故发生后，事故发生单位必须及时报告。

重大事故的调查工作必须坚持实事求是、尊重科学的原则。

第五条　建设部归口管理全国工程建设重大事故；省、自治区、直辖市建设行政主管部门归口管理本辖区内的工程建设重大事故；国务院各有关管理所属单位的工程建设重大事故。

第二章　重大事故的报告和现场保护

第六条　重大事故发生后，事故发生单位必须以最快的方式，将事故的简要情况向上级主管部门和事故发生地的市、县级建设行政主管部门及检察、劳动（如有人身伤亡）部门报告；事故发生单位属于国务院部委的，应同时向国务院有关主管部门报告。

事故发生地的市、县级建设行政主管部门接到报告后，应当立即向人民政府和省、自治区、直辖市建设行政主管部门报告；省、自治区、直辖市建设行政主管部门接到报告后，应当立即向人民政府和建设部报告。

第七条 重大事故发生后，事故发生单位应当在二十四小时内写出书面报告，按第六条所列程序和部门逐级上报。

重大事故书面报告应当包括以下内容：

（一）事故发生的时间、地点、工程项目、企业名称；

（二）事故发生的简要经过、伤亡人数和直接经济损失的初步估计；

（三）事故发生原因的初步判断；

（四）事故发生后采取的措施及事故控制的情况；

（五）事故报告单位。

第八条 事故发生后，事故发生单位和事故发生地的建设行政主管部门，应当严格保护事故现场，采取有效措施抢救人员和财产，防止事故扩大。

因抢救人员、疏导交通等原因，需要移动现场物件时，应当做出标志，绘制现场简图并做出书面记录，妥善保存现场重要痕迹、物证，有条件的可以拍照或录像。

第三章 重大事故的调查

第九条 重大事故的调查由事故发生地的市、县级以上建设行政主管部门或国务院有关主管部门组织成立调查组负责进行。

调查组由建设行政主管部门、事故发生单位的主管部门和劳动等有关部门的人员组成，并应邀请人民检察机关和工会派员参加。

必要时，调查组可以聘请有关方面的专家协助进行技术鉴定、事故分析和财产损失的评估工作。

第十条 一、二级重大事故由省、自治区、直辖市建设行政主管部门提出调查组组成意见，报请人民政府批准。

事故发生单位属于国务院部委的，按本条一、二款的规定，由国务院有关主管部门或其授权部门会同当地建设行政主管部门提出调查组组成意见。

第十一条 重大事故调查组的职责：

（一）组织技术鉴定；

（二）查明事故发生的原因、过程、人员伤亡及财产损失情况；

（三）查明事故的性质、责任单位和主要责任者；

（四）提出事故处理意见及防止类似事故再次发生所应采取措施的建议；

（五）提出事故责任者的处理建议；

（六）写出事故调查报告。

第十二条 调查组有权向事故发生单位、各有关单位和个人了解事故的有关情况，索取有关资料，任何单位和个人不得拒绝和隐瞒。

第十三条 任何单位和个人不得以任何方式阻碍、干扰调查组的正常工作。

第十四条 调查组在调查工作结束后10天内，应当将调查报告报送批准组成调查组的人民政府和建设行政主管部门以及调查组其他成员部门，经组织调查的部门同意，调查工作即告结束。

第十五条　事故处理完毕后，事故发生单位应当尽快写出详细的事故处理报告，按第六条所列程序逐级上报。

第四章　罚　则

第十六条　事故发生后隐瞒不报、谎报、故意拖延报告期限的，故意破坏现场的，阻碍调查工作正常进行的，无正当理由拒绝调查组查询或拒绝提供与事故有关情况、资料的，以及提供伪证的，由其所在单位或上级主管部门按有关规定给予行政处分；构成犯罪的，由司法机关依法追究刑事责任。

第十七条　对造成重大事故的责任者，由其所在单位或上级主管部门给予行政处分；构成犯罪的，由司法机关依法追究刑事责任。

第十八条　对造成重大事故承担直接责任的建设单位、勘察设计单位、施工单位、构配件生产单位及其他单位，由其上级主管部门或当地建设行政主管部门，根据调查组的建议，令其限期改善工程建设技术安全措施，并依据有关法规予以处罚。

第五章　附　则

第十九条　工程建设重大事故中属于特别重大事故者，其报告、调查程序，执行国务院发布的《特别重大事故调查程序暂行规定》及有关规定。

第二十条　本规定由建设部负责解释。

第二十一条　本规定自 1989 年 12 月 1 日起施行。（1989 年 9 月 30 日印发）

参 考 文 献

［1］ 张希舜. 建筑工程安全文明施工组织设计［M］. 北京：中国建筑工业出版社，2009.
［2］ 全国二级建造师执业资格考试用书编写委员会. 建设工程施工管理［M］. 北京：中国建筑工业出版社，2011.
［3］ 廖品槐. 建筑工程质量与安全管理［M］. 北京：中国建筑工业出版社，2005.
［4］ 浙江省建设厅城建处，杭州蓝天职业培训学校. 园林施工安全管理［M］. 北京：中国建筑工业出版社，2005.
［5］ 现场安全员岗位通编委会. 现场安全员岗位通［M］. 北京：北京理工大学出版社，2009.
［6］ 建设部建筑管理司. 建筑施工安全检查标准实施指南［M］. 北京：中国建筑工业出版社，2001.
［7］ 建设工程施工安全技术操作规程编委会. 建筑工程施工安全技术操作规程［M］. 北京：中国建筑工业出版社，2004.